제3판

범주형 자료분석 개론

SAS와 R의 응용 및 해석

양호진 · 정광모 · 최용석 지음

자유아카데미

머리말

2002년 출간된 「범주형 자료분석 개론: SAS의 응용 및 해석」 이래에 독자 여러분의 많은 관심과 충고 속에 교정과 보완 과정을 거쳐 이번에 「범주형 자료분석 개론: SAS와 R의 응용 및 해석」 제3판으로 새롭게 선보이게 되었다. 범주형 자료분석은 최근 다양한 학문 분야에서 널리 사용되는 학문으로서, 특히 사회과학, 행동과학, 생의학, 공중보건, 경영학, 교육학, 생물학 등의 여러 응용 분야에서 범주반응 모형을 통한 분석에 매우 중요한 역할을 하고 있다.

이번 제3판에서는 통계 프로그램인 SAS와 R을 활용하여 범주형 자료분석 방법을 공부할 수 있도록 코드를 함께 수록하였다. 각 장에 수록된 예제들에 대해 SAS 및 R 코드를 추가하여 독자들이 스스로 실습할 수 있도록 구성하였다. 1~7장에서는 범주형 자료분석에서 가장 많이 사용되는 기본적인 카이제곱검정, 연관성 측도, 로지스틱 회귀모형 및 로그선형모형에 대해 다루었고, 8장에서는 다범주 로짓모형, 9장에서는 대응짝자료의 모형, 10장에서는 다시점 모형, 11장에서는 변량효과모형, 12장에서는 대응분석에 대해 다루었다. 복잡한 수리적 이론은 가능한 한 생략한 대신에 보기의 인용 자료를 통해 통계 프로그램을 제시하였으며, 출력 결과에 대해 자세한 해석을 덧붙임으로써 독자 스스로 다양한 통계절차를 활용할 수 있도록 하였다.

이 책은 범주형 자료분석 입문서로서 한 학기 강의에 적합하지만, 수강 학생들의 전공 분야에 따라 선별하여 강의하면 바람직할 것이다. 범주형 자료분석에 관한 좀 더 복잡한 통계분석에 해당하는 10~11장의 내용은 대학원생이나 연구자들에게 특히 유용할 것으로 생각한다.

좋은 책을 위해 최선을 다했지만 부족한 부분이 있을 수 있다. 발견된 오류나 수정사항에 대해 독자 여러분의 많은 지적을 기대하며, 잘못된 부분을 찾으면 책의 판권에 나와 있는 저자들의 E-mail로 알려주기를 바란다.

본문에 사용된 SAS 및 R 프로그램의 목록은 부록에 정리하였으며, 출간 후 나올 수 있는 수정사항과 책에서 사용되었던 프로그램은 자유아카데미 홈페이지(www.freeaca.com)에서 다운받을 수 있으니 참고하기를 바란다.

마지막으로 이 책이 나오기까지 도움을 주었던 많은 분들께 감사의 말씀을 드린다.

2022년 8월 금정산 기슭에서

양호진 · 정광모 · 최용석 올림

차례

1장

서론

오늘날 범주형자료분석은 의학 분야를 비롯하여 그밖에 흥미 있는 다양한 연구과제들에 대한 설명인자의 영향을 평가하는 데 널리 사용되고 있으며, 많은 과학자들은 새로운 분석방법을 고안하는 데 열중하고 있다. 본 교재는 범주형자료분석을 위한 입문서이며 이론보다는 통계적방법의 사용법 및 결과의 해석을 강조하고 있다. 특히, 통계패키지인 SAS와 R을 활용하여 범주형자료를 분석할 수 있도록 주어진 자료에 대한 프로그램을 본문에 곁들이고 출력결과의 해석을 강조하였기 때문에 범주형자료분석에 매우 유용하리라고 생각한다.

범주형자료분석에 필요한 통계적 기본요소들을 소개한다. 범주형자료에서 주로 사용되는 이항분포 및 포아송 분포를 간단히 살펴보고 모수추정에 가장 보편적인 최대우도(maximum likelihood)를 써서 비율자료를 분석한다. 우선 범주형자료의 주요한 형태를 논의하고 교재의 전체적 윤곽을 살펴보자.

1.1 범주형 반응자료

우선 범주형자료를 정의하자. 범주형변수(categorical variable)는 측정척도가 범주집합으로 구성된다. 예를 들면, 정치철학의 측정수준을 "자유", "중간" 또는 "보수", 아침 식사 때 시리얼 선택을 "뜨거운 것", "찬 것" 또는 "중간", 알츠하이머병의 진단결과를 "징후가 있음", "징후가 없음" 등과 같은 범주들로 구분할 수 있다. 각 실험대상에 대해서는 하나 그리고 오직 하나의 범주가 대응된다.

범주척도는 다양한 이슈들에 대한 태도나 의견을 측정하는 사회과학 분야에 매우 광범위하다. 범주척도는 보건학 분야에서도 자주 나타나는데 예를 들면, 수술환자의 생존(예, 아니오), 부상정도(없음, 약간, 보통, 심함), 질병단계(초기, 진전) 등의 반응을 측정할 때이다.

범주형 척도가 사회 및 보건과학 분야에 널리 쓰이고 있지만, 오직 이러한 분야에만 국한된 것이 아니고 행동과학("정신분열", "우울증", "신경질환" 등의 정신질환 유형), 보건위생(AIDS의 확산이 콘돔의 사용을 증가시켰는지? "예", "아니오"), 동물학(악어의 주식으로 "어류", "연체동물", "파충류"), 교육(시험 문항에 대한 학생 답안 "옳다", "옳지 않다"), 마케팅(주요 세 가지 상품에 대한 소비자 선호를 "상표 A", "상표 B", "상표 C") 등에도 널리 사용되고 있다. 이러한 범주형 척도는 공학이나 품질관리 등에서 상품을 어떤 표준에 맞는지에 따라 분류하는 경우에도 종종 일어난다.

반응/설명변수의 구분

많은 통계분석에서는 반응(response)변수와 설명(explanatory)변수를 구분한다. 예를 들면, 회귀분석에서 연간소득과 같은 연속반응변수를 교육 기간이나 경력(단위: 연수) 등과 같은 설명변수를 통해 설명하는 경우를 들 수 있다. 반응변수를 종종 종속변수(dependent variable) 또는 Y변수라 하고 설명변수는 독립변수(independent variable) 또는 X변수라 한다.

범주형 반응변수를 분석하는 것이 본 교재의 주목적이다. 앞에서 열거된 정치철학과 같은 범주형변수들은 반응변수이지만 다른 연구에서는 때때로 설명변수가 될 수도 있다. 범주형 반응변수에 대한 통계모형을 통해 반응변수 값이 설명변수들에 의해 어떻게 영향을 받는지를 분석한다. 예를 들면, 정치철학이 연간소득, 교육수준, 종교, 나이, 성별, 인종과 같은 인자들에 의해 어떻게 영향을 받는지를 연구하게 된다. 이때 설명변수는 범주형 또는 연속형 모두 가능하다.

명목/순서척도의 구분

범주형변수에 대해서 두 가지 중요한 측정척도가 있다. 많은 범주형 척도는 범주 간에 보통 자연스러운 순서를 갖게 되는데, 그 예로는 낙태법에 대한 태도(반대, 부분 찬성, 찬성), 회사의 재고수준에 대한 평가(매우 낮음, 적절함, 매우 높음), 의학 치료결과의 반응(우수, 양호, 보통, 빈약), 환자의 정신질환 상태(질환, 질환가능, 정상가능, 정상) 등이 있다. 이처럼 순서척도를 갖는 범주형변수를 순서(ordinal)변수라 부른다.

반면, 범주 간에 순서 관계를 갖지 않는 범주형변수를 명목(nominal)변수라 부른다. 예를 들면, 종교(가톨릭, 유대교, 신교도, 기타), 출근수단(자동차, 자전거, 버스, 지하철, 도보), 좋아하는 음악(고전, 컨트리, 민속, 재즈, 록), 선호하는 주거형태(아파트, 콘도, 주택, 기타) 등의 예를 들 수 있다.

명목변수의 경우 범주의 나열 순서는 중요하지 않으며 통계분석은 그러한 나열 순서와는 무관하기 때문에 명목변수에 맞게 고안된 방법은 범주의 나열 순서와 관계없이 동일한 결과를 나타낸다. 순서변수에 맞게 고안된 분석방법은 범주의 순서정보를 이용한다. 범주순서를 작은 값부터 배열하거나 또는 그 반대로 배열하는가에 따라 분석결과가 달라지지는 않지만 그 밖의 다른 순서로 배열하면 그 결과는 달라진다.

순서변수에 맞게 고안된 방법은 명목변수에는 사용될 수 없다. 그 이유는 명목변수가 순서범주를 갖지 않기 때문이다. 명목변수를 위해 고안된 방법은 그들이 오직 범주형 척도만을 필요로 하기 때문에 명목 및 순서변수 모두에 이용될 수 있지만 순서변수에 사용될 때는 순서정보를 전혀 이용하지 못하게 된다. 이때는 심각한 검정력의 손실을 초래할 수 있으므로 실제 척도에 맞는 방법을 적용하는 것이 최선의 해결방안이다.

무게, 나이, 소득, 체포된 횟수 등과 같은 실수값 변수 또는 양적(quantitative) 변수와 구분하기 위해 범주형변수를 질적(qualitative) 변수라고 말하기도 한다. 순서자료는 범주에 범주점수를 부여함으로써 양적인 변수로 다룰 수도 있다.

교재 구성

본 교재는 크게 세 부분으로 나뉘는데, 제1부는 1장에서 3장까지로 1960년 이전에 개발된 범주형자료분석에 관한 몇 가지 표준적인 방법들을 설명한다. 여기에는 두 개 범주형변수간의 연관성을 평가하는 기본방법과 다른 변수에 관해 제어될 때 연관성에 미치는 효과의 분석방법 등을 포함한다.

4장부터 7장까지의 제2부는 범주형 반응모형을 소개한다. 이러한 모형들은 연속반응변수에 대한 회귀모형과 비슷하지만, 정규분포보다는 이항분포 또는 포아송 분포 등의 확률분포를 가정한다. 특히, 로지스틱 회귀모형(logistic regression model) 또는 로짓모형(logit model)과 로그선형모형(log−linear model) 등 두 가지 유형의 모형을 자세히 설명한다. 로짓모형은 이항반응에 적용되며 로그선형모형은 포아송 반응에 적용된다. 이러한 모형들은 서로 연관되어 있으며 4장에서 논의되는 일반화 선형모형의 특별한 경우에 해당된다. 연속반응변수에서 정규분포를 가정한 회귀모형 역시 일반화 회귀모형에 포함되는 것임을 알게 될 것이다.

제3부인 8장과 9장은 두 가지 특별한 상황에 대한 로짓모형 및 로그선형모형을 각각 논의한다. 8장에서는 이항반응모형을 확장하여 여러 개의 반응결과를 갖는 다항반응모형으로 확장한다. 8장은 또한 순서반응과 관련된 특별한 모형들을 포함한다. 9장에서는 대응짝모형(matched pair model)을 소개한다. 대응짝의 예로는 동일한 대상에 대해 순차적인 두 시점에서 관찰하여 얻어진 범주형자료를 들 수 있다. 10장에서는 다시점과 조건부 로짓모형에 대해 소개한다. 11장에서는 일반화선형모형에 변량효과를 추가하여 집락반응과 관련된 여리 모형들을 소개한다. 12장에서는 범주형자료분석에서 널리 사용되는 대응분석을 소개하고 그 응용에 대해 살펴본다.

범주형자료를 분석하는 많은 방법들은 광범위한 계산을 필요로 하기 때문에 통계패키지의 사용은 거의 필수적이다. SAS와 R을 활용하여 범주형자료에 대한 분석의 예제를 설명하였다.

1.2 표본추출모형

범주형자료의 분석에서는 그러한 자료가 생성된 확률분포에 관한 가정이 필요하다. 연속형자료에 대한 회귀모형 및 분산분석(ANOVA)모형에서는 정규분포의 가정이 중심적 역할을 한다. 이 절에서는 범주형자료에 대한 두 가지 중요 확률분포인 포아송 분포와 이항분포를 논의한다.

포아송 표본추출

개인용 승용차 및 상업용 차량들이 주로 이용하는 경부고속도로에서 발생한 치명적 교통사고율을 알아보기 위해 일주일 동안의 치명적 교통사고 건수를 매주 조사한 자료를 예로 들어보자. 이때 어떤 특정한 일주일 동안 일어난 치명적인 교통사고 건수에 대한 잠정적인 확률모형으로는 포아송 분포가 사용된다. 포아송 분포는 단위 시간당 평균 건수를 나타내는 모수 μ에 의해 표현된다. 포아송 변량의 가능한 결과를 y라 할 때 확률공식은

$$P(y) = \frac{e^{-\mu}\mu^y}{y!}, \qquad y = 0,\ 1,\ 2,\ \cdots \tag{1.1}$$

와 같다. 확률변수 Y의 평균을 $E(Y)$, 분산을 $Var(Y) = \sigma^2(Y)$, 표준편차를 $\sigma(Y)$라 하면 포아송 분포의 경우

$$E(Y) = Var(Y) = \mu, \quad \sigma(Y) = \sqrt{\mu}$$

범주형자료의 중요한 표본추출모형 중 하나는 각 범주도수들을 서로 독립인 포아송 분포의 관측값으로 간주하는 포아송 표본추출(Poisson sampling)이다. 포아송 분포의 중요한 특징은 평균에 따라 분산이 증가하기 때문에 표본도수들은 그들의 평균 수

준이 커짐에 따라 변이성이 더 커지게 된다는 것이다. 즉, 평균 20일 때가 2일 때에 비해 치명적 교통사고 건수의 변이성이 더 크다. 실제에 있어 관측도수의 평균과 분산이 같기보다는 분산이 더 큰 경우가 종종 있는데 이러한 현상을 과산포(overdispersion)라 한다. 앞의 예에서 교통량은 계절변동을 가지므로 치명적 교통사고 건수는 일정한 평균을 가정한 포아송 모형에서 예측되는 것보다도 더 큰 변동을 나타내는 경우들이 있다. 과산포와 같은 요인들 때문에 포아송 표본추출의 가정은 종종 실제보다 지나치게 단순한 경향이 있으나 그럼에도 불구하고 포아송 표본추출은 범주형자료분석의 다양한 상황에 매우 유용하다.

이항표본추출

치명적 교통사고 건수는 고정된 값이 아니라 랜덤변량이다. 한 주 동안의 총 교통사고 건수 역시 그것이 치명적이든 그렇지 않든 랜덤하기 때문에 실제 관찰되기 이전에는 사고 건수를 알 수 없다. 그러나 많은 응용에서는 이 값을 랜덤이 아닌 고정된 표본크기로 가정한다. 예를 들어, 치명적인 교통사고 비율 π 를 추정하기 위해 총 N 건의 사고를 분류하여 치명적인지 여부를 분류한다고 하자. 이 경우 총 표본크기는 고정값 N 이고 치명적인 사고 건수는 포아송 분포를 따르지 않는다. 포아송 확률은 음이 아닌 모든 정수값을 가질 수 있는 반면, 이 경우 치명적인 사고 건수는 N 보다 클 수 없기 때문이다.

t 주간의 치명적 사고 건수가 평균 $2t$ 인 포아송 분포를 따르고, 비치명적인 사고 건수는 평균 $8t$ 인 포아송 분포를 한다고 가정하자. 총 N 건의 사고를 관찰한 후 실험을 끝냈다면 치명적 사고 건수와 비치명적인 사고 건수의 총합은 N이 되고, 이때 치명적 사고 건수는 이항분포가 된다. 치명적 사고 건수는 N번의 "시행"(trial) 중 모수 $\pi = 2t\,/\,(2t+8t) = 0.2$인 이항분포가 된다. π 는 치명적 사고의 확률이며 이 값은 치명적 사고 건수와 비치명적인 사고 건수의 합으로 치명적 사고 건수를 나눈 값이다. 비치명적인 사고 건수는 (N − 치명적 사고 건수)가 되고 N번 시행 중 모수 0.8인 이항분포가 된다.

이항분포를 좀 더 구체적으로 정의해 보자. 한 번 시행의 결과가 "성공"(success)과 "실패"(failure) 두 가지 결과를 나타낼 때 서로 독립인 동일한 시행을 N 번 반복한다고 하자. 앞의 보기에서 두 가지 결과는 "치명적 사고"와 "비치명적인 사고"이다. 동일시행(identical trials)은 매번 시행에서 성공확률이 동일한 것을 의미하고 독립시행

(independent trials)은 독립인 확률변수들로 나타낼 수 있음을 의미한다. 이때 한 시행의 결과가 다른 시행의 결과에 영향을 미치지 않는다. 이러한 시행을 종종 베르누이 시행(Bernoulli trials)이라 부른다. N번의 시행 중 성공 확률을 π, 성공 횟수를 Y라 하자. 변량 Y는 N번의 시행횟수와 모수 π를 갖는 이항분포

$$P(y) = \frac{N!}{y!(N-y)!}\pi^{y}(1-\pi)^{N-y}, \quad y = 0,\ 1,\ 2,\ \cdots,\ N \tag{1.2}$$

를 따른다.

모수 π를 갖는 N번의 시행에서 이항분포의 평균과 분산은 각각

$$E(Y) = N\pi, \qquad Var(Y) = N\pi(1-\pi)$$

이다. 포아송 분포의 분산과는 달리 이항분포의 분산은 평균보다 작다. 이항분포와 포아송 분포는 평균이 증가할수록 더욱더 종 모양에 가까워지며 평균이 큰 경우에는 정규분포에 잘 근사한다.

어떤 시행의 결과가 두 가지보다 많은 경우가 있다. 예를 들어, 교통사고 운전자의 부상 정도를 "부상없음", "가벼운 부상", "입원을 요하는 부상", "치명상" 등의 범주로 구분할 수 있다. 이들 범주에서 칸도수들의 분포는 다항표본추출(multinomial sampling) 모형으로 설명할 수 있다. 이항분포는 각 시행의 결과가 오직 두 가지인 다항분포의 특별한 경우이다.

범주형자료에 대한 표준적인 세 가지 확률분포는 포아송 분포, 이항분포 및 다항분포이다. 본 교재에서 다루는 통계적추론에서 세 가지 표본추출모형에 대한 모수 추정치 및 표준오차는 동일하다. 표본추출모형에 근거한 모수의 추정 및 표준오차의 계산은 대개 복잡하기 때문에 통계소프트웨어를 이용하면 편리하다.

1.3 비율에 대한 추론

포아송 또는 이항표본추출모형은 미지의 모수를 가지므로 표본자료를 이용하여 모수를 추정한다. 이 절에서는 최대우도추정(maximum likelihood estimation)을 소개하고 이항모수 π의 추정에 이 방법을 적용해보자.

최대우도추정법

가정된 표본추출모형의 확률함수에 표본자료를 대입하여 이것을 미지 모수값의 함수로 간주한다. 예를 들면, $N = 10$ 인 시행의 경우에 이항도수가 $y = 0$이라 하자. 모수 π 를 갖는 이항확률 공식 (1.2)로부터 이 결과의 확률은

$$P(0) = [10!/(0!)(10!)]\ \pi^0 (1-\pi)^{10} = (1-\pi)^{10}$$

이 된다. 이 확률은 0과 1 사이의 모든 값 π 에 대해 정의된다.

모수의 함수로 나타낸 관측자료의 확률을 우도함수(likelihood function)라 한다. 10번의 시행 중 $y = 0$ 번의 성공에 대한 이항우도함수는 $l(\pi) = (1-\pi)^{10}$이며 0과 1 사이의 π 에 대해 정의된다. 예를 들면, 이 함수로부터 $Y = 0$일 확률은 $\pi = 0.4$일 때 $l(0.4) = (1-0.4)^{10} = 0.006$이고, $\pi = 0.2$일 때는 $l(0.2) = (1-0.2)^{10} = 0.107$, $\pi = 0$일 때는 $l(0) = (1-0)^{10} = 1.0$ 이다.

모수에 대한 최대우도추정치(maximum likelihood estimator, MLE)는 관측자료의 확률을 최대로 하는 모수값이며 이것은 우도함수가 최대값을 갖게 되는 모수값이다. 일반적으로 N 번 시행 중 y 번 성공할 때 π 의 MLE는 $p = y/N$ 이다. 이것은 N 번의 시행 중 성공률에 대한 표본비율이다. $N = 10$번의 시행 중 이항결과가 $y = 6$ 이라면 π 의 MLE는 $p = 6/10 = 0.6$이 된다.

포아송 분포의 경우 역시 μ 의 MLE는 표본평균이 된다. 연속 10주간에 일어난 치명적 사고 건수가 3, 1, 2, 0, 4, 2, 2, 5, 0, 1 이라면 μ 의 MLE는 $(3+1+2+\cdots+5+0+1)/10 = 2.0$이 된다. 즉, 이러한 표본을 얻게 될 가능성은 $\mu = 2.0$일 때 최대가 된다. 포아송평균 μ 에 대한 MLE를 기호 $\hat{\mu}$ 로 나타낸다.

자료가 관찰되기 전에는 추정치의 값은 미지로서 어떤 표본분포를 갖는 변량이다. 이러한 변량을 추정량(estimator)이라 하고 관측자료에 대한 이 값을 추정치(estimate)라 한다. 대표본일 때 최대우도추정량은 좋은 성질을 갖기 때문에 매우 널리 이용되며 MLE의 분포는 근사적으로 정규분포가 된다.

비율에 대한 검정

이항모수 π 에 대한 통계적 추론에 최대우두추성량 p 를 이용하자. 표본비율 p 의 평균과 표준오차는 각각

$$E(p) = \pi, \quad \sigma(p) = \sqrt{\frac{\pi(1-\pi)}{N}}$$

이다. 시행횟수 N이 증가함에 따라 p의 표준오차는 0으로 감소하므로 표본비율은 모수값 π에 점점 가까워진다.

N이 큰 경우 p의 분포에 대한 정규근사를 이용하면 π에 대한 추론이 간단하다. 첫째, 모수가 어떤 고정된 값 π_0을 갖는다는 귀무가설 $H_Q: \pi = \pi_0$을 검정하기 위해 통계량

$$z = \frac{p - \pi_0}{\sqrt{\frac{\pi_0(1-\pi_0)}{N}}}$$

을 사용한다. 분모에 있는 p의 표준오차는 귀무가설이 참이라는 가정하에서 계산된 것이다. 대표본의 경우 H_0하에서 검정통계량 z는 평균 0, 표준편차 1인 표준정규분포를 따른다.

보기 1.1

낙태 관련 법안의 찬성 여부에 응답한 950명 중 424명이 "예", 526명이 "아니오"라고 대답하였다. 이때 양측대립가설 $H_1: \pi \neq 0.5$에 대해 $H_0: \pi = 0.5$를 검정해보자. "예" 응답의 표본비율은 $424/950 = 0.446$, p의 표준오차는 $\sqrt{(0.5)(0.5)/950} = 0.016$이고, 통계량 $z = (0.446 - 0.5)/0.016 = -3.31$이다. 양측 P-값은 표준정규변량이 절대값 3.31보다 크거나 같은 확률이다. 이 경우 $P = 0.001$은 매우 작은 값을 나타내므로 H_0을 기각할만한 뚜렷한 근거가 있다.

비율의 신뢰구간

유의성 검정은 단순히 모수의 어떤 특정한 값(예를 들어, $\pi = 0.5$)이 그럴듯한지를 나타내주지만, 신뢰구간을 사용하면 가능한 값의 범위를 결정하는 모수를 추정함으로써 더 많은 것을 알 수 있다. 대표본일 때 π에 대한 95% 신뢰구간은

$$p \pm 1.96\,\hat{\sigma}(p), \quad \text{단, } \hat{\sigma}(p) = \sqrt{p(1-p)/N} \tag{1.3}$$

이다. 식 (1.3)의 $\hat{\sigma}(p)$ 는 표준오차 공식에서 미지 모수 π 대신 표본비율 p 를 대입한 추정치를 나타낸다.

앞의 [보기 1.1]에서 미지의 찬성률에 대한 95% 신뢰구간은

$$0.446 \pm 1.96 \sqrt{(0.446)(0.554)/950} = 0.446 \pm 0.032$$

이다. 즉, $(0.414, 0.478)$이 95% 신뢰구간이므로 낙태 법안에 찬성하는 모비율은 0.414와 0.478 사이에 있다는 것을 95% 확신할 수 있음을 나타낸다.

식 (1.3)의 신뢰구간은 $\pi < 0.20$ 또는 $\pi > 0.80$일 때는 별로 좋지 않아서 표본크기가 적당히 큰 경우라도 신뢰구간이 미지 모비율을 실제로 포함할 확률은 명목수준에 가깝지 않을 수 있다. 신뢰구간을 구하는 더 나은 방법은 유의성검정의 쌍대성(duality)을 이용하는 것으로, 귀무가설 $H_0 : \pi = \pi_0$이 기각되지 않는 모든 π_0 들로 구성된다. 이때 95% 신뢰구간은 양측 P-값이 0.05를 초과하지 않는 모든 값 π_0 을 포함하게 된다. 이 경우 검정통계량의 표준오차 공식에서 귀무가설의 값 π_0 을 이용하기 때문에 π 를 추정할 필요가 없다.

앞의 [보기 1.1]에서 $N = 950$을 근거로 한 표본비율 $p = 0.446$에 대해 귀무가설의 모수 $\pi_0 = 0.478$에 대응하는 검정통계량의 값은 $z = (0.446 - 0.478)/\sqrt{(0.478)(0.522)/950} = -1.96$이 되고 양측 P-값은 $P = 0.05$이다. 또한 $\pi_0 = 0.415$는 $z = (0.446 - 0.415)/\sqrt{(0.415)(0.585)/950} = 1.96$이고 $P = 0.05$이다. 0.415와 0.478 사이의 모든 π_0 값에 대해 $|z| < 1.96$이고 $P > 0.05$이다. 따라서 95% 신뢰구간은 $(0.415, 0.478)$이다. 이 경우 표본크기가 크기 때문에 이 방법은 식 (1.3)과 본질적으로 동일한 결과를 나타낸다.

p 와 N 에 대해 π_0 에 관한 이차방정식 $|p - \pi_0|/\sqrt{\pi_0(1-\pi_0)/N} = 1.96$을 풀면 검정통계량의 값 $z = \pm 1.96$이 되는 π_0 값을 구할 수 있다. 또 다른 방법은 구간 (1.3)의 양 끝점을 초깃값으로 하여 반복 시행하여 결정하는 것이다.

대표본 검정 및 유의성 검정에 근거한 신뢰구간은 대략 $N\pi > 5$이고 $N(1-\pi) > 5$일 때, 즉 관측도수에 대한 기대수가 둘 다 5를 초과할 때 매우 양호하다. $H_0 : \pi = 0.5$에 대한 검정의 경우 최소한의 표본크기는 $N > 10$이어야 하는 반면, $H_0 : \pi = 0.1$(또는 $H_0 : \pi = 0.9$)의 경우는 $N > 50$이 되어야 한다. π 가 0 또는 1에 가까워질수록 p 의 표본분포가 기울어져(skewed) 있으므로 정규분포에 근사하기 위해서는 더욱 큰 표본크기가 요구된다.

표본크기가 너무 작아서 정규근사가 적당하지 않은 경우에는 이항분포를 이용하여 직접 P-값을 계산한다. 예를 들어, $H_1 : \pi > 0.5$에 대해 $H_0 : \pi = 0.5$를 검정할 때 $N = 5$번의 시행 중 $Y = 4$번의 성공이 일어났다고 가정하자. 이러한 단측대립가설에 대한 P-값은 식 (1.2)에서 $y = 4$와 5일 때이며, 이 값은 부록의 이항분포에 의해 0.188이 된다.

이 장에서는 범주형자료분석에서 중요한 이항분포와 포아송 분포를 소개하고 비율자료에 대해 최대우도추정법을 설명하였다. 교재의 뒷부분에서도 이항분포 및 포아송 분포의 모수와 관련하여 최대우도추정과 추론을 사용하게 될 것이다.

연습문제

❶ 다음 보기에서 반응변수와 설명변수를 구분하여라.

(1) 총기 소지에 대한 태도(찬성, 반대), 성별(여, 남), 어머니의 교육수준(고졸, 대졸)

(2) 심장질환(예, 아니오), 혈압, 콜레스테롤 수준

(3) 인종(백인, 흑인 및 기타), 종교(가톨릭, 예수교, 기독교), 대통령선거의 지지 정당(민주당, 공화당, 기타)

❷ 다음 변수들이 명목 또는 순서형 중 어느 것에 해당하는지 말하여라.

(1) 소속 정당(민주당, 공화당, 무소속)

(2) 소지 학위(없음, 고졸, 학사, 석사, 박사)

(3) 환자 상태(좋음, 양호, 위독, 매우 위독)

(4) 병원 위치(서울, 보스턴, 매디슨, 로체스터, 토론토)

(5) 좋아하는 음료수(맥주, 주스, 우유, 청량음료, 와인, 기타)

❸ 한 범죄학자가 총기를 소지하고 있는 가구의 비율을 추정하기 위한 조사를 실시하였다. "집에 소총이나 권총을 가지고 있습니까?"라는 질문에 대해 393명은 "예"라고 응답한 반면, 583명은 "아니오"라고 응답하였다. 총기 소지 비율에 대한 90% 신뢰구간을 구하고 해석하여라.

❹ 우도함수를 l 이라 할 때 로그변환 $L = \log(l)$을 최대로 하는 모수값을 구하기가 더 쉬우며 두 함수는 같은 값에서 최대가 되므로 둘 중 어느 것을 최대로 해도 된다.

(1) 이항분포 (1.2)에 대해 $L = \log(l)$을 계산하여라.

(2) 우도방정식(likelihood equation)은 $L = \log(l)$을 모수에 관해 미분하여 이것을 0으로 놓으면 된다. 이항분포에 대해 우도방정식을 구하고 MLE는 $p = y/N$이 됨을 유도하여라.

2장

이원분할표

2.1 분할표의 확률구조

2.2 2×2 표의 비율 비교

2.3 오즈비

2.4 독립성에 대한 카이제곱검정

2.5 순서자료에 대한 독립성검정

2.6 소표본에 대한 정확추론

2.7 R-코드

연관성분석은 대부분의 다변량통계분석에서 핵심적 위치에 있다. 이 장에서는 두 개 범주형변수 간의 연관성을 다룬다. 연관성을 나타내는 모수를 소개하고 그러한 모수들에 대한 추론방법을 제시한다. 이원분할표에서 비율의 차이 및 비율의 비를 분석하는 방법을 제시하고 앞으로 논의되는 여러 방법에서 중요한 역할을 하는 오즈비(odds ratio)를 다룬다. 또한, 두 개 범주형변수들의 연관성에 대해 대표본 유의성 검정을 설명한다.

2.1 분할표의 확률구조

범주형자료는 반응범주에서 관찰되는 빈도수로 구성된다. 두 개의 범주형변수 X와 Y에서 X는 I개의 수준을, Y는 J개의 수준을 갖는다. X의 범주는 I개의 행을 나타내고 Y의 범주는 J개의 열을 나타내는 IJ개의 조합들로 이루어진다. 표의 칸(cell)은 IJ개의 가능한 모든 결과를 표현한다. 표의 칸에 빈도수를 나타낸 표를 분할표(contingency table)라 한다. 두 개 변수들을 교차분류하는 표를 이원표(two-way table), 세 개 변수를 교차분류하면 삼원표 등으로 부른다. I개의 행과 J개의 열을 갖는 이원표를 $I \times J$(I by J라 읽음)표라 한다. 예를 들어, 〈표 2.1〉은 2×2 표이다.

표 2.1 성별과 내세 믿음에 따른 이원분할표

성별	내세 믿음	
	예	아니오(또는 미결정)
여성	435	147
남성	375	134

결합, 주변, 조건부확률

분할표의 확률분포는 2.1절에서 논의되는 표본추출구조와 관련된다. 이원분할표에 대한 확률의 기본적 유형을 우선 제시한다. 우선 각 대상이 어떤 관심 모집단에서 임의로 선택되었다고 가정하고 두 개 범주의 반응 X와 Y에 관해 분류한다. $\pi_{ij} = P(X = i,$

$Y=j$)를 (X, Y)가 i행 j열의 칸에 속하는 확률이라 하자. 확률 $\{\pi_{ij}\}$는 X와 Y의 결합분포를 나타내고 조건 $\sum_{i,j} \pi_{ij} = 1$을 만족한다.

주변분포(marginal distribution)는 결합확률의 행 합계와 열 합계이다. 이것은 행변수의 경우$\{\pi_{i+}\}$, 열변수의 경우$\{\pi_{+j}\}$로 나타내는데, 여기서 기호 "+"는 해당 위치에 있는 지수에 관한 합을 나타낸다. 예를 들면, 2×2표에서

$$\pi_{1+} = \pi_{11} + \pi_{12}, \quad \pi_{+1} = \pi_{11} + \pi_{21}$$

이다.

표본을 나타낼 때는 그리스 문자 π 대신 로마자 p를 사용하여 앞에서와 같은 방법으로 나타낸다. 예를 들어, 칸비율 $\{p_{ij}\}$는 표본의 결합분포이다. 칸도수를 $\{n_{ij}\}$라 할 때 $n = \sum_{i,j} n_{ij}$는 총 표본크기를 나타낸다. 칸비율 및 칸도수 간에는 다음 관계식

$$p_{ij} = \frac{n_{ij}}{n}$$

이 성립한다. 주변도수들은 행 합계 $\{n_{i+}\}$, 열 합계 $\{n_{+j}\}$가 된다. 많은 경우 한 변수(열변수 Y)는 반응변수이고 다른 변수(행변수 X)는 설명변수가 되므로 X의 각 수준에서 Y에 관해 개별적인 확률분포를 고려하면 매우 유용하다. 이러한 확률분포는 변수 X의 수준이 주어진 경우에 Y의 조건부확률(conditional probabilities)이 되며 이를 조건부분포(conditional distribution)라 부른다.

보기 2.1

〈표 2.1〉은 1991년 미국인들에 대한 사회조사에서 $n=1,091$명을 그들의 성과 내세 믿음에 따라 교차분류한 2×2 분할표이다. 이 자료에서 $n_{11} = 435$에 대응되는 결합표본비율은 $p_{11} = 435/1091 = 0.399$이다. 〈표 2.1〉에서 내세의 믿음은 반응변수, 성별은 설명변수일 때 각 성별로 내세의 믿음에 대한 조건부분포를 구해보자. 여성의 경우 "예" 반응의 비율은 $435/582 = 0.747$이고, 비율의 쌍 $(0.747, 0.253)$은 여성의 경우 내세의 믿음에 대한 조건부분포이다. 마찬가지로 남성의 경우 조건부분포는 $(0.737, 0.263)$이다.

독립성

X의 각 수준에서 Y의 조건부분포가 동일할 때 두 변수 X, Y는 통계적으로 독립(statistically independent)이라 한다. 두 변수가 독립이면 임의의 어떤 열의 반응 j에 대한 확률은 각 행에서 동일하다. 예를 들어, 내세의 믿음에 대한 실제확률(true probability)이 남녀 모두 0.740이 되면 내세의 믿음과 성별은 서로 독립이다.

두 변수가 모두 반응변수일 때는 결합분포, X가 주어질 때 Y의 조건부분포, 또는 Y가 주어질 때 X의 조건부분포 등을 이용하여 두 변수 간의 관계를 설명할 수 있다. 통계적 독립성은 모든 칸에서의 결합확률과 이에 대응되는 주변확률들의 곱이 같아지는 것, 즉

$$\pi_{ij} = \pi_{i+}\ \pi_{+j}\ , \quad i = 1, \cdots, I,\ j = 1, \cdots, J$$

과 동치이다. 이 관계식은 X가 행 i에, Y가 열 j에 속할 결합확률이 X가 행 i에 속할 주변확률과 Y가 열 j에 속할 주변확률을 곱한 것과 같다는 것을 나타낸다.

포아송 분포, 이항분포, 다항분포

1.2절에서 소개된 표본추출모형을 분할표로 확장할 수 있다. 포아송 표본추출모형이란 2×2 표의 4개 칸 도수들을 서로 독립인 포아송 변량으로 간주한다. 분할표의 행들이 서로 다른 집단을 나타내는 경우에는 표본추출계획에 의해 표본크기가 미리 고정된다. 이러한 유형을 갖는 2×2 표의 예를 들어보자. 첫 행은 어떤 처리를 받은 1,000명의 대상자 집단을, 둘째 행은 다른 처리를 받은 1,000명의 대상자 집단을 나타내고 각 대상자들이 한 개의 반응변수에 관해 측정되었다고 가정하자. 이처럼 X의 수준별 주변합계가 랜덤이 아니고 미리 고정된 경우에는 X와 Y의 결합분포는 더이상 의미가 없으며 X의 각 수준별 Y의 조건부분포만이 의미가 있다. 두 개의 반응범주를 갖는 경우에 각 행의 표본은 이항분포와 관련되며, 이때 시행 횟수는 고정된 행 합계로 간주한다. 서로 별개의 랜덤표본인 경우와 같이 각 행의 표본들이 독립이 되는 표본추출 방법을 독립 이항표본추출(independent binomial sampling)이라 부른다.

총 표본크기는 고정되어 있지만 행이나 열의 합계가 고정되어 있지 않은 경우에는 다항표본추출 모형을 적용한다. 예를 들어, 〈표 2.1〉은 1,091명의 대상자를 성별과 내세의 믿음에 따라 교차분류한 것으로 네 개의 칸 도수는 네 개 범주를 갖는 다항분포

로부터의 표본값으로 가정한다. 다항표본을 나타내는 분할표에서 열을 반응변수, 행은 설명변수로 가정할 때 자료의 설명을 위해 행 합계에 관한 반응변수의 조건부분포를 구한다. 이 경우 행 합계를 고정된 것으로 간주하고 이들이 각각 독립표본들인 것처럼 자료를 분석한다. 예를 들어, 〈표 2.1〉에서 여성에 대한 결과는 "예"와 "아니오" 두 개 범주를 갖는 하나의 이항표본이며, 또한 남성에 관한 관찰값도 동일한 반응을 갖고 서로 독립인 또 하나의 이항표본이다. 만약 반응범주가 두 개보다 많을 때(예를 들어, "예", "아니오", "미결정")는 서로 독립인 다항표본으로 간주한다.

분할표에 어떤 표본추출모형이 가장 의미가 있는지는 염려할 필요가 없으며, 그 이유는 포아송 표본추출, 다항표본추출, 독립이항표본추출(또는 다항표본추출) 모형들에 관해 주요 추론방법들의 결과가 동일하기 때문이다.

2.2 2×2 표의 비율 비교

두 개 범주를 갖는 반응변수를 이항변수(binary variable)라 부른다. 예를 들면, "내세의 믿음"은 범주(예, 아니오)로 측정되므로 이항변수이다. 이항반응 Y에 관해 두 집단을 비교하는 자료를 자주 접하게 되는데 이러한 자료에서 행은 두 집단을, 열은 반응변수 Y의 수준을 나타내는 2×2 표가 된다. 이 절에서는 이항반응을 두 집단별로 비교하는 측도를 제시한다.

비율의 차

이항변수의 반응범주를 성공과 실패로 나타내자. 첫 행에서 성공확률을 π_1, 실패확률을 $1-\pi_1$이라 하면 확률의 쌍 $(\pi_1, 1-\pi_1)$은 첫 행에서 Y의 조건부분포가 된다. 둘째 행의 성공확률 π_2에 대해서도 유사한 결과가 얻어진다.

두 비율의 차 $\pi_1 - \pi_2$는 두 행의 성공확률을 비교하게 되며 이 값은 -1과 1 사이에 속한다. 특히, $\pi_1 = \pi_2$인 경우 비율의 차이는 0이 되고 반응변수와 집단은 독립임을 나타낸다. 두 집단의 표본성공비율을 각각 p_1과 p_2라 할 때 표본비율의 차이 $p_1 - p_2$는 $\pi_1 - \pi_2$의 추정값이 된다. 〈표 2.1〉의 자료에서 $p_1 = n_{11}/n_{1+} =$

$435/582 = 0.747$이고, 마찬가지로 $p_2 = 375/509 = 0.737$이므로 표본비율의 차이는 $0.747 - 0.737 = 0.010$이다.

기호를 간단히 하기 위해 두 집단의 표본크기(즉, 행 합계 n_{1+}, n_{2+})를 N_1과 N_2라 하자. 두 행의 도수들이 독립인 이항표본일 때 $p_1 - p_2$의 표준오차 추정치는

$$\hat{\sigma}(p_1 - p_2) = \sqrt{\frac{p_1(1-p_1)}{N_1} + \frac{p_2(1-p_2)}{N_2}} \tag{2.1}$$

이다. 표본크기가 커짐에 따라 표준오차는 더 작아지고 따라서 추정치의 정도는 더 좋아진다. 또한, 표본크기가 클 때 $\pi_1 - \pi_2$에 대한 $100(1-\alpha)\%$ 신뢰구간은

$$(p_1 - p_2) \pm z_{\alpha/2}\, \hat{\sigma}(p_1 - p_2) \tag{2.2}$$

와 같다. 기호 $z_{\alpha/2}$는 우측꼬리확률이 $\alpha/2$가 되는 표준정규분포의 백분위점이다. 예를 들어, 95% 신뢰구간은 $\alpha = 0.05$일 때이므로 $z_{\alpha/2} = 1.96$이다.

보기 2.2

〈표 2.2〉는 아스피린의 복용과 심근경색의 발병에 관해 하버드 의대 내과의사 연구집단(Physicians Health Study Research Group)에서 보고된 것이다. 아스피린을 규칙적으로 복용하면 심장혈관 질환을 줄일 수 있는지 알아보기 위한 연구이다. 연구에 참여한 의사들은 이틀마다 한 알의 아스피린 또는 위약(placebo)을 복용한다. 약을 복용한 사람은 어떤 약을 복용했는지 모르도록 하는 눈가림기법(blinded technique)을 사용하였다. 행 변수는 위약 및 아스피린의 복용에 따른 집단을 나타내고 열 변수는 심근경색 발병 여부이다. [프로그램 2.1]은 〈표 2.2〉의 자료에 대해 두 집단 간의 차이를 비교하는 여러 가지 측도를 구하기 위한 SAS/PROC FREQ 절차이다.

표 2.2 아스피린의 복용과 심근경색의 발병

집단	심근경색		총계
	예	아니오	
위약	189	10,845	11,034
아스피린	104	10,933	11,037

프로그램 2.1 〈표 2.2〉의 비율 분석을 위한 PROC FREQ

```
DATA aspirin;
 INPUT group mi count @@;
 CARDS;
  1 1 189   1 2 10845
  2 1 104   2 2 10933
  ;
 PROC FREQ order=data;
       WEIGHT count;
       TABLES group*mi/measures nocol nopercent;
```

〈표 2.3〉 ①에서 심근경색을 일으킨 비율은 위약 복용집단의 경우 $p_1 = 0.0171$, 아스피린 복용집단의 경우는 $p_2 = 0.0094$이다. 따라서 두 비율의 차이는 $0.0171 - 0.0094 = 0.0077$이다. 식 (2.1)로부터 표준오차의 추정치는

$$\sqrt{\frac{(0.0171)(0.9829)}{11,034} + \frac{(0.0094)(0.9906)}{11,037}} = 0.0015$$

이다. 따라서 두 모비율의 차이 $\pi_1 - \pi_2$에 대한 95% 신뢰구간은 $0.0077 \pm 1.96(0.0015) = 0.008 \pm 0.003$, 즉 $(0.005, 0.011)$이다. 이 구간은 오직 양수값만을 포함하기 때문에 $\pi_1 - \pi_2 > 0$, 즉 $\pi_1 > \pi_2$가 되고 아스피린의 복용은 심근경색의 발병을 줄여 준다고 볼 수 있다.

표 2.3 [프로그램2.1]의 수행 결과 중 일부

① TABLE OF GROUP BY MI

GROUP Frequency Row Pct	MI 1	 2	 Total
1	189 1.71	10845 98.29	11034
2	104 0.94	10933 99.06	11037
Total	293	21778	22071

표 2.3 (계속)

Estimates of the Relative Risk (Row1/Row2)

	Type of Study	Value	95% Confidence	Limits
②	Case-Control	1.832	1.440	2.331
③	Cohort (Col1 Risk)	1.818	1.433	2.306
④	Cohort (Col2 Risk)	0.992	0.989	0.995

Sample Size = 22071

참고

코호트(cohort)란 동일한 특성을 가진 실험집단을 의미하며 코호트연구는 연구의 진행 방향이 시간의 흐름에 따라 진행되는 전향적연구(prospective study)의 형태이다. 반면에 사례–대조(case–control)연구는 조사 대상을 사례집단과 대조집단으로 구분하고 시간을 과거로 거슬러 연구가 진행되기 때문에 후향적연구(retrospective study) 방법이다(허명회, 1992).

상대위험

고정된 표본크기를 갖는 분할표에서 비율들이 0 또는 1 근방에 있을 때 두 비율의 차이는 더욱 중요한 의미를 갖는다. 부작용을 일으키는 비율을 통해 두 가지 약을 비교하는 실험을 고려해 보자. 비율 0.010과 0.001의 차이는 0.410과 0.401의 차이와 똑같이 0.009이지만 첫 번째 경우가 더 주목할 가치가 있다. 그 이유는 두 가지 약 중 어떤 특정한 약이 다른 약에 비해 10배나 더 높은 부작용을 일으키기 때문이다. 이러한 상황에서 비율들의 비(ratio)는 또 하나의 유용한 요약 측도가 된다.

2×2 표에서 상대위험(relative risk)은 두 집단의 "성공" 확률들의 비

$$\frac{\pi_1}{\pi_2} \tag{2.3}$$

에 의해 정의되며 이 값은 음이 아닌 실수값을 나타낸다. 두 비율 0.010과 0.001의 상

대위험은 $0.010/0.001 = 10.0$이 되지만, 두 비율 0.410과 0.401의 상대위험은 $0.410/0.401 = 1.02$가 된다. 특히 $\pi_1 = \pi_2$인 경우, 즉, 반응변수와 집단변수가 독립일 때 상대위험은 1.00이다. 표본비율이 p_1, p_2일 때 두 집단의 표본상대위험은 p_1/p_2가 된다. 상대위험의 표본분포는 표본크기가 큰 경우가 아니면 매우 기울어져(skewed) 있기 때문에 신뢰구간의 공식이 복잡하다.

〈표 2.3〉의 ③에 해당하는 값 1.818은 표본상대위험을 나타낸다. 즉, 위약 복용집단에서 심근경색을 일으키는 비율이 아스피린 복용집단보다 약 82%만큼 더 높다는 것을 의미한다. 또한, 모집단 상대위험에 대한 95% 신뢰구간은 대략 $(1.43, 2.31)$이기 때문에 위약 복용집단에서 심근경색을 일으키는 비율은 아스피린 복용집단보다 최소한 1.43배 이상 2.31배까지 더 높다는 것을 95% 확신할 수 있다. 즉, 위약집단의 발병률이 최소한 43% 더 높다는 것을 알 수 있다. 비율의 차이에 대한 95% 신뢰구간 $(0.005, 0.011)$에 의하면, 두 집단의 차이가 미미한 것처럼 보이지만 상대위험을 통해 비교할 때는 그 차이가 매우 크므로 중요한 의미를 갖게 된다. 두 비율이 모두 0에 가까울 때는 비율의 차이만으로 두 집단을 비교하는 것은 잘못된 결론을 가져올 수 있다.

"실패" 확률의 비 $(1-\pi_1)/(1-\pi_2)$에 의해 또 다른 상대위험 0.992(〈표 2.3〉의 ④)를 구할 수 있지만, 반응범주 확률 중에서 작은 것을 기준으로 비를 계산하는 것이 바람직하다.

2.3 오즈비

2×2 표에서 행과 열의 연관성에 관한 또 다른 측도인 오즈비(odds ratio)에 대해 알아보자. 오즈비는 교재의 뒷부분에서 소개될 로짓모형의 모수 추정치의 해석에 기본이 되는 개념이다. 첫 행과 둘째 행의 "성공" 확률을 각각 π_1, π_2라 할 때 첫 행의 경우 실패와 비교하여 성공의 오즈는

$$\text{odds}_1 = \frac{\pi_1}{1-\pi_1}$$

이다. 예를 들어, $\pi_1 = 0.75$일 때 성공의 오즈는 $0.75/0.25 = 3$이다.

오즈값은 음이 아닌 실수이며 실패보다 성공 가능성이 더 높은 경우에는 1보다 큰 값이 된다. 오즈값 4.0은 실패와 비교하여 성공할 가능성이 4배 더 높다는 것을 뜻한다. 성공확률이 0.8, 실패확률이 0.2일 때 오즈는 $0.8/0.2=4$가 되므로 한 번 실패할 때마다 4번의 성공이 기대되며 오즈가 1/4일 때는 이와 반대로 실패가 성공과 비교하여 4배의 가능성을 갖는다. 즉, 4번 실패할 때마다 한 번씩의 성공이 기대된다. 마찬가지로 두 번째 행의 성공 오즈는

$$\text{odds}_2 = \frac{\pi_2}{1-\pi_2}$$

이다. 행과 관계없이 성공확률과 오즈 간에는 함수 관계식

$$\pi = \frac{\text{odds}}{\text{odds}+1}$$

이 성립한다. 예를 들어, 오즈가 4일 때 성공확률은 $\pi = 4/(4+1) = 0.8$이다. 두 행의 조건부분포가 같을 때(즉, $\pi_1 = \pi_2$) $\text{odds}_1 = \text{odds}_2$를 만족하며, 이 경우 행과 열 변수는 서로 독립이 된다.

두 행에서 오즈값의 비

$$\theta = \frac{\text{odds}_1}{\text{odds}_2} = \frac{\pi_1/(1-\pi_1)}{\pi_2/(1-\pi_2)} \tag{2.4}$$

를 오즈비(odds ratio)라 한다. 상대위험은 두 확률의 비를 나타내는 반면, 오즈비 θ는 두 오즈 간의 비이다.

오즈비의 성질

오즈값과 마찬가지로 오즈비도 역시 음이 아닌 실수가 된다. 두 변수 X와 Y가 독립일 때는 $\pi_1 = \pi_2$ 및 $\text{odds}_1 = \text{odds}_2$가 성립하므로 오즈비 $\theta = \text{odds}_1/\text{odds}_2 = 1$이 된다. 오즈비 $\theta = 1$은 독립성을 나타내며 두 집단을 비교할 때 기준이 되는 값이다. 왜냐하면 1을 기준으로 오즈비가 이보다 큰가 또는 작은가에 따라서 어떤 유형의 연관성을 반영하기 때문이다. $1 < \theta < \infty$일 때는 첫 행의 오즈가 둘째 행보다 더 크다. 예를 들면 $\theta = 4$인 경우 첫 행의 오즈는 둘째 행의 4배이므로 첫 행의 성공 가능성이

더 크다는 것을 나타낸다. 즉, $\pi_1 > \pi_2$ 이다. 이와 반대로 $0 < \theta < 1$일 때는 첫 행에서 성공 가능성이 더 낮게 되며 $\pi_1 < \pi_2$ 이다.

오즈비가 1.0에서 멀리 떨어져 있을수록 연관성이 더 강하게 된다. 오즈비가 4일 때는 오즈비가 2일 때보다 독립성에서 더 벗어난 것을 나타내고, 마찬가지로 오즈비 0.25는 0.50보다 독립성과 더 동떨어져 있음을 의미한다. 오즈비 θ 와 이 값의 역수는 같은 크기의 연관성을 나타내지만 그 방향은 서로 반대가 된다. 예를 들어, $\theta = 0.25$일 때 첫 행의 오즈는 둘째 행의 0.25배이다. 이것을 바꾸어 말하면, 둘째 행이 첫째 행보다 성공 가능성이 $1/0.25 = 4.0$배 더 크다고 볼 수 있다. 행 또는 열의 배열이 서로 바뀌면, 이때 오즈비 θ 는 원래 값의 역수가 된다. 행 또는 열의 배열은 임의적이므로 오즈비가 4.0 또는 0.25가 되는 것은 순전히 행과 열의 배열 방법에 달려있다.

행과 열을 서로 바꾸는 경우 오즈비는 달라지지 않는다. 열을 반응변수, 행을 설명변수로 하거나 행을 반응변수, 열을 설명변수로 간주해도 오즈비는 같아지게 된다. 즉, 오즈비의 계산에서 두 변수는 대칭적으로 취급되기 때문에 설명변수와 반응변수를 구분할 필요가 없다. 그러나 이와는 대조적으로 상대위험의 경우는 변수를 구분해야 한다. 또한, 상대위험은 두 가지 반응범주 중 어느 곳에 적용하는가에 따라 달라진다.

두 변수 모두 반응변수일 때의 오즈비는 결합확률을 써서

$$\theta = \frac{\pi_{11} / \pi_{12}}{\pi_{21} / \pi_{22}} = \frac{\pi_{11}\pi_{22}}{\pi_{12}\pi_{21}} \tag{2.5}$$

와 같이 정의한다. 오즈비는 대각선을 중심으로 대칭 위치에 있는 확률의 곱 $\pi_{11}\pi_{22}$와 $\pi_{12}\pi_{21}$의 비와 같아지기 때문에 오즈비를 교차곱비(cross-product ratio)라 부르기도 한다.

표본오즈비는 두 행에서 표본오즈의 비에 의해

$$\hat{\theta} = \frac{p_1 / (1-p_1)}{p_2 / (1-p_2)} = \frac{n_{11} / n_{12}}{n_{21} / n_{22}} = \frac{n_{11} n_{22}}{n_{12} n_{21}} \tag{2.6}$$

와 같이 정의된다. 표준적인 표본추출모형일 때 이 값은 모집단 오즈비의 최대우도추정치가 된다.

〈표 2.2〉의 아스피린 복용과 심근경색자료를 다시 이용하여 오즈비를 설명해 보자. 위약 복용집단에서 심근경색을 일으킬 오즈는 $n_{11} / n_{12} = 189/10{,}845 = 0.0174$로 추정되므로 "아니오"라고 응답한 100명에 대해 "예"라는 응답이 1.74명임을 의미한

다. 마찬가지로 아스피린 복용집단의 오즈의 추정치 104/10,933 = 0.0095에서 "아니오"라는 응답자 100명에 대해 "예"의 응답자는 0.95명이 된다. 따라서 표본오즈비는 $\hat{\theta} = 0.0174/0.0095 = 1.832$가 되며 이 값은 〈표 2.3〉의 ②에 주어진 값과 같다. 또한 θ의 95% 신뢰구간은 (1.440, 2.331)임을 알 수 있다. 위약 복용집단에서 심근경색을 일으킬 오즈는 아스피린 복용집단의 1.832배이므로 위약 집단에서 약 83%만큼 더 높게 추정된다.

오즈비와 로그오즈비에 대한 추론

표본크기가 작은 경우에 오즈비의 표본분포는 매우 기울어져 있기 때문에 오즈비에 관한 통계적추론은 θ와 동치인 $\log(\theta)$를 사용한다. 행변수와 열변수가 독립일 때 $\log(\theta) = 0$이 되므로 오즈비 1.0의 로그값인 로그오즈비는 0.0이 된다. 같은 요령으로 오즈비가 2.0일 때 로그오즈비는 0.7이다. 로그오즈비는 행 또는 열의 순서를 바꿀 때 그 부호가 달라진다는 점에서 0에 관해 대칭인 성질이 있다. $\log(\theta)$의 절대값이 같은 경우 같은 크기의 연관성을 나타낸다. 예를 들어, $\log(2.0) = 0.7$과 $\log(0.5) = -0.7$은 같은 정도의 연관성이 있다. 또한 $2\log(2.0) = 2(0.7) = \log(2^2)$이 성립한다.

$\hat{\theta}$에 비해 $\log\hat{\theta}$의 분포는 덜 기울어져 있으므로 정규분포에 더욱 잘 근사되며, 대표본인 경우 $\log\hat{\theta}$의 근사분포는 평균 $\log\theta$, 점근표준오차(asymptotic standard error, ASE)

$$ASE(\log\hat{\theta}) = \sqrt{\frac{1}{n_{11}} + \frac{1}{n_{12}} + \frac{1}{n_{21}} + \frac{1}{n_{22}}} \tag{2.7}$$

를 갖는 정규분포가 된다. 칸도수가 증가함에 따라 ASE는 감소한다. 표본분포의 정규근사를 이용하여 $\log\theta$에 대한 신뢰구간을 우선 구하고 이것을 다시 변환하여 θ의 신뢰구간을 구하는 것이 바람직하다. 표본크기가 클 때 $\log\theta$에 대한 $100(1-\alpha)\%$ 신뢰구간은

$$\log\hat{\theta} \pm z_{\alpha/2} ASE(\log\hat{\theta})$$

이 되고, θ의 신뢰구간은 구간 양 끝점의 지수변환을 통해 구한다.

〈표 2.2〉의 자료에서 $\log(\hat{\theta}) = \log(1.832) = 0.605$이고 ASE는 식 (2.7)에 의해

$(1/189+1/10{,}933+1/10{,}845+1/104)^{1/2}=0.123$이다. 따라서 $\log\theta$의 95% 신뢰구간은 $0.605\pm1.96\,(0.123)=(0.365,0.846)$이 되고, θ의 95% 신뢰구간은

$$(e^{0.365},\ e^{0.846})=(1.440,\ 2.331)$$

이 된다. θ의 신뢰구간이 1.0을 포함하지 않기 때문에 심근경색을 일으킬 오즈는 두 집단 간에 서로 다르다. 위약 복용집단에서 심근경색을 일으킬 오즈는 아스피린 복용 집단보다 44% 이상 더 높은 것으로 예측된다. 신뢰구간의 양 끝점이 $\hat{\theta}=1.83$에서 똑같은 거리에 위치하지 않는 이유는 $\hat{\theta}$의 표본분포가 오른쪽으로 길게 기울어져 있기 때문이다.

어떤 $n_{ij}=0$이면 표본오즈비 $\hat{\theta}$는 0 또는 ∞가 되고, 어떤 행이나 열에서 두 칸 모두가 0일 때는 오즈비가 정의되지 않으므로 각 칸에 1/2을 더해서 수정된 오즈비

$$\tilde{\theta}=\frac{(n_{11}+0.5)(n_{22}+0.5)}{(n_{12}+0.5)(n_{21}+0.5)}$$

을 사용한다. 어떤 칸도수가 0 또는 매우 작은 경우에는 수정된 추정량을 사용하는 것이 바람직하다. 이때 ASE는 식 (2.7)에서 $\{n_{ij}\}$ 대신 $\{n_{ij}+0.5\}$를 대입하여 구한다. 〈표 2.2〉에는 특별히 작은 칸 도수가 없기 때문에 수정된 추정량 $\tilde{\theta}=1.828$과 $\hat{\theta}=1.832$가 유사하다.

오즈비와 상대위험의 관계

오즈비 $\hat{\theta}=1.83$은 오즈 $p_1/(1-p_1)$이 오즈 $p_2/(1-p_2)$의 1.83배가 된다는 뜻이며 비율 p_1이 비율 p_2의 1.83배가 되는 것은 아니다. 식 (2.6)과 상대위험의 정의식 (2.3)에 의해 관계식

$$\text{오즈비}=\frac{p_1/(1-p_1)}{p_2/(1-p_2)}=\text{상대위험}\times\left(\frac{1-p_2}{1-p_1}\right)$$

가 성립한다. 두 집단의 성공비율들이 모두 0에 가까우면 앞 식의 맨 마지막 식에서 두 번째 항이 1에 근사하므로 이때 오즈비와 상대위험은 유사한 값을 갖는다. 〈표 2.2〉에서 심근경색을 일으키는 표본비율은 두 집단 모두 0에 가깝기 때문에 표본오즈비 1.83과 상대위험 1.82가 유사함을 알 수 있다. 이 경우는 오즈비 1.83에 의해 p_1

이 p_2 의 약 1.83배라고 해석할 수 있으며, 오즈비와 상대위험의 이러한 관계는 매우 유용하다. 왜냐하면 어떤 자료의 경우 상대위험을 구할 수는 없지만 오즈비를 계산할 수 있으므로 이 값을 상대위험의 근사값으로 사용할 수 있기 때문이다.

보기 2.3

〈표 2.4〉의 자료는 이탈리아 북부지방에서 급성심근경색증으로 관상동맥 치료를 받은 262명의 69세 이하 중년여성 환자들(사례집단)과 이들 각각에 대해 같은 병원에 다른 질병으로 입원한 두 명씩의 환자들(대조집단)을 대응시켜서 조사 대상자를 선정하고, 과거의 흡연여부에 따라 모든 환자들을 분류한 것이다. 심근경색과 흡연 간의 관계를 파악하고자 하는 조사로서 현재 또는 과거에 흡연을 한 경우 "예", 그렇지 않은 경우는 "아니오"로 분류하였으며, 이것을 편의상 흡연상태(smoking status)라 하자.

표 2.4 흡연과 심근경색

흡연	심근경색	대조집단
예	172	173
아니오	90	346
합계	262	519

심근경색을 반응변수로, 흡연상태를 설명변수로 간주하자. 그러나 이 연구에서 심근경색의 주변분포는 표본추출계획에 의해 미리 고정되어 있으며, 심근경색환자 각각에 대해 두 명씩의 환자가 대응되어 있다. 이와 같은 연구는 어떤 관심대상 질병을 앓는 환자들의 표본을 충분히 크게 확보하기 위한 것으로 "과거를 들여다보는" 후향적 실험계획(retrospective design)이며 사례-대조연구이다.

흡연자 집단과 비흡연자 집단에서 심근경색을 일으킨 비율에 의한 두 집단의 비교는 흡연상태가 주어질 때 심근경색의 조건부분포와 관련된다. 그러나 이 자료집합에서는 이러한 비율을 추정할 수 없다. 예를 들어, 전체 표본 중 약 1/3이 심근경색을 일으킨 것으로 추정할 수 있지만, 이 자료의 경우 심근경색환자 각각에 대해 다른 질병이 있는 환자 두 명씩을 대응시켰기 때문에 심근경색을 일으킨 확률을 1/3로 추정하는 것은 무의미하다. 그러나 이와 반대로 심근경색집단 및 대조집단에 대해 흡연상태의 조건부분포는 구할 수 있다. 심근경색집단의 경우 흡연율은 $172/262 = 0.656$ 인 반면 대조집단의 경우는 $173/519 = 0.333$ 이다.

〈표 2.4〉에서 심근경색의 상대위험이나 심근경색 비율의 차를 추정할 수 없으나 중년 부인이 심근경색을 일으킬 확률은 흡연상태와 관계없이 낮으므로 오즈비 3.82를 상대위험의 근사치로 사용한다. 즉, 흡연 여성은 비흡연 여성보다 심근경색 위험이 약 4배 더 높다.

2.4 독립성에 대한 카이제곱검정

칸 확률들이 어떤 고정된 값 $\{\pi_{ij}\}$와 같다는 귀무가설 H_0을 검정하는 방법을 설명해 보자. 칸도수가 $\{n_{ij}\}$이고 총 표본크기가 n인 표본에서 $\{\mu_{ij} = n\pi_{ij}\}$를 기대도수(expected frequencies)라 부르며 이것은 H_0이 참일 때의 기댓값 $\{E(n_{ij})\}$를 나타낸다.

이원표뿐 아니라 다원표 또는 한 개의 범주형변수인 경우에도 유사한 기호를 사용한다. 한 개의 동전을 n번 던지는 실험에서 앞면이 나올 확률을 π, 뒷면이 나올 확률을 $1-\pi$라 할 때 이 동전이 균형 잡힌 동전이라는 귀무가설은 $\pi = 1-\pi = 0.5$와 대응된다. 앞면이 나오는 기대도수 $\mu = n\pi = n/2$은 뒷면의 기대도수와 같으므로 H_0이 참일 때 앞면과 뒷면을 반반씩 기대할 수 있다.

자료가 H_0에 모순되는지를 판단하기 위해서 표본의 칸 도수와 기대도수를 비교한다. 이원표에서 H_0이 참이라면 각 칸의 n_{ij}는 μ_{ij}에 가깝게 될 것이므로 차이 $\{n_{ij} - \mu_{ij}\}$가 클수록 H_0에 대한 반증이 더 강하게 된다. 이러한 비교에 이용되는 검정통계량은 대표본일 경우 근사적으로 카이제곱분포를 따른다.

피어슨 통계량과 카이제곱분포

H_0을 검정하는 피어슨 카이제곱통계량(Pearson chi-squared statistic)은

$$X^2 = \sum \frac{(n_{ij} - \mu_{ij})^2}{\mu_{ij}} \tag{2.8}$$

이다. 이것은 영국의 통계학자 피어슨(Pearson, Karl, 1857~1936)에 의해 1900년에 제안되었으며, 그의 많은 공헌 중에서도 피어슨곱적률상관(Pearson product-moment correlation)은 매우 잘 알려져 있다. 모든 칸에서 $n_{ij} = \mu_{ij}$일 때 통계량 (2.8)은 최소값 0을 갖는다. 표본크기가 고정되어 있을 때 $\{n_{ij}\}$와 $\{\mu_{ij}\}$ 간의 차이가 클수록 H_0을 기각하는 증거가 더 뚜렷해진다.

X^2 값이 클수록 H_0을 강하게 기각하기 때문에 검정의 P-값은 귀무가설하에서 X^2 값이 관찰값보다 크거나 같게 되는 확률이다. 대표본인 경우 X^2 통계량은 귀무가설하에서 근사적으로 카이제곱분포를 따른다. 표본크기에 대해 "큰" 값의 기준을 규정하는 것은 어렵지만 $\{\mu_{ij} \geqq 5\}$인 조건이면 충분히 큰 것으로 알려져 있다. 데이터에서 계산된 X^2값보다 큰 카이제곱분포의 오른쪽 꼬리확률이 P-값이다.

카이제곱분포는 자유도(degrees of freedom, df)에 의해 규정된다. 카이제곱분포의 평균은 df와 같고 표준편차는 $\sqrt{2\,df}$ 이다. 자유도가 커짐에 따라 분포는 큰 값을 중심으로 집중되며 산포(dispersion)가 더욱 커지게 된다. 카이제곱분포표는 부록에 수록되어 있다.

우도비검정

H_0의 검정에 관한 또 다른 통계량은 유의성 검정에 이용되는 우도비에 의해 유도된다. H_0이 참이라 할 때 우선 우도함수를 최대로 하는 모수를 결정한다. 같은 방법으로 H_0이 참 또는 참이 아닌 좀 더 일반적인 조건에서 우도함수를 최대로 하는 모수값을 결정한다. 우도비검정은 최대우도의 비

$$\Lambda = \frac{H_0\text{하에서 최대우도}}{\text{무제한 조건하에서 최대우도}}$$

에 바탕을 둔다.

앞의 비 Λ는 1을 초과할 수 없다. 모수들이 H_0의 조건을 만족하지 않을 때의 최대우도가 매우 크다면, 우도비 Λ는 1보다 훨씬 작아지고 이것은 H_0에 대한 강한 반증이다. 우도비검정통계량은 $-2\log(\Lambda)$와 동치이다. 이 값은 음이 아니며 Λ가 "작은" 값일 때 $-2\log(\Lambda)$는 "큰" 값이 된다. 로그변환의 이유는 근사적으로 카이제곱분포가 되도록 하기 위한 것이다. 이원분할표의 경우 이 통계량은 간단히 다음 공식과 같이 표현된다.

$$G^2 = 2\sum n_{ij}\log\left(\frac{n_{ij}}{\mu_{ij}}\right). \tag{2.9}$$

통계량 G^2을 우도비카이제곱통계량(likelihood ratio chi-squared statistic)이라 부른다. 피어슨 통계량과 마찬가지로 모든 칸에서 $n_{ij} = \mu_{ij}$일 때 G^2은 최소값 0이 되며 G^2이 클수록 H_0에 대한 강한 반증을 나타낸다.

두 통계량 X^2과 G^2은 서로 별개의 통계량을 나타내지만, 이들은 공통된 성질들을 많이 가지며 독립성검정에 대해 통상 같은 결론을 나타낸다. H_0이 참이고 표본 칸도수가 큰 경우 두 통계량은 동일한 카이제곱분포를 따르며 통계량 값도 유사하다. 이들 두 통계량의 장단점에 대해서는 뒤에서 다시 설명할 것이다.

독립성검정

이원분할표에서 두 반응이 통계적으로 독립이라는 귀무가설은 모든 i, j에 대해

$$H_0 : \pi_{ij} = \pi_{i+}\pi_{+j}$$

와 같다. H_0은 주변확률에 의해 결합확률을 규정한다. H_0을 검정하기 위해서 우선 기대도수를 $\mu_{ij} = n\pi_{ij} = n\pi_{i+}\pi_{+j}$와 같이 표현한다. 여기서 μ_{ij}는 독립성의 가정하에서 n_{ij}의 기대값이다. 통상 $\{\pi_{i+}\}$와 $\{\pi_{+j}\}$는 미지의 값이므로 기대값 또한 미지의 상수이다.

기대도수의 추정치는 표본비율을 써서

$$\hat{\mu}_{ij} = n\,p_{i+}p_{+j} = n\frac{n_{i+}}{n}\frac{n_{+j}}{n} = \frac{n_{i+}n_{+j}}{n}$$

와 같이 구해진다. $\{\hat{\mu}_{ij}\}$를 추정기대도수(estimated expected frequency)라 부른다. 추정기대도수의 행 합계와 열 합계는 관찰도수에 관한 의 행 및 열 합계와 각각 동일하며 또한 독립성의 패턴을 반영한다.

$I \times J$ 분할표의 독립성검정에서 피어슨 통계량과 우도비통계량은 각각

$$X^2 = \sum\frac{(n_{ij} - \hat{\mu}_{ij})^2}{\hat{\mu}_{ij}}, \quad G^2 = 2\sum n_{ij}\log\left(\frac{n_{ij}}{\hat{\mu}_{ij}}\right) \tag{2.10}$$

와 같다. 근사 카이제곱분포의 자유도는 $df=(I-1)(J-1)$이다.

참고

H_0하에서 π_{i+}와 π_{+j}에 의해 모든 칸도수가 결정된다. 확률의 합이 1이고 관계식 $\pi_{I+}=1-(\pi_{1+}+\cdots+\pi_{(I-1)+})$이 성립한다. 처음 $I-1$개에 의해 마지막 주변확률이 결정되므로 $I-1$개의 칸 확률들은 서로 중복되지 않는다. 마찬가지 방법으로 $J-1$개의 비중복적(nonredundant)인 주변확률들이 존재하며 총 $(I-1)+(J-1)$개 모수가 있다. 대립가설하에서는 IJ개 칸 확률들의 합은 1이라는 제약뿐이므로 비중복적인 모수는 $IJ-1$개이다. 자유도는 대립가설과 귀무가설하에서 모수 개수의 차이가 되므로 카이제곱분포의 자유도는 다음과 같이 계산된다.

$$(IJ-1)-[(I-1)+(J-1)] = IJ-I-J+1 = (I-1)(J-1)$$

보기 2.4

〈표 2.5〉는 성별(남, 여)과 소속정당(민주당, 독립당, 공화당)을 서로 교차분류한 자료이다. 이 자료에 대한 기대도수 및 카이제곱통계량을 구하는 절차는 [프로그램 2.2]와 같다. 〈표 2.6〉의 ①에서 각 칸의 아래 수치는 귀무가설 H_0하에서 추정된 기대도수를 나타낸다. ②에서 $X^2=7.01$, ③에서 $G^2=7.00$이며 자유도는 둘 다 2이다. 이때 검정의 유의성은 두 통계량 모두 0.030으로 유의수준 $\alpha=0.05$에서 독립성의 가설을 기각한다.

표 2.5 성별에 따른 소속정당의 이원분류표

성별	소속정당		
	민주당	독립당	공화당
여성	279	73	225
남성	165	47	191
총계	444	120	416

프로그램 2.2 독립성 검정을 위한 PROC FREQ

```
DATA party;
INPUT gender $ id $ count@@;
CARDS;
 f demo 279 f indep 73 f repub 225
 m demo 165 m indep 47 m repub 191
 ;
PROC FREQ order=data; WEIGHT count;
     TABLES gender*id/chisq expected nocol norow nopercent;
```

표 2.6 [프로그램 2.2]의 수행 결과 중 기대도수와 카이제곱통계량

① TABLE OF GENDER BY ID

```
GENDER      ID

Frequency|
Expected |
         |demo    |indep   |repub   |  Total
---------+--------+--------+--------+
f        |    279 |     73 |    225 |   577
         | 261.42 | 70.653 | 244.93 |
---------+--------+--------+--------+
m        |    165 |     47 |    191 |   403
         | 182.58 | 49.347 | 171.07 |
---------+--------+--------+--------+
Total         444      120      416     980
```

STATISTICS FOR TABLE OF GENDER BY ID

	Statistic	DF	Value	Prob
②	Chi-Square	2	7.010	0.030
③	Likelihood Ratio Chi-Square	2	7.003	0.030
	Mantel-Haenszel Chi-Square	1	6.758	0.009

참고

카이제곱분포는 검정통계량의 실제 표본분포에 대한 근사이므로 이때의 P–값은 근사값이다. 따라서 소프트웨어 수행 결과에서 주어지는 P–값을 소수점 넷째 또는 다섯째 자리까지 나타내는 것이 이상적이다. 다행히 P–값의 근사가 소수점 둘째 자리까지 양호하므로 0.02837보다는 0.03(또는 0.028)으로 나타내는 것이 의미가 있다. 아무튼 P–값은 귀무가설의 반증을 나타내는 요약 값이며 이러한 목적이라면 소수점 둘째 또는 셋째 자리까지로 충분하다.

잔차

검정통계량과 P–값은 단순히 귀무가설에 대한 반증을 설명한다. 칸별로 관측값과 기대값을 비교하면 반증의 본성을 이해하는데 더욱 도움이 된다. n_{ij}와 $\hat{\mu}_{ij}$ 간의 편차는 기대값이 큰 칸에서 커지는 경향이 있으므로 $n_{ij}-\hat{\mu}_{ij}$만으로는 충분하지 않다.

수정잔차(adjusted residual)는 독립성의 가설하에서 유용하게 사용되는 칸 잔차로서 다음 공식

$$\frac{n_{ij}-\hat{\mu}_{ij}}{\sqrt{\hat{\mu}_{ij}\,(1-p_{i+})(1-p_{+j})}} \tag{2.11}$$

와 같이 표현된다. 표본크기가 큰 경우 각 잔차는 귀무가설하에서 근사적으로 표준정규분포를 따른다. 따라서 수정잔차의 절대값이 2 또는 3보다 큰 칸에서는 H_0에 대한 적합결여를 나타낸다.

〈표 2.7〉에서 잔차가 양수이고 큰 값을 갖는 칸은 (여성, 민주당), (남성, 공화당)이고, 잔차가 큰 음수 값을 갖는 칸은 (여성, 공화당), (남성, 민주당)이다. 따라서 독립성의 가설이 참일 때 기대되는 빈도수에 비해 여성은 민주당원이 월등히 많은 반면 남성은 공화당원이 월등히 많은 것을 알 수 있다. 같은 방법으로 여성 공화당원과 남성 민주당원은 독립성의 가설하에서 기대되는 수보다 관측도수가 적음을 알 수 있다.

표 2.7 성별과 소속정당의 이원표에 대한 수정잔차

성별	소속정당		
	민주당	독립당	공화당
여성	2.29	0.46	−2.62
남성	−2.29	−0.46	2.62

오즈비를 통해 이러한 연관성을 살펴보자. 성별과 당소속(민주당, 공화당) 간의 2×2표에 대한 표본오즈비는 $(279)(191)/(225)(165) = 1.44$가 되므로 어떤 사람이 공화당원에 비해 민주당원이 될 오즈는 여성이 남성보다 44% 더 높다. 성별과 소속 정당이 독립이라는 가설하에서 〈표 2.7〉의 수정잔차를 구하는 SAS 절차에 대해서는 4장에서 소개한다.

각 정당별 잔차를 살펴보면 여성과 남성에 해당하는 잔차는 서로 부호만 다르기 때문에 이들 중 비중복적인 것은 오직 하나이다. 관측도수와 추정된 기대도수의 행 합계와 열 합계는 각각 똑같기 때문에 어떤 열을 기준으로 만약 어떤 칸에서 $n_{ij} > \hat{\mu}_{ij}$이면 다른 칸에서는 그 반대가 된다. 두 값 $n_{1j} - \hat{\mu}_{1j}$와 $n_{2j} - \hat{\mu}_{2j}$는 부호만 다를 뿐 같은 크기의 값을 나타내므로 이들의 수정잔차도 동일한 패턴을 갖는다.

카이제곱통계량의 분해

어떤 카이제곱통계량의 자유도가 $df = df_1$이고 이와 서로 독립인 다른 카이제곱통계량의 자유도가 $df = df_2$이면 두 통계량의 합의 자유도는 $df = df_1 + df_2$이다. 예를 들어, 〈표 2.5〉의 자료가 대학졸업 학력을 가진 집단과 그렇지 않은 집단 각각에 대하여 얻어졌다면 두 표에서 얻어진 X^2(또는 G^2)값들을 합하면 이것 또한 자유도 $df = 2 + 2 = 4$인 카이제곱통계량이 된다.

마찬가지 방법으로 자유도가 1보다 큰 카이제곱통계량은 더 작은 자유도를 갖는 요소들로 분해할 수 있다. 예를 들어, $df = 2$인 통계량은 각각 $df = 1$이고 서로 독립인 두 개 요소들로 분해된다. 또한, 독립성의 검정에서 분해된 카이제곱통계량들이 어떤 유형의 연관성을 나타내도록 분해하는 것이다. 분해를 통해 연관성이 어떤 범주 간 또는 범주그룹 간의 차이를 주로 반영한다는 것을 보일 수 있다.

$2 \times J$표에서 독립성검정통계량 G^2의 분해를 설명해 보자. 통계량의 자유도 $J-1$과 같은 $J-1$개 요소들로 분해할 수 있다. 원래 표에서 처음 j개 열을 결합하여 첫 번째 열을 만들고 $j+1$번째 열을 둘째 열로 하여 2×2표들을 만들 수 있다. 이와 같은 요령으로 만들어진 2×2표의 독립성검정에 대한 G^2 통계량들을 차례로 합하면 원 $2 \times J$표의 독립성검정통계량 G^2값과 같아진다. 이때 분해된 2×2표는 총 $J-1$개이고 이들 2×2표에 대한 G^2통계량들의 자유도는 각각 1이다.

각 열과 맨 마지막 열을 짝지어서 개별적인 2×2표에 대한 G^2통계량을 계산하는 것이 좀 더 자연스럽고 많은 경우에 연관성을 조사하는 타당한 방법이 될 수 있다. 그러나 이와 같이 분해된 통계량들은 독립이 아니며 또한 이들의 합이 원래의 완전한 표에 대한 G^2 통계량의 값과 일치하지 않는다. 분해가능성의 필요조건은 분해된 G^2 값들의 합이 원래 표의 G^2 값과 일치해야 한다. 카이제곱 분해에 대한 일반적인 규칙이 있지만 이에 관한 자세한 논의는 본 교재의 범위를 넘는다. 또한 G^2 통계량과 달리 X^2 통계량은 분해가능성의 필요조건이 만족되지 않는다.

카이제곱검정에 대한 추가사항

독립성에 대한 카이제곱검정은 다른 유의성 검정과 마찬가지로 심각한 제한을 갖는다. 이들은 단순히 연관성 정도를 나타내는 증거일 뿐 자료에 대한 모든 의문의 해결책으로는 적절하지 않다. 검정결과에 단순히 의존하기보다는 연관성의 본질에 대한 연구가 필요하다. 카이제곱 분해, 잔차, 연관성의 정도를 나타내는 오즈비의 추정 등이 의미있는 일이다.

X^2 및 G^2 카이제곱검정 또한 이들을 적용할 수 있는 자료의 유형은 제한적이다. 단적인 예로 이들을 적용하기 위해서는 표본크기가 커야 한다. 칸 개수 IJ에 비해 표본크기가 상대적으로 클수록 X^2 및 G^2의 표본분포는 카이제곱분포에 잘 근사된다. 이때 X^2가 G^2에 비해 더욱 빨리 수렴한다. 특히, $n/IJ < 5$인 경우 G^2의 근사는 매우 나쁘지만, I 또는 J가 큰 경우에 추정기대도수가 비록 1정도로 작더라도 X^2 통계량은 무난한 것으로 알려져 있다. 표본크기 n이 충분히 큰 값인지 의문이 가는 경우에는 2.6절에서 소개될 소표본 정확검정(exact test) 절차를 이용한다.

X^2 및 G^2에 사용되는 $\{\hat{\mu}_{ij} = (n_{i+}n_{+j})/n\}$는 행 및 열 주변 합계에 의존하지만 행 또는 열의 배열 순서와는 무관하다. 그러므로 X^2 및 G^2 값은 행 또는 열의 재배열에 따라 그 값이 변하지 않으므로 이 검정법들은 표의 두 변수들을 모두 명목형으로 간주하는 것과 같다. 만약 순서형변수 간의 분할표에 대해 이러한 검정을 이용하면 어떤 정보를 무시하는 결과가 된다. 다음 절에서는 한 개 또는 그 이상의 변수들이 순서형인 경우에 더 우수한 검정력을 갖는 독립성검정에 대해 논의한다.

2.5 순서자료에 대한 독립성검정

X^2 및 G^2을 이용한 카이제곱검정은 이원표의 두 변수를 명목형으로 취급한다. 행 또는 열 변수 중 어느 하나 또는 둘 다 순서형일 때는 순서정보를 이용한 검정통계량이 더 적절하다.

독립성에 대한 선형추세 대립가설

행변수 X와 열변수 Y가 순서형일 때 어떤 "추세(trend)" 연관성은 매우 흔히 일어난다. 추세란 X의 수준이 증가함에 따라 반응 Y의 수준이 증가하거나 또는 그와 반대로 감소하는 현상을 말한다. 하나의 모수를 써서 이러한 순서형 추세연관성을 나타낼 수 있다. 가장 널리 사용되는 방법 중 하나는 범주점수를 부여하여 선형추세(linear trend) 또는 상관을 측정하는 것이다.

자료의 상관 정보를 이용하여 X와 Y 간의 양 또는 음의 선형추세관계를 잘 찾을 수 있는 검정통계량을 제시한다. 행 범주점수를 $u_1 \leqq u_2 \leqq \cdots \leqq u_I$, 열 범주점수를 $v_1 \leqq v_2 \leqq \cdots \leqq v_J$라 하자. 범주점수들은 범주수준들과 같은 순서를 갖는데 이러한 성질을 단조(monotone)라 한다. 또한, 점수들은 범주 간의 거리를 반영하고 범주 간 거리가 멀수록 그 차이가 더 커진다.

합 $\sum_{i,j} u_i v_j n_{ij}$는 빈도수를 가중치로 한 교차곱으로서 X와 Y 간의 공분산과 관련된다. 선택된 범주점수에 대해 X와 Y 간의 피어슨곱적률상관은

$$r = \frac{\sum_{i,j} u_i v_j n_{ij} - (\sum_i u_i n_{i+})(\sum_j u_j n_{+j})/n}{\sqrt{\left[\sum_i u_i^2 n_{i+} - \frac{(\sum_i u_i n_{i+})^2}{n}\right]\left[\sum_j v_j^2 n_{+j} - \frac{(\sum_j v_j n_{+j})^2}{n}\right]}}$$

이다. r의 공식은 다른 형태로 표현할 수 있으며 소프트웨어를 이용하면 이 값을 쉽게 계산할 수 있다. 이 값은 -1과 $+1$ 사이에 속하며 두 변수 간에 독립이면 실제 상관계수 값이 0이 된다. 상관의 절대값이 클수록 자료는 이러한 의미의 독립성에서 더 멀어지게 된다.

실제 상관이 0이 아니다라는 양측대립가설에 대해 독립성의 귀무가설을 검정하는 통계량은

$$M^2 = (n-1)\,r^2 \tag{2.12}$$

이다. 통계량 M^2 은 표본상관계수 r 또는 표본크기가 커짐에 따라 증가하게 되고, 대표본인 경우 자유도 1인 카이제곱분포를 따르며 값이 클수록 독립성에 위배됨을 나타낸다. P-값은 X^2 및 G^2 에서와 마찬가지로 관측값의 우측꼬리확률이다. 제곱근 $M = \sqrt{n-1}\,r$ 은 귀무가설하에서 근사적으로 표준정규분포를 따르므로 양측대립가설에 활용될 수 있다. M^2 통계량은 변수들을 대칭적으로 다루기 때문에 $I \times J$ 표의 행과 열 그리고 그에 대응되는 범주점수들을 서로 바꾸어도 변하지 않는다.

보기 2.5

〈표 2.8〉은 임산부의 음주와 선천성 기형에 관한 전향적연구에서 얻어진 결과이다. 임신 3개월의 임산부가 섭취한 알콜량과 출생한 신생아의 기형 여부를 조사한 자료이다. 다섯 번째 열의 기형비율은 알콜량에 따라 증가 추세를 나타낸다. 알콜량은 순서변수이고, 신생아의 기형은 명목 반응변수이다. 명목변수가 오직 두 개 범주를 갖는 경우에는 여전히 M^2 통계량을 사용할 수 있다. 예를 들어, 기형 "없음"을 "낮음", "있음"을 "높음"인 순서변수로 간주할 수 있다. 두 점수를 임의로 선택하더라도 M^2 값은 동일하므로 "없음"을 0, "있음"을 1로 나타내기로 하자. 〈표 2.8〉과 같이 도수가 매우 작은 값, 중간값 및 매우 큰 값들이 혼합되어 있을 때는 표본크기($n = 32{,}574$)가 비록 크더라도 X^2 및 G^2 의 카이제곱근사가 좋지 않은 경우가 생겨난다.

알콜량에 따라 범주점수 $\{0, 0.5, 1.5, 4, 7\}$을 사용할 때 독립성검정 통계량은 〈표 2.9〉의 ①과 ②에서 각각 $G^2 = 6.2\,(P = 0.185)$, $X^2 = 12.1\,(P = 0.017)$로 이 두 통계량은 서로 다른 검정결과를 나타낸다. 이들 두 통계량은 알콜섭취량의 순서관계를 전혀 고려하지 않은 것이다. 반면에 〈표 2.9〉의 ④에서 순서검정통계량은 $M^2 = 6.570$,

표 2.8 임산부의 알콜 섭취량과 신생아의 기형 여부

알콜량	기형여부		총계	기형비율(%)	수정잔차
	없음	있음			
0	17,066	48	17,114	0.28	−0.18
<1	14,464	38	14,502	0.26	−0.71
1−2	788	5	793	0.63	1.84
3−5	126	1	127	0.79	1.06
≥6	37	1	38	2.63	2.71

$P=0.010$으로서 상관이 0이 아니다라는 강한 증거를 보여주며, 특히 양의 상관에 관한 단측대립가설의 경우 표준정규 통계량은 $M=2.56$이고 이때 $P=0.005$이다.

프로그램 2.3 **순서자료의 M^2 통계량 계산을 위한 PROC FREQ**

```
DATA infants;
INPUT malform alcohol count @@;
CARDS;
 1 0 17066    1 0.5 14464    1 1.5 788    1 4.0 126    1 7.0 37
 2 0    48    2 0.5    38    2 1.5   5    2 4.0   1    2 7.0  1
 ;
PROC FREQ;
     WEIGHT count;
     TABLES malform*alcohol / chisq cmh1 trend;
```

〈표 2.9〉에서 기형비율은 대략 증가 추세를 갖지만 처음 두 개 범주의 비율이 비슷하고 그다음 두 개 범주의 비율도 유사하다. 그러나 맨 끝 세 개 범주의 경우에는 알콜량에 따른 기형비율이 매우 심하게 변하는 것을 알 수 있다. 맨 마지막 열의 수정잔차는 대부분 작은 값이며, 알콜량이 낮은 수준일 때는 음수인 반면 알콜량이 높은 수준에서는 양수이다. 또한, 자료가 약간만 변해도 이 값들은 매우 심하게 변한다. 표본비율과 수정잔차에 의하면 알콜량이 많을수록 기형가능성이 높은 것을 나타낸다.

표 2.9 **[프로그램 2.3]의 수행 결과 중 검정통계량과 M^2 통계량**

```
            STATISTICS FOR TABLE OF MALFORM BY ALCOHOL

    Statistic                      DF     Value      Prob
①  Chi-Square                      4     12.082     0.017
②  Likelihood Ratio Chi-Square     4      6.202     0.185
    Mantel-Haenszel Chi-Square      1      6.570     0.010


③      Cochran-Armitage Trend Test
       ------------------------------------------
       Statistic (Z)             -2.5632
```

표 2.9 (계속)

```
One-sided Pr <  Z        0.0052
Two-sided Pr > |Z|       0.0104
```

```
        SUMMARY STATISTICS FOR MALFORM BY ALCOHOL
④ Cochran-Mantel-Haenszel Statistics (Based on Table Scores)

Statistic   Alternative Hypothesis      DF        Value   Prob
-----------------------------------------------------------------
    1          Nonzero Correlation       1        6.570   0.010

Total Sample Size = 32574
```

참고

카이제곱검정에서 자유도는 근사분포의 정확성과도 관련이 있으며 적당한 크기의 표본일 때 자유도가 작을수록 카이제곱분포에 더욱 잘 근사하는 경향이 있다. X^2 및 G^2은 일반적 형태의 대립가설에 대한 검정통계량이며, 대립가설에서 모수들의 패턴이 어떤 유형이든 관계없이 항상 적용할 수 있지만 특정한 패턴을 찾는 데는 민감성이 떨어지게 된다. 반면에 행변수와 열변수가 순서형일 때는 특별한 한 개 모수를 사용하여 연관성을 설명할 수 있다. 예를 들어, 검정통계량 M^2은 선형추세에 관한 하나의 상관 측도를 바탕으로 하고 있으며 이 경우 자유도는 1이 된다. 연관성이 실제로 양 또는 음의 추세를 나타내는 경우 M^2은 X^2 또는 G^2에 비해 우수한 검정력을 갖는다.

범주점수의 선택

대부분의 자료에서 점수의 선택이 그 결과에 큰 영향을 미치지는 않는다. 즉, 단조인 범주점수들을 서로 다른 방법으로 선택해도 보통 유사한 결과를 나타낸다. 그러나 자료가 불균형인 경우, 예를 들어 어떤 범주가 다른 범주들에 비해 훨씬 더 많은 관찰치를 갖는 경우에는 범주점수의 선택에 따라 그 결과가 달라질 수 있다. 〈표 2.8〉의 자료에서 등간격의 범주점수 $(1, 2, 3, 4, 5)$를 사용하면 $M^2 = 1.83\ (P = 0.18)$이 된다. 그러나 범주점수 간의 간격이 같게 유지되는 경우에 M^2의 크기는 변하지 않는다. 예를 들면, 범주점수 $(1, 2, 3, 4, 5)$는 $(0, 1, 2, 3, 4)$, $(2, 4, 6, 8, 10)$ 또는 $(10, 20, 30, 40, 50)$일 때와 동일한 결과를 나타낸다.

프로그램 2.4 **중간순위를 적용한 M^2 통계량 계산 절차**

```
PROC FREQ;
    WEIGHT count;
    TABLES malform*alcohol / cmh1 scores=ridit;
```

또 다른 방법은 자료로부터 자동으로 범주점수를 형성하는 방법이다. 예를 들어, 모든 대상에 순위를 부여하고 이들의 평균순위를 범주점수로 사용하는 방법이 있는데 이것을 중간순위(midrank)라 부른다. [프로그램 2.4]는 중간순위를 사용하는 경우이다.

중간순위를 사용한 경우 $M^2 = 0.35\ (P = 0.55)$이므로 추세경향이 매우 약하다는 것을 나타낸다. 왜 이러한 일이 일어날까? 인접한 범주들에서 상대적으로 작은 칸도수를 갖게 되면 이들은 필연적으로 유사한 중간값을 갖는다. 그러나 이것은 부적절한 것으로 생각되며 통상 범주 간 거리를 반영하도록 주관적인 범주점수를 선택하는 것이 더욱 바람직하다. 선택 가능한 여러 가지 범주점수 중 민감도분석(sensitivity analysis)을 수행하여 둘 또는 세 가지를 선택한 후, 이들 각각에 대해 그 결과가 유사한지 검토하는 방법을 적용할 수 있다.

두 변수 X와 Y가 둘 다 순서형인 경우 각각에 대해 중간순위를 이용할 수 있으며, 이때 M^2 통계량은 비모수적 상관계수인 스피어만 ρ(Spearman's rho)가 0인지에 대한 가설검정에 우수하다. $I \times J$표에 대해 기타 다른 형태의 순서연관성 측도를 이용하는 순서검정법들이 있다. 예를 들면, 연관성 측도인 감마(gamma) 및 켄달 $\tau\!-\!b$ (Kendall's tau$-b$)는 켄달 상관계수 τ(Kendall's τ)를 분할표에 일반화한 것이다.

참고

M^2 통계량은 $I \times 2$표 또는 $2 \times J$표에 대한 추세검정에도 이용할 수 있다. 예를 들어, 〈표 2.8〉과 같은 $I \times 2$표는 통상 이항반응변수를 갖게 되므로 반응변수 Y에서의 비율이 X의 준에 따라 어떻게 변하는지에 주목하게 된다. $I \times 2$표에 대한 순서검정은 코크란–아미티지

(Cochran–Armitage) 추세검정이라 불리며, [프로그램 2.3]과 같이 option「trend」를 추가하면 된다. 〈표 2.9〉의 ③은 코크란–아미티지 검정결과를 나타내며 양측검정의 P–값은 약 0.01로서 선형추세가 있음을 의미한다.

2.6 소표본에 대한 정확추론

지금까지 논의된 신뢰구간 및 검정법은 표본크기가 큰 경우에 적용된다. 표본크기 n이 커지면 칸도수가 커지게 되고, 통계량 X^2, G^2 및 M^2 등은 카이제곱분포에 더욱 잘 근사된다. 표본크기가 작을 때는 대표본에 의한 근사 대신에 정확분포를 써서 추론한다. 이원분할표에 대한 정확추론을 논의해 보자.

피셔의 정확검정

우선 2×2 표인 경우를 공부한다. 독립인 귀무가설은 오즈비 $\theta = 1$인 경우와 대응된다. 칸도수의 소표본 확률분포는 행의 합계 및 열의 합계가 각각 관측자료와 같은 표에서 정의된다. 칸도수에 대해 포아송 분포, 이항분포, 다항분포 등을 가정할 때 행 및 열의 합계가 각각 고정된 표에 적용될 수 있는 분포는 초기하분포(hypergeometric distribution)이다. 2×2 표에서 고정된 행 합계와 열 합계를 가질 때 다른 세 칸은 n_{11}의 값에 의해 결정된다. 따라서 초기하분포의 공식은 n_{11}만으로 그 확률을 표현한다. 오즈비 $\theta = 1$일 때 첫 칸에서 특정한 값 n_{11}일 확률은

$$P(n_{11}) = \frac{\binom{n_{1+}}{n_{11}}\binom{n_{2+}}{n_{+1} - n_{11}}}{\binom{n}{n_{+1}}} \tag{2.13}$$

이다. 이항계수는

$$\binom{a}{b} = \frac{a!}{b!(a-b)!}$$

와 같이 정의된다.

독립성검정에 대한 P-값은 관측도수이상으로 대립가설을 선호하게 되는 초기하확률의 합이다. 독립성의 귀무가설에 대해 대립가설 $H_1 : \theta > 1$을 중심으로 설명해 보자. 주변합계가 주어질 때 n_{11}이 클수록 표본오즈비 $\hat{\theta} = (n_{11} n_{22}) / (n_{12} n_{21})$이 커지게 되고 대립가설을 더욱 선호하게 되는 뚜렷한 증거를 나타낸다. 따라서 P-값은 초기하분포에서 n_{11}이 관측값보다 크거나 같게 되는 우측 꼬리확률이 된다. 이 검정은 2×2 표의 경우 영국 통계학자 피셔(Fisher, Ronald. A., 1890~1962)에 의해 1934년에 제안되었으며 피셔의 정확검정(exact test)이라 부른다.

보기 2.6

〈표 2.10〉의 자료는 피셔의 실험계획(1935)에 소개된 것이다. 런던의 로담스테드 실험연구소에서 함께 근무했던 피셔의 한 동료는 차를 마실 때 연유와 차 중에서 어느 것을 먼저 컵에 넣었는지를 구분할 수 있다고 주장했다. 그러한 주장을 검정하기 위해 여덟 컵의 차를 맛보도록 하는 실험을 고안했다.

표 2.10 피셔의 차 맛 감정 자료

1차 첨가	추측	
	연유	차
연유	3	1
차	1	3
합계	4	4

이 중 네 컵은 연유를 먼저 넣은 것이고 다른 네 컵은 차를 먼저 넣은 것이다. 맛을 보는 사람에게도 이러한 사실을 알려주고 연유를 먼저 넣은 네 개 컵을 골라내도록 했다. 컵은 랜덤한 순서로 제시되었다. 〈표 2.10〉은 실험에 대한 결과를 보여준다. 오즈비를 Θ라 할 때 $H_1 : \theta > 1$에 대해 $H_0 : \theta = 1$을 검정하는 피셔의 정확검정을 수행한다. 귀무가설은 맛 감정가의 추측과 컵에 무엇을 먼저 넣는가의 순서는 무관하다는 것이고, 대립가설은 순서와 추측 간에 양적 연관성이 있다는 감정가의 주장을 반영한다. 이 실험계획에서 열 합계는 행 합계 (4, 4)와 동일하다.

[프로그램 2.5]는 정확검정을 수행하는 SAS 프로그램이며, 이것을 수행한 결과는 〈표 2.11〉과 같다. 단측가설 $H_1 : \theta > 1$에 대한 P-값은 n_{11}이 관측값 이상이 될 우측꼬리확률과 같으며 이때의 P-값은 〈표 2.11〉의 ①에서 약 0.243으로 행과 열의 독립성에 대한 귀무가설을 기각하지 못한다.

프로그램 2.5 〈표 2.10〉 자료에 대한 정확검정 절차

```
DATA tea;
INPUT first $ second $ count @@;
CARDS;
 milk milk 3 milk tea 1
 tea  milk 1 tea  tea 3
 ;
PROC FREQ;
     WEIGHT count;
     TABLES first*second /exact;
```

표 2.11 [프로그램 2.5]의 정확검정 결과

```
          Fisher's Exact Test
     ------------------------------------------
     Cell (1,1) Frequency (F)          3
     Left-sided Pr <= F           0.9857
 ①   Right-sided Pr >= F          0.2429

     Table Probability (P)        0.2286
     Two-sided Pr <= P            0.4857

            Sample Size = 8
```

참고

정확추론이 검정에만 국한되는 것은 아니며 오즈비에 대한 소표본 신뢰구간을 구하는 데도 이용될 수 있다. 신뢰구간은 $H_0 : \theta = \theta_0$를 검정하는 피셔의 정확검정과 대응된다. 예를 들어, θ에 대한 95% 신뢰구간은 $H_0 : \theta = \theta_0$에 대한 정확검정의 P-값이 $P > 0.05$가 되는 θ_0 값들로 구성된다. 즉, 유의수준 0.05에서 귀무가설을 기각하지 않게 되는 θ_0 값의 집합이 95% 신뢰구간이 된다.

2.7 R-코드

R-코드 2.1 SAS [프로그램 2.1] 성별과 내세의 믿음

```
data = matrix(c(1, 1, 189,
                1, 2, 10845,
                2, 1, 104,
                2, 2, 10933), ncol=3, byrow = T)
colnames(data) = c("placebo", "infarction","count")
tab = xtabs(count~placebo+infarction,data)
prop = prop.table(tab,1)

# Table
addmargins(tab)
round(prop,4) ## Ratio Table

# Odds
odds = tab[,1]/tab[,2]
or = round(odds[1]/odds[2],3)
z = round(qnorm(0.975,lower.tail=T),2)
se = sqrt(sum(tab^-1))
lb_or = round(exp(log(or) - z*se),3)
ub_or = round(exp(log(or) + z*se),3)

c(or, lb_or , ub_or) ## Odds Ratio, 95% confidence interval

# Risk
rr = tab[1,]/tab[2,]
se1 = sqrt(sum(odds^-1 * marginSums(tab,1)^-1))
se2 = sqrt(sum(odds * marginSums(tab,1)^-1))
lb_rr1 = round(exp(log(rr[1]) - z*se1),3)
ub_rr1 = round(exp(log(rr[1]) + z*se1),3)
lb_rr2 = round(exp(log(rr[2]) - z*se2),3)
ub_rr2 = round(exp(log(rr[2]) + z*se2),3)

c(rr[1],lb_rr1,ub_rr1) ## Col1 Relative Risk, 95% confint
c(rr[2],lb_rr2,ub_rr2) ## Col2 Relative Risk, 95% confint
```

R-코드 2.2 SAS [프로그램 2.2] 성별과 소속정당

```
data = data.frame(matrix(c(2, 1, 279
                         2, 2, 73,
                         2, 3, 225,
                         1, 1, 165,
                         1, 2, 47,
                         1, 3, 191),
                         ncol=3, byrow = T))
colnames(data) = c("gender", "party", "count")
data$gender = factor(data$gender, levels=c(2,1),
                     labels=c("Female", "Male"))
data$party = factor(data$party, levels=c(1,2,3),
                    labels=c("demo", "indep", "repub "))
tab = xtabs(count~gender+party,data)
round(prop,4)
# Table
addmargins(tab)
prop = prop.table(tab,1) ## Ratio Table
# Test

# Pearson's chi-square test
chi_test = chisq.test(tab)
(expect = round(chi_test$expected,2)) ## Expected Value
chi_test ## Test Result

# Likelihood chi-square test
G2 = 2*sum(tab*log(tab/expect)) ## G-square Statistics
p_val = 1 - pnorm(G2,(nrow(tab)-1)*(ncol(tab)-1))
p_val ## p-value

## Estimated Expected Frequency Table
expDat <- data.frame(row.names = c("Female","Male"))    # Empty dataframe
for (i in 1:nrow(tab)){
for (j in 1:(ncol(tab)))
expDat[i,j] <- (sum(tab[i,]) * sum(tab[,j])) / sum(tab)
}
```

```
colnames(expDat) <- c("demo", "indep","repub")
expDat

## Result
library(vcd)
assocstats(tab)
```

R-코드 2.3 SAS [프로그램 2.3] 임산부의 음주와 선천성 기형

```
data = data.frame(matrix(c(0, 0, 17066,
                           0, 1, 48,
                           0.5, 0, 14464,
                           0.5, 1, 38,
                           1.5, 0, 788,
                           1.5, 1, 5,
                           4, 0, 126,
                           4, 1, 1,
                           7, 0, 37,
                           7, 1, 1), ncol=3, byrow = T))
colnames(data) = c("alcohol", "malformation", "count")
tab = xtabs(count~alcohol+malformation,data)
prop = prop.table(tab,1)

# Table
addmargins(tab)
round(prop,4) ### Ratio Table

## X^2, G^2
library(vcd)
assocstats(tab)

# Test
# Cochran - Armitage
prop.trend.test(tab[,1],marginSums(tab,1),
          score=unique(data$alcohol))
```

```
# Cochran - Mantel - Haenszel
res = apply(data[,1:2],2,function(x){rep(x,data$count)})
(cor(res)[2,1]^2)*(nrow(res)-1)
```

R-코드 2.4 SAS [프로그램 2.4] 임산부의 음주와 선천성 기형

```
data = data.frame(matrix(c(0, 0, 17066,
                           0, 1, 48,
                           0.5, 0, 14464,
                           0.5, 1, 38,
                           1.5, 0, 788,
                           1.5, 1, 5,
                           4, 0, 126,
                           4, 1, 1,
                           7, 0, 37,
                           7, 1, 1), ncol=3, byrow = T))
colnames(data) = c("alcohol", "malformation", "count")
tab = xtabs(count~alcohol+malformation,data)
prop = prop.table(tab,1)

# Table
addmargins(tab)
round(prop,4) ## Ratio Table

# Test
# Cochran-Armitage
prop.trend.test(tab[,1],marginSums(tab,1),
         score=unique(rank(rep(data$alcohol, data$count))))
```

R-코드 2.5 SAS [프로그램 2.5] 피셔의 실험계획

```
data = data.frame(matrix(c(1, 1, 3,
                           1, 2, 1,
                           2, 1, 1,
                           2, 2, 3),ncol=3,byrow=T))
```

```
colnames(data) = c("real", "guess", "count")
data$real = factor(data$real,levels=c(1,2),
                   labels=c("연유","차"))
data$guess = factor(data$guess,levels=c(1,2),
                    labels=c("연유","차"))
tab = xtabs(count~real+guess,data)

# Fisher's Exact Test
fisher.test(tab,alternative = "two.sided",or=1) ## Two-sided
fisher.test(tab,alternative = "greater",or=1) ## Right-sided
fisher.test(tab,alternative = "less",or=1) ## Left-sided
```

연습문제

1 다음 자료는 1991년도 사회조사 결과이다.

인종	내세의 믿음	
	예	아니오
백인	621	239
흑인	89	42

(1) 반응변수와 설명변수를 구분하여라.

(2) 연관성을 구하고 그 방향과 연관성 강도를 해석하여라.

(3) 모집단의 연관성 측도에 대한 95% 신뢰구간을 구하고 해석하여라.

2 다음 표는 1988년도 교통부 통계에 나타난 고속도로 교통사고 자료로서 안전띠의 착용과 사고 당시 사망 여부와의 관련성을 알아보기 위한 것이다. 표본오즈비, 상대위험 및 비율의 차를 구하고 해석하여라. 또한, 오즈비와 상대위험이 근사적으로 같은 이유를 설명하여라.

안전띠	사망여부	
	사망	부상
미착용	1,601	162,527
착용	510	412,368

3 다음 표는 정신과 치료를 받은 환자의 정신상태와 치료과정에서 내복약 처방 여부를 분류한 자료이다.

(1) 독립성검정에 대한 P-값을 구하고 검정결과를 해석하여라.

(2) 수정잔차를 계산하고 해석하여라.

(3) 정신질환 증상 간의 차이점과 유사점을 설명하기 위해 다음 (i)~(iii)을 참고하여 카이제곱통계량을 세 개 요소로 분해하여라.

((i) 처음 두 가지 증상 (ii) 세 번째 및 네 번째 증상 (iii) 처음 두 증상의 결합, 세 번째 및 네 번째 증상의 결합, 맨 마지막 증상)

증상	약의 처방	
	예	아니오
정신분열증	105	8
공격적행동	12	2
신경불안	18	19
인성결핍	47	52
특별징후	0	13

4 고등학생들의 교육적 열의에 관한 조사에서 교육적 열의를 네 가지 수준(고등학교 중퇴 또는 졸업, 대학교 중퇴 또는 졸업)으로 구분하였다. 가정의 소득수준이 낮은 경우 앞 네 가지 범주에 속하는 빈도는 $(9, 44, 13, 10)$이고, 중간 소득수준에서는 $(11, 52, 23, 22)$, 그리고 고소득인 경우는 $(9, 41, 12, 27)$로 나타났다.

(1) X^2 및 G^2 통계량을 이용하여 교육적 열의와 가정의 경제적 소득은 서로 독립인지 검정하여라. 또한, 그 결과를 해석하고 이 자료의 경우 이들 검정법의 단점을 설명하여라.

(2) 수정잔차를 계산하고 이들이 연관성의 어떤 패턴을 암시하는지 설명하여라.

(3) 앞의 카이제곱검정보다 검정력이 더 우수한 검정법을 사용하고 결과를 해석하여라.

5 이원분할표의 경우 피어슨 잔차(Pearson residual)는

$$e_{ij} = (n_{ij} - \hat{\mu}_{ij}) / \sqrt{\hat{\mu}_{ij}}$$

와 같이 정의된다.

(1) 피어슨 카이제곱통계량이 $X^2 = \sum e_{ij}^2$ 와 같이 분해됨을 보여라.

(2) 피어슨 잔차는 수정잔차보다 작으며 따라서 표준정규변량의 분산보다 작음을 보여라.

(3) 2×2 표에서 다음을 보여라.

(i) 네 칸의 수정잔차 절대값은 모두 같다.

(ii) 피어슨 잔차가 네 칸 모두에서 다 같지는 않다.

(iii) 각 수정잔차의 제곱은 X^2 와 같다.

3장

삼원분할표

3.1 부분연관성

3.2 코크란-맨틀-핸첼 방법

3.3 R-코드

제어변수의 선택은 대부분의 연구에서 매우 중요하다. 설명변수 X가 반응변수 Y에 미치는 영향을 연구하고자 할 때 이들의 관계에 영향을 줄 수 있는 변수들을 "제어(control)"해야 한다. 즉, Y에 미치는 X의 영향을 연구하는 과정에서 그러한 제어변수들을 일정하게 유지하지 않으면 Y에 대한 X의 효과는 단순히 이러한 제어변수들이 동시에 X 및 Y에 미치는 효과를 반영할 수 있기 때문이다. 특히 이러한 문제는 연구대상 개체들을 처리들에 랜덤하게 배치할 수 없는 관측연구(observational study)에서 생겨난다.

어떤 분석에 제어변수들을 포함시키게 되면 보통 3차원 이상의 다변량분석을 필요로 한다. 3장에서는 2장의 이원분할표를 다원분할표로 일반화하고 교락변수(confounding variable) Z의 효과를 제어함으로써 두 개 범주형변수간의 연관성분석을 주로 다룬다. 변수 Z가 고정된 수준의 값을 갖는 조건하에서 $X-Y$ 관계를 연구함으로써 이러한 목적을 이룰 수 있다. 설명을 간단히 하기 위해 이항반응을 갖는 삼원표의 예를 들어 설명하고, 모형을 사용한 통계적 제어 및 일반적 논의에 대해서는 4장에서 공부한다.

3.1 부분연관성

다변량 범주형자료에서 접하게 되는 통계적 제어와 변수 간의 관계 유형에 대해 우선 논의하자. 반응변수를 Y, 설명변수를 X, 단일 제어변수를 Z라 할 때 삼원분할표는 세 변수의 수준조합들에서 도수를 나타낸다.

부분표

삼원표에서 제어변수 Z의 각 수준에서 X와 Y를 교차분류하면 2차원 횡단면(cross-sectional slices)이 된다. 이러한 교차단면을 부분표(partial table)라 한다. 부분표는 Z의 고정된 각 수준에서 $X-Y$ 관계를 나타내므로 Z가 통제될 때 X가 Y에 미치는 효과를 나타낸다. 이때 Z의 값들을 일정하게 통제했기 때문에 Z의 영향을 제거한 결과가 된다.

부분표들을 결합하여 얻어신 이원분할표를 $X-Y$주변표(marginal table)라 부른다. 주변표에서 각 칸 도수는 부분표들에서 동일한 위치에 있는 칸 도수들을 합하여 구해지며 주변표는 Z를 제어하지 않고 무시한 것이므로 Z에 관한 어떤 정보도 포함하지 않는다. 이것은 단순히 X와 Y의 관계를 나타내는 이원표이다. 2장에서 논의된 이원표에 대한 방법들은 다른 변수들의 영향을 고려하지 않은 것이다.

부분표에서의 연관성을 조건부연관성(conditional association)이라 부르는데 그 이유는 Z가 어떤 수준에 고정된 조건에서 X가 Y에 미치는 영향을 나타내기 때문이다. 다음 예에서 보는 바와 같이 부분표에서의 조건부연관성과 주변표에서의 연관성은 매우 다르기 때문에 다원분할표에서 주변표만을 분석하는 것은 잘못된 결과를 가져올 수 있다.

보기 3.1

〈표 3.1〉은 두 개의 행과 열 그리고 두 개의 층을 갖는 $2\times2\times2$ 분할표로서 인종 특성에 따라 살인 피의자의 사형판결 여부를 나타낸 것이다. 조사대상은 1976~1987년에 플로리다에서 살인죄로 기소된 674명의 피의자들이다. 변수 Y는 사형판결 여부(예, 아니오), X는 피의자 인종(백인, 흑인), Z는 희생자 인종(백인, 흑인)이라 하자. 희생자의 인종을 제어변수로 할 때 피의자 인종에 따라 사형판결이 달라지는지를 알아보자. 희생자 인종에 따라 구분하면 〈표 3.1〉을 두 개의 2×2 부분표들로 나타낼 수 있다.

피의자와 희생자의 인종에 따라 사형판결을 받은 비율을 네 가지 조합별로 〈표 3.1〉과 〈그림 3.1〉에 나타내었다. 흑인 피의자가 사형판결을 받은 비율은 희생자의 인종에 관계없이 백인 피의자보다 더 높음을 알 수 있다. 〈표 3.1〉의 맨 아래 총계는 피의자 인종과 사형판결 간의 주변표를 나타내는데 이것은 희생자 인종에 관해 두 부분표를 결합하여 구해진다. 주변표에서는 백인 피의자의 11.0%, 흑인 피의자의 7.9%가 사형판결을 받았으므로 희생자의 인종을 무시하면 흑인 피의자가 사형판결을 받은

표 3.1 피의자 및 희생자의 인종과 사형판결 자료

희생자 인종	피의자 인종	사형판결		예 비율
		예	아니오	
백인	백인	53	414	11.3
	흑인	11	37	22.9
흑인	백인	0	16	0.0
	흑인	4	139	2.8
총계	백인	53	430	11.0
	흑인	15	176	7.9

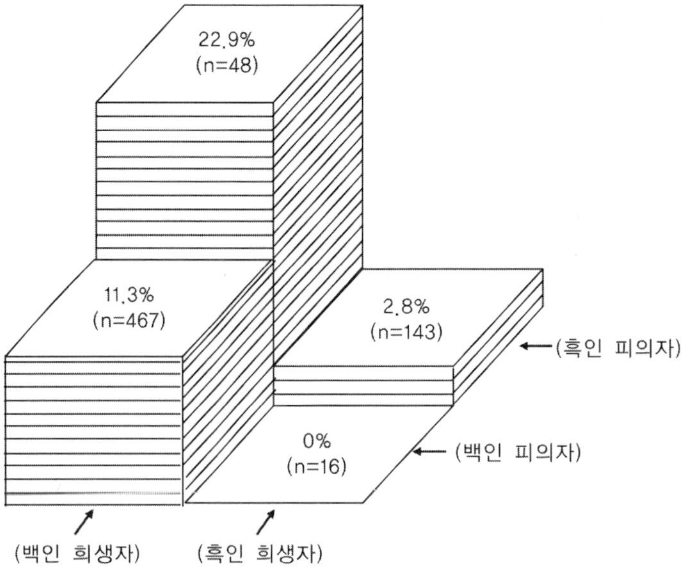

그림 3.1 사형선고를 받은 비율

비율이 더 낮게 나타났다. 이 결과는 부분표와 비교할 때 반대 양상의 연관성을 보여준다.

희생자 인종을 제어할 때와 이를 무시할 때에 따라 두 변수 간의 연관성이 크게 다른 이유는 무엇인가?

첫째, 희생자와 피의자 인종 간의 연관성이 매우 강하다는 것이다. 희생자 및 피의자 인종 간 주변표에서 오즈비는$(467 \times 143)/(48 \times 16) = 87.0$이다. 즉, 백인은 흑인을 살해하기보다 같은 백인을 살해할 오즈가 87.0이다.

둘째, 〈표 3.1〉의 백분율을 살펴보면 피의자의 인종에 관계없이 백인이 희생자인 경우는 흑인과 비교하여 사형판결 비율이 더 높은 것을 알 수 있다. 결과적으로 백인은 같은 백인을 살해하는 경향이 많고 백인을 살해한 경우 사형판결 가능성 또한 높으므로 주변표에서 백인 피의자의 사형판결 비율이 더 높게 나온 것이다.

〈그림 3.2〉는 피의자와 희생자 인종별로 사형선고를 받은 비율을 그린 것인데 조건부연관성과 주변연관성이 다른 이유를 명확히 나타내고 있다. 원의 중심에 표현된 문자는 희생자 인종을 나타내고 원의 크기는 관측도수에 비례하도록 그린 것이다. 예를 들어, 가장 큰 원의 W는 백인이 피의자이고 또한 백인이 희생자인 경우에 사형판결을 받은 비율 0.113을 나타낸다. 이 원이 가장 큰 이유는 사례수가 나머지 세 가지 경우보다 더 많기 때문이다. 다음 큰 원은 흑인이 흑인을 살해한 경우와 대응된다.

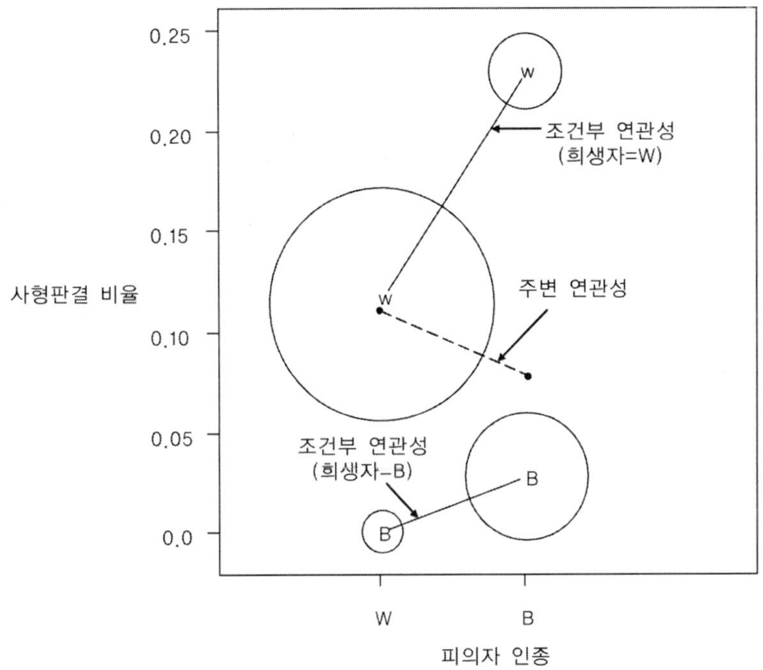

그림 3.2 희생자 인종의 조건에서 피의자 인종별 사형판결 비율

중심에 표시된 문자가 같은 원끼리 비교하면 희생자의 인종을 제어하는 것과 같다. 문자 W로 표현된 두개의 원을 연결하는 직선의 기울기는 B의 경우와 마찬가지로 양수이다. 희생자의 인종을 제어하면 백인 피의자에 비해 흑인 피의자가 더 높은 사형판결을 받은 것으로 나타났다. 희생자 인종을 통틀어서 비교하면 사형판결 비율과 피의자 인종 간의 주변결과를 얻을 수 있는데 이 경우 사례수가 많은 큰 원이 더 큰 영향을 미치게 된다. 〈그림 3.2〉에서 점선은 주변표에서 피의자 인종별 사형판결 비율을 나타낸다. 이 점선의 기울기는 음수이고 백인 피의자가 사형선고를 받을 가능성이 흑인 피의자에 비해 더 높다는 것을 나타낸다.

조건부연관성과 주변연관성이 서로 다른 방향으로 나타날 때 이러한 현상을 심프슨의 역설(Simpson's paradox)이라 부르는데, 이것은 범주형변수뿐만 아니라 양적변수에서도 일어난다.

조건부오즈비와 주변오즈비

$2 \times 2 \times K$ 표에서 오즈비를 통해 주변연관성과 조건부연관성을 설명해보자. 여기서

K는 제어변수 Z의 수준 수, $\{n_{ijk}\}$는 관측도수, $\{\mu_{ijk}\}$는 기대도수이다. Z의 고정된 수준 k에서

$$\theta_{XY(k)} = \frac{\mu_{11k}\,\mu_{22k}}{\mu_{12k}\,\mu_{21k}} \tag{3.1}$$

는 $X-Y$ 조건부연관성을 나타내며 이것은 k번째 부분표의 네 칸으로부터 계산된 오즈비이다. k개 부분표들에 대한 오즈비를 $X-Y$ 조건부오즈비라 한다.

주변오즈비는 제3의 변수를 제어하지 않고 무시하여 계산하기 때문에 조건부오즈비와는 매우 다르다. $X-Y$ 주변표의 기대값은 $\left\{\mu_{ij+} = \sum_k \mu_{ijk}\right\}$와 같이 Z의 수준들을 합하여 구한다.

$X-Y$ 주변오즈비는

$$\theta_{XY} = \frac{\mu_{11+}\,\mu_{22+}}{\mu_{12+}\,\mu_{21+}}$$

와 같다. 공식에 기대도수 대신 칸도수를 대입하면 $\theta_{XY(k)}$ 및 θ_{XY}에 대한 표본추정치를 구할 수 있다. 예를 들어 〈표 3.1〉에 대해 표본 조건부오즈비와 주변오즈비를 계산해 보자. 백인 희생자인 경우는 첫째 부분표로부터

$$\hat{\theta}_{XY(1)} = \frac{53\times 37}{414\times 11} = 0.43$$

이다. 백인 피의자가 사형선고를 받을 오즈는 흑인 피의자의 43%이다. 마찬가지로 흑인 희생자의 경우 $\hat{\theta}_{XY(2)} = (0\times 139)(16\times 4) = 0.0$이다. 이때 오즈비가 0인 이유는 흑인을 살해한 백인은 한 사람도 사형판결을 받지 않았기 때문이다. 반면에 피의자 인종과 사형판결 간의 주변오즈비는 $(53\times 176)/(430\times 15) = 1.45$이다. 백인 피의자가 사형선고를 받을 표본오즈는 흑인 피의자에 비해 45% 더 높다. 이 예는 부분표와 주변표에서의 연관성이 뒤바뀌는 심프슨의 역설을 보여준다.

주변독립성, 조건부독립성

변수 Z에 관해 제어될 때 X와 Y 간의 실제 관계를 생각해 보자. 각 부분표에서 X와 Y가 독립이면 Z가 주어질 때 X와 Y는 조건부독립(conditionally independent)이

표 3.2 병원별 처리방법에 따른 반응

병원	처리	반응	
		성공	실패
1	A	18	12
	B	12	8
2	A	2	8
	B	8	32
총계	A	20	20
	B	20	40

라 부른다. 이 경우 변수 X와 Y간의 조건부오즈비는 모두 1이다. 변수 Z의 모든 수준에서 $X-Y$조건부독립성이 $X-Y$주변독립성을 내포하지는 않는다. 즉, Z의 각 수준에서 $X-Y$조건부오즈비는 1이지만 주변오즈비는 1이 아닌 경우가 있다.

〈표 3.2〉는 세 변수 간의 관계를 설명하기 위해 인위적으로 만든 것이다. 변수 $Y=$반응변수(성공, 실패), $X=$처리(A, B), $Z=$병원$(1, 2)$를 나타낸다.

Z의 두 가지 수준에서 X와 Y 간의 조건부연관성은 각각 오즈비

$$\theta_{XY(1)} = \frac{18\times 8}{12\times 12} = 1.0$$

$$\theta_{XY(2)} = \frac{2\times 32}{8\times 8} = 1.0$$

에 의해 설명된다. 따라서 각 병원에서 반응변수와 처리는 조건부독립이다. 반면, 두 병원의 부분표를 서로 합하여 구해진 주변표에서 오즈비는 $\theta_{XY}=(20\times 40)/(20\times 20)=2.0$이 되므로 반응과 처리는 주변독립이 아니다.

병원을 무시한 주변표에서 처리 A의 성공 오즈가 처리 B의 두 배인 이유는 무엇인가? $X-Z$ 및 $Y-Z$의 조건부오즈비는 이에 대한 실마리를 제공한다. 다른 한 변수의 고정된 각 수준에서 Z와 X 또는 Z와 Y 간의 오즈비는 둘 다 6.0이다. 예를 들면, Y의 첫째 수준에서 $X-Z$오즈비는 $(18)(8)/(12)(2)=6.0$이다. 어떤 반응수준에서 처리 A의 조건부오즈는 병원2에 비해 병원1이 6배 더 높다. 또한, 처리수준이 주어질 때 성공의 조건부오즈는 병원2에서 보다 병원1에서 6배 더 높다. 병원1은 처리 A를 더 자주 사용하고 또한 병원1에서 성공하는 경향이 더 많다는 것을 나타낸다. 예를 들면, 만약 병원1을 찾는 환자의 건강상태가 병원2에 비해 좋거나 또는 나이가 더 젊다면 성공할 가능성은 어떤 처리를 받는가에 관계없이 더 높게 된다.

주변표만을 이용하면 처리 A가 처리 B에 비해 성공률이 더 높다는 잘못된 결론을 내릴 수 있다. 특정한 병원 내 환자들은 전체 표본에 비해 더욱 동질적이고 또한 병원 내에서 반응과 처리는 서로 독립이다.

동질적연관성

K개 2×2 부분표에서 오즈비 $\theta_{XY(k)}$에 대해

$$\theta_{XY(1)} = \theta_{XY(2)} = \cdots = \theta_{XY(K)}$$

이 성립할 때 $2\times2\times K$표에서 $X-Y$동질적연관성(homogeneous association)이 있다고 한다. 이때 X와 Y 간의 조건부오즈비는 Z의 각 수준에서 동일하므로 Z의 모든 수준에서 Y에 대한 X의 효과는 같으며 단지 한 개의 수치만으로 $X-Y$조건부연관성을 설명할 수 있다. 조건부독립은 특별히 X와 Y 간의 조건부오즈비가 1.0일 때이다.

$I\times J\times K$표의 경우 Z의 각 수준에서 X와 Y 각각의 임의의 두 수준에 의해 결정되는 조건부오즈비가 동일할 때 동질적 $X-Y$조건부연관성이 있다고 말한다. Z의 각 수준에서 $X-Y$조건부오즈비가 동일하면 다른 변수 간의 연관성에 대해서도 같은 성질이 성립한다. 예를 들면, 이 경우 Y의 각 수준에서 X의 두 수준과 Z의 두 수준 간 조건부오즈비도 모두 같게 된다. 따라서 동질적연관성은 어떤 제3의 변수에 관해 제어할 때 나머지 두 변수 간의 쌍에 적용되는 대칭적 성질이며 이것이 성립할 때 두 변수 간에는 아무런 교호작용(interaction)이 없다고 한다.

동질적연관성이 존재하지 않을 때는 조건부오즈비가 제3의 변수 수준에 따라 변한다. 예를 들어, $X=$ 흡연(예, 아니오), $Y=$폐암(예, 아니오), $Z=$ 연령(<45, $45-65$, >65)이고 $\theta_{XY(1)}=1.2$, $\theta_{XY(2)}=2.8$, $\theta_{XY(3)}=6.2$라면 젊은 연령층에서는 흡연이 폐암 발병에 별로 영향을 주지 않지만, 나이가 많아짐에 따라 그 영향이 점점 커지는 것을 알 수 있다.

〈표 3.1〉에서 조건부오즈비는 $\hat{\theta}_{XY(1)}=0.43$, $\hat{\theta}_{XY(2)}-0.0$이다. 이들 두 값은 비록 유사하지 않지만, 도수가 0인 칸이 있는 두 번째 추정치는 각 칸에 1/2을 더하여 계산하면 그 값이 크게 달라지기 때문에 다소 불안정한 단점이 있다. 즉, 표본의 변이성에 따른 추가적 변동을 감안하면 이러한 두 수치가 동질적연관성에 모순이 된다고 볼 수는 없다. 다음 절에서는 동질적연관성 및 조건부독립성검정에 대해 논의한다.

3.2 코크란-맨틀-핸첼 방법

이 절에서는 삼원표의 추론을 소개한다. $2\times2\times K$표의 K개 조건부오즈비에 대한 조건부독립성 검정과 동질적연관성 검정을 제시하고, K개 부분표로부터 계산된 표본오즈비를 결합하여 부분연관성에 대한 하나의 요약된 측도를 구하는 방법도 보인다. 조건부연관성의 분석은 다변량자료를 갖는 대부분의 응용분야에서 사용된다.

〈표 3.3〉의 자료는 중국의 8개 도시에서 흡연과 폐암의 관련성에 관해 조사한 것이다. 흡연을 집단 분류변수 X, 폐암은 반응변수 Y, 도시를 제어변수 Z로 구분하자. 사회경제적인 지위 등과 같은 특성이 도시 간에 차이가 있을 수 있으며, 이것으로 인해 흡연율 및 폐암 발병률에 있어 도시 간에 이질성을 나타낼 수 있으므로 Z의 수준에 따라 X와 Y간의 연관성을 조사하는 것이 바람직하다.

코크란-맨틀-핸첼 검정

$2\times2\times K$표에서 Z가 주어질 때 X와 Y가 조건부독립이라는 귀무가설은 X와 Y 간의 조건부오즈비 $\theta_{XY(k)}$가 모든 부분표에서 1이 됨을 말한다. 표준적인 표본추출모형은 칸 도수에 대해 (1) 독립 포아송 분포, (2) 전체 표본크기가 고정된 다항분포, (3) 부분표들이 서로 독립이고 부분표의 표본크기가 일정한 다항분포, (4) 각 부분표에서 행합계가 고정된 독립 이항표본 등으로 간주한다.

k번째 부분표의 행합계 $\{n_{1+k}, n_{2+k}\}$, 열합계 $\{n_{+1k}, n_{+2k}\}$가 주어지면 n_{11k}는 다른 칸 도수들을 모두 결정하게 되며, 이때 n_{11k}는 초기하분포를 따른다. 귀무가설에서 n_{11k}의 평균은

$$\mu_{11k} = E(n_{11k}) = \frac{n_{1+k}\, n_{+1k}}{n_{++k}}$$

이고, 분산은 아래와 같이 구해진다.

$$Var(n_{11k}) = \frac{n_{1+k}\, n_{2+k}\, n_{+1k}\, n_{+2k}}{n_{++k}^2\,(n_{++k}-1)}$$

표 3.3 중국 도시별 흡연과 폐암 자료의 코크란-맨틀-핸첼 검정 정보

도시	흡연	폐암		오즈비	μ_{11k}	$Var(n_{11k})$
		예	아니오			
베이징	흡연자	126	100	2.20	113.0	16.9
	비흡연자	35	61			
상하이	흡연자	908	688	2.14	773.2	179.3
	비흡연자	497	807			
선양	흡연자	913	747	2.18	799.3	149.3
	비흡연자	336	598			
난징	흡연자	235	172	2.85	203.5	31.1
	비흡연자	58	121			
하빈	흡연자	402	308	2.32	355.0	57.1
	비흡연자	121	215			
쩡조우	흡연자	182	156	1.59	169.0	28.3
	비흡연자	72	98			
타이윈	흡연자	60	99	2.37	53.0	9.0
	비흡연자	11	43			
난창	흡연자	104	89	2.00	96.5	11.0
	비흡연자	21	36			

k 번째 부분표에서 오즈비 $\theta_{XY(k)}$가 1.0보다 크면 $(n_{11k} - \mu_{11k}) > 0$이 기대되며, 검정통계량은 이러한 차이를 모든 K개 부분표에 대해 결합하여 구해진다. 각 부분표에서 오즈비가 1.0보다 크면 이러한 차이를 합한 값은 상대적으로 큰 양수가 되는 반면, 오즈비가 1.0보다 작으면 그러한 차이의 합은 상대적으로 작은 음수가 되는 경향이 있다. 검정통계량은 K개 부분표의 정보를 결합하여

$$CMH = \frac{[\sum_k (n_{11k} - \mu_{11k})]^2}{\sum_k Var(n_{11k})} \tag{3.2}$$

와 같이 정의한다. 이 통계량을 코크란-맨틀-핸첼(Cochran-Mantel-Haenszel, CMH) 통계량이라 한다. 이것의 분포는 대표본일 때 자유도 1인 카이제곱분포가 된다. 모든 부분표에서 $(n_{11k} - \mu_{11k})$가 모두 양수이거나 또는 음수인 경우에는 부분표들 간에 양수값과 음수값이 혼합되어 있는 경우보다 통계량이 더 커지게 된다. 부분표들 간 연관성의 변이성이 큰 경우 CMH 검정은 부적당한 반면, 부분표들 간의 연관성이 유사할 때는 각 부분표에 대한 개별적인 검정보다 우수하다.

보기 3.2

〈표 3.3〉은 흡연과 폐암에 관해 중국의 8개 도시에서 행해진 사례-대조연구를 요약한 것이다. 각 도시별로 폐암환자와 그렇지 않은 환자를 대응시켜 과거의 흡연 여부를 조사한 것이다. 각 도시별 부분표에서 열합계가 고정되어 있으므로 흡연자 수를 이항표본으로 간주한다. 흡연과 폐암간의 조건부독립성, 즉, 각 도시의 실제 오즈비가 1.0이라는 가설을 검정해 보자. 표의 맨 끝 세 열은 도시별 오즈비, 기대값 및 분산을 보여준다. 각 도시별 부분표에서 표본오즈비는 보통 크기의 양의 연관성을 나타내므로 CMH 통계량을 사용한다. CMH 통계량을 구하는 SAS/PROC FREQ 절차는 [프로그램 3.1]과 같다.

프로그램 3.1 **〈표 3.3〉 자료에 대한 CMH 검정 절차**

```
DATA cmh;
INPUT center smoke cancer count @@;
CARDS;
1 1 1 126   1 1 2 100   1 2 1  35   1 2 2  61
2 1 1 908   2 1 2 688   2 2 1 497   2 2 2 807
3 1 1 913   3 1 2 747   3 2 1 336   3 2 2 598
4 1 1 235   4 1 2 172   4 2 1  58   4 2 2 121
5 1 1 402   5 1 2 308   5 2 1 121   5 2 2 215
6 1 1 182   6 1 2 156   6 2 1  72   6 2 2  98
7 1 1  60   7 1 2  99   7 2 1  11   7 2 2  43
8 1 1 104   8 1 2  89   8 2 1  21   8 2 2  36
;
PROC FREQ;
        WEIGHT count;
        TABLES center*smoke*cancer/cmh;
```

〈표 3.4〉의 ①에서 $CMH = 280.1 (P = 0.000)$, 자유도 1이므로 조건부독립성의 가설을 매우 뚜렷하게 기각한다. 이와 같이 도시별 자료가 결합되어 매우 큰 표본크기 $n = 8419$인 경우 이러한 결과가 놀라운 사실은 아니다. 여러 연구 결과로부터 정보를 결합하는 통계분석을 메타분석(meta analysis)이라 부른다. 〈표 3.3〉에 대한 메타분석 결과는 어떤 한 개 부분표의 결과보다도 더 강한 연관성의 증거를 보여준다.

표 3.4 [프로그램 3.1]의 수행 결과

Cochran-Mantel-Haenszel Statistics (Based on Table Scores)

	Statistic	Alternative Hypothesis	DF	Value	Prob
	1	Nonzero Correlation	1	280.1375	<.0001
	2	Row Mean Scores Differ	1	280.1375	<.0001
①	3	General Association	1	280.1375	<.0001

Estimates of the Common Relative Risk (Row1/Row2)

Type of Study	Method	Value	Confidence	Limits
② Case-Control	Mantel-Haenszel	2.1745	1.9840	2.3832
(Odds 5Ratio)	Logit	2.1734	1.9829	2.3823
Cohort	Mantel-Haenszel	1.5192	1.4417	1.6008
(Col1 Risk)	Logit	1.5132	1.4362	1.5942
Cohort	Mantel-Haenszel	0.6999	0.6721	0.7290
(Col2 Risk)	Logit	0.7011	0.6734	0.7300

Breslow-Day Test for
Homogeneity of the Odds Ratios

	Chi-Square	5.1997
	DF	7
③	Pr > ChiSq	0.6356

공통오즈비의 추정

단순히 연관성에 대한 가설만을 검정하는 것보다도 연관성의 강도를 추정하면 좀 더 많은 정보를 얻을 수 있다. 모든 부분표에 대해 연관성들이 비교적 안정적인 값을 가질 때는 K개 오즈비들의 공통값을 추정할 수 있다.

$2\times2\times K$ 분할표에서 $\theta_{XY(1)}=\cdots=\theta_{XY(K)}$ 라고 가정할 때, 맨틀-핸첼(Mantel-Haenszel) 공통오즈비(common odds ratio)의 추정값 $\hat{\theta}_{MH}$ 는

$$\hat{\theta}_{MH} = \frac{\sum_k (n_{11k} n_{22k} / n_{++k})}{\sum_k (n_{12k} n_{21k} / n_{++k})} \tag{3.3}$$

와 같이 주어진다. $\log(\hat{\theta}_{MH})$의 표준오차 공식은 복잡하므로 문헌 Agresti(1990)를 참고하기 바란다. SAS/PROC FREQ를 사용하여 표준오차를 얻을 수 있고, 그밖에 로짓모형을 이용하여 추정치와 표준오차를 구할 수도 있다.

〈표 3.4〉에서 ②의 결과는 맨틀-핸첼 공통오즈비 $\hat{\theta}_{MH} = 2.17$와 공통오즈비 θ에 대한 95% 신뢰구간 (1.98, 2.38)을 제공한다. 흡연자가 폐암에 걸릴 오즈는 비흡연자의 약 2배임을 알 수 있다. 오즈비는 중국보다 서양에서 훨씬 더 크게 나타나는 경향이 있으며, 그 이유 중 하나는 중국에서는 시가 담배보다 긴 파이프 담배가 널리 사용되고 있기 때문이다.

부분표에서의 실제 오즈비들이 비록 똑같지는 않다고 하더라도 크게 다른 경우가 아니라면, $\hat{\theta}_{MH}$는 K개 조건부연관성을 요약하는 훌륭한 추정치가 될 수 있다.

공통오즈비에 대한 브레슬로-데이 검정

변수 Z의 모든 수준에서 $X-Y$ 오즈비가 동일하다는 귀무가설

$$H_0 : \theta_{XY(1)} = \theta_{XY(2)} = \cdots = \theta_{XY(K)}$$

에 대한 검정절차를 알아보자. 추정기대도수 $\{\hat{\mu}_{11k}, \hat{\mu}_{12k}, \hat{\mu}_{21k}, \hat{\mu}_{22k}\}$는 모든 k에 대해 다음 두 조건을 만족하도록 구해진다. 첫째 추정기대도수에 의한 행 및 열의 주변합이 원 분할표의 주변합과 각각 같고, 둘째 이들 추정값에 의해 계산된 오즈비가 맨틀-핸첼 공통오즈비 $\hat{\theta}_{MH}$와 일치한다. 이때 브레슬로-데이(Breslow-Day) 검정통계량은

$$\sum \frac{(n_{ijk} - \hat{\mu}_{ijk})^2}{\hat{\mu}_{ijk}} \tag{3.4}$$

와 같이 정의된다. 식 (3.4)의 브레슬로-데이 통계량은 피어슨 적합도통계량과 유사한 형태이며, 합의 기호는 분할표의 모든 칸에 대해 적용된다. 추정값 $\hat{\mu}_{ijk}$의 계산은 복잡하기 때문에 자세한 논의는 생략하고 SAS/PROC FREQ에서 제공하는 브레슬로-

데이 검정결과를 인용해 보자. 〈표 3.4〉에서 ③의 결과는 부분표들의 오즈비가 동일한지를 검정하는 브레슬로-데이(Breslow-Day) 검정결과로서 P-값이 0.636이므로 오즈비는 동일하다고 볼 수 있다. 또한, 표본 연관성이 양 또는 음의 어느 한쪽 방향으로 주로 나타나는 경우 CMH 검정통계량은 조건부독립성에 관한 매우 우수한 요약 값이 될 수 있다.

3.3 R-코드

R-코드 3.1 SAS [프로그램 3.1] 흡연과 폐암

```
library(DescTools)
library(vcdExtra)

# city(1:베이징,2:상하이,3:선양,4:난징,5:하빈,6:쩡조우,7:타이원,8:난창)
# smoke(1:예,2:아니오)
# cancer(1:예,2:아니오)

data = data.frame(matrix(c(1,1,1,126,2,1,1,908,3,1,1,913,4,1,1,235,
5,1,1,402,6,1,1,182,7,1,1,60,8,1,1,104,1,1,2,100,2,1,2,688,3,1,2,747,4,1,2,172,5,1,2,308,6,1,2,
156,7,1,2,99,8,1,2,89,1,2,1,35,2,2,1,497,3,2,1,336,4,2,1,58,5,2,1,121,6,2,1,72,7,2,1,11,8,2,1,21
,1,2,2,61,2,2,2,807,3,2,2,598,4,2,2,121,5,2,2,215,6,2,2,98,7,2,2,43,8,2,2,36),ncol=4,byrow=T))

colnames(data) = c("city", "smoke","cancer" ,"count")
tab=xtabs(count ~ smoke + cancer + city, data=data)
tab

# Cochran-Mantel-Haenszel Test
CMHtest(tab, overall=T)

# BreslowDayTest
BreslowDayTest(tab, OR = NA, correct = FALSE)
```

연습문제

❶ 1976년에서 1987년 사이에 미국 플로리다의 20개 도시에서 행해진 재판 결과 사형선고를 받은 사례는 백인이 백인을 살해한 총 151건 중 19건, 백인이 흑인을 살해한 경우는 9건 중 0건, 흑인이 백인을 살해한 경우는 63건 중 11건, 그리고 흑인이 흑인을 살해한 경우는 103건 중 6건이었다.

(1) 자료를 3차원 분할표로 나타내어라.

(2) 살인 피의자의 인종과 사형판결 간의 조건부연관성을 알아보기 위한 부분표를 만들어라. 또한, 칸 도수 0의 영향을 줄이기 위해 각 칸에 0.5를 더하여 조건부오즈비를 계산하고 결과를 해석하여라.

(3) 살인 피의자의 인종과 사형판결 간의 주변오즈비를 구하고 해석하여라. 또한, 이 자료의 경우 심프슨의 역설이 존재하는지를 설명하여라.

❷ 다음 각각의 상황에서 "교호작용(interaction) 없음"이 무엇을 의미하는지 그래프와 도표를 사용하여 설명하여라.

(1) 모든 변수가 연속형(다중회귀)

(2) Y와 X는 연속형이고 Z는 범주형(분산분석)

(3) 모든 변수들이 범주형("교호작용 없음" = "동질적연관성")

❸ 편두통에 대한 치료효과를 비교 실험한 자료로서 새 치료약과 위약을 각각 투여한 두 집단에 대해 진료한 병원별로 조사한 것이다. 각 병원의 환자들에게 실제약과 위약 중 어느 한 가지를 랜덤하게 선택하도록 하였다.

(1) 부분표의 연관성을 구하여라. 이 값이 병원 간에 유사한가?

(2) 집단과 반응 간의 조건부독립성 검정에 대한 P-값을 구하여라.

(3) 집단과 반응 간의 평균 조건부연관성을 추정하고 해석하여라.

(4) 세 병원의 오즈비가 모두 같은지를 가설검정하여라.

편두통에 대한 치료효과

병원	집단	반응	
		성공	실패
1	약	6	4
	위약	2	8
2	약	4	3
	위약	1	5
3	약	5	3
	위약	3	6

4장

일반화선형모형

앞에서 공부한 이원분할표 및 삼원분할표의 연관성 분석은 범주형 반응변수에 미치는 설명변수의 효과를 조사하는 데 도움이 된다. 여기서는 모형을 이용한 분석 방법을 논의해 보자. 잘 적합 된 모형은 여러 가지 장점이 있다. 모형의 구조에 의해 연관성 및 교호작용 유형을 설명할 수 있으며 모수의 추론을 통해서는 반응에 대한 설명변수의 영향을 평가할 수 있다. 또한, 추정 모수의 크기는 효과의 강도 및 그 중요성을 결정한다. 결과적으로 모형에 의한 예측값은 자료를 평활(smoothing)하여 반응 평균에 대한 개선된 추정치를 제공하게 된다.

모형을 이용한 분석은 여러 설명변수의 효과를 동시적으로 분석해야 하는 좀 더 복잡한 상황에 유용하다. 모형에서는 모수 추정에 역점을 두는데 이것은 단순한 유의성 검정보다 더욱 많은 정보를 제공한다. 설명변수들이 연속형, 범주형 또는 두 가지가 혼합되어 있는 경우에 범주형 반응변수를 모형화하는 방법에 대해 논의하자.

교재에서 다루는 대부분의 모형들은 앞으로 소개될 일반화선형모형(generalized linear model, GLM)의 특별한 경우이다. GLM은 범주형 반응변수뿐만 아니라 연속형 반응변수에 대한 보통회귀(ordinary regression)와 ANOVA모형들을 포함하는 매우 광범위한 모형들이다. 이 장에서는 범주형 또는 이산형 반응 자료에 대한 GLM을 소개한다.

4.1 GLM의 성분

모든 GLM에 공통된 세 가지 요소는 랜덤성분(random component), 체계적성분(systematic component), 연결함수(link function)이다. 랜덤성분은 반응변수 Y의 확률분포를 규정하고 체계적성분은 모형의 예측변수로 사용되는 설명변수들을 규정한다. 또한, 연결함수는 체계적성분과 랜덤성분의 기대값과의 함수관계를 나타낸다. GLM은 선형 예측방정식을 통해 반응 평균의 어떤 함수와 설명변수 간의 관계를 나타낸다.

랜덤성분

표본크기가 N일 때 반응변수 Y의 관측값을 $(Y_1, \cdots, Y_N)$으로 나타내자. 앞으로 논의되는 GLM에서 $Y_1, \cdots, Y_N$ 은 독립으로 가정한다. GLM의 랜덤성분은 반응변수 Y에 대해 $(Y_1, \cdots, Y_N)$의 확률분포를 가정한다. 관측값 Y_i는 '성공(success)' 또는 '실패(failure)'와 같이 이항반응인 경우가 많으며, 좀 더 일반적으로는 일정한 시행 중 '성공' 횟수를 나타내기도 한다. 또 다른 예는 분할표의 칸 도수와 같이 음이 아닌 빈도수를 나타내는 경우로서 이때는 랜덤성분을 포아송 분포로 가정한다. 반면에 연속형 반응일 때는 정규 랜덤성분을 가정하게 된다.

체계적성분

Y의 평균을 $\mu = E(Y)$라 할 때 μ의 값은 설명변수의 수준에 따라 변한다. GLM의 체계적성분은 설명변수 $\{x_j\}$의 선형식

$$\alpha + \beta_1 x_1 + \cdots + \beta_k x_k$$

을 써서 모형의 우변에 표현한다. 이와 같은 일차결합을 선형예측(linear predictor)이라 부른다.

참고

어떤 x_j는 다른 설명변수들로 표현될 수 있다. 예를 들면, $x_3 = x_1 x_2$(x_1과 x_2 간의 교호작용 효과), $x_3 = x_1^2$(x_1의 이차곡선효과) 등과 같이 나타낼 수 있다.

연결

GLM의 세 번째 성분은 랜덤성분과 체계적성분간의 연결(link)이다. 연결은 선형예측식과 $\mu = E(Y)$의 관계를 규정한다. μ 또는 단조함수 $g(\mu)$를 모형

$$g(\mu) = \alpha + \beta_1 x_1 + \cdots + \beta_k x_k$$

와 같이 표현할 때, 함수 $g(\cdot)$를 연결함수(link function)라 부른다.

가장 단순한 연결함수의 형태는 $g(\mu) = \mu$일 때로서 이것을 항등연결(identity link)이라 부른다. 이때는 반응 평균을 선형모형

$$\mu = \alpha + \beta_1 x_1 + \cdots + \beta_k x_k \tag{4.1}$$

으로 나타내며, 이것은 연속반응에 대한 보통회귀모형의 형태이다.

어떤 연결을 사용하면 예측식과 반응평균 간의 비선형 관계를 표현할 수 있다. 예를 들면, 연결함수 $g(\mu) = \log(\mu)$(로그연결)는 평균의 로그를 모형화하는 것으로 빈도수와 같이 음이 아닌 자료에 적합하다. 로그연결을 사용하는 GLM을 로그선형모형(loglinear model)이라 부르며,

$$\log(\mu) = \alpha + \beta_1 x_1 + \cdots + \beta_k x_k \tag{4.2}$$

와 같이 표현한다.

연결함수 $g(\mu) = \log[\mu/(1-\mu)]$는 로짓연결(logit link)이라 부르며 로그오즈를 모형화한다. 이것은 μ가 0과 1 사이에 있을 때 적합하다. 로짓연결을 사용하는 GLM을 로짓모형(logit model)이라 한다.

랜덤성분의 확률분포는 평균의 특별한 함수인 자연모수(natural parameter)를 갖게 되는데, 정규분포의 경우 자연모수는 평균 자신이 되고 포아송 분포의 경우에는 평균의 로그가 된다. 또한 이항분포인 경우에는 성공 확률의 로짓이 자연모수가 된다. 연결함수 $g(\mu)$로 자연모수를 사용할 때 정준연결(canonical link)이라 부른다. 예를 들면, 모형 식 (4.1)은 정규분포를 따르는 반응일 때 정준연결을 갖는 GLM의 형태이고, 포아송 반응 자료일 때 정준연결을 갖는 GLM은 (4.2)의 형태이다. 여러 가지 연결들이 가능하지만 정준연결이 가장 보편적으로 사용된다.

정규 GLM

연속형 변량에 대한 보통회귀모형 및 ANOVA모형은 GLM의 특별한 경우로서 랜덤성분을 정규분포로 가정하고 항등연결 $g(\mu) = \mu$를 사용한다. 보통회귀모형은 다음 두 가지 관점에서 GLM으로 일반화될 수 있다. 첫째, 랜덤성분에 대해 정규분포 이외의 분포를 허용한다. 둘째, 평균의 어떤 함수를 모형화할 수 있도록 한다. 이러한 두 가지 형태의 일반화는 범주형자료에서 매우 중요하다.

정규분포를 따르지 않는 자료에 대한 전통적인 분석방법은 우선 변수변환을 통해 일정한 분산을 갖는 근사 정규분포가 되도록 하여 분석하는 것이다. 이와 같이 변환하면 최소제곱법에 의한 보통회귀분석을 적용할 수 있지만 실제로는 그렇지 못할 때가 많

다. 왜냐하면 일정한 분산을 갖도록 변환하게 되면 자료가 정규분포를 따르지 않게 되거나 변환된 척도에 단순선형모형이 잘 적합되지 않을 수 있기 때문이다. 그러나 GLM을 이용하면 정규분포이론에 맞도록 자료를 변환할 필요가 없다. 그 이유는 GLM 적합에서는 랜덤성분에 따라 최대우도법을 이용하며 이 방법은 정규분포에만 국한되는 것이 아니기 때문이다. 더욱이 GLM 연결함수는 랜덤성분과 별개로 선택될 수 있으므로 어떤 연결에 관해 선형모형이 성립하는 경우에 분산안정화(variance stabilization)나 정규화가 필요 없게 된다.

GLM을 통해 다양한 통계모형들을 단일화하여 설명할 수 있다. 즉, 회귀모형, ANOVA모형, 범주형반응모형 등은 어떤 초모형(super model)의 특별한 경우로서 사실상 동일한 모형 적합 방법을 써서 GLM 모수에 대한 최대우도추정치를 구할 수 있다. 최대우도추정은 GLM 적합에 사용되는 통계소프트웨어인 GLIM, SAS의 PROC GENMOD 등에서 기본적인 역할을 한다.

다음 두 절에서 범주형 반응변수에 대한 가장 중요한 두 가지 유형의 GLM을 통해 세 가지 성분을 설명하기로 한다. 그중 한 가지 GLM은 이항랜덤성분을 갖는 이항자료에 대한 로지스틱 회귀모형이고 다른 하나는 포아송 랜덤성분을 갖는 빈도자료에 대한 로그선형모형이다.

4.2 이항자료에 대한 일반화선형모형

범주형 반응변수들은 오직 두 개의 범주만을 갖는 경우가 많다. 예를 들면 선거에서 지지정당(공화당, 민주당), 자동차 수입여부(국내산, 외국수입), 여성의 유방암 진단결과(정상, 암) 등이 있다. 이항반응 Y의 두 가지 가능한 결과를 기호 1과 0 또는 문자 '성공'과 '실패'로 나타내기로 하자.

이항반응은 베르누이 변수라 부르며 이것의 확률분포는 성공확률 $P(Y=1)=\pi$와 실패확률 $P(Y=0)=(1-\pi)$에 의해 규정된다. 이때 분포의 평균은 $E(Y)=\pi$, 분산은 $Var(Y)=\pi(1-\pi)$이다. 모수 π 인 n개의 이항반응이 서로 독립일 때, 이 중 성공 횟수는 총 시행 n과 확률 π를 갖는 이항분포가 된다.

이항반응에 대한 GLM의 랜덤성분은 이항분포를 가정한다. GLM은 여러 개의 설명변수를 가질 수 있지만, 문제를 간단히 하기 위해 단일변수 X인 경우를 설명한다. 변수 X의 값 x가 변함에 따라 π 값이 변하므로 π 대신 기호 $\pi(x)$를 사용하기로 하자.

선형확률모형

X의 효과를 모형화하는 한 가지 방법은 Y의 기대값과 X간의 관계를 선형함수식

$$\pi(x) = \alpha + \beta x \tag{4.3}$$

와 같이 보통회귀모형으로 표현하는 것이다. 모형 (4.3)은 성공의 확률이 x에 관해 선형으로 변하기 때문에 선형확률모형(linear probability model)이라 부른다. 기울기 β는 x가 1단위 변할 때 성공확률의 변화량을 나타낸다. 이 모형은 이항분포를 랜덤성분으로 갖고 또한, 항등연결을 갖는 GLM이지만 커다란 구조적 결함을 갖고 있다. 모형 (4.3)에서 좌변의 확률은 0과 1 사이의 값이지만 우변의 선형함수는 전 실수 구간의 값을 갖게 되므로 x 값이 매우 크거나 작을 때는 $\pi(x) < 0$ 또는 $\pi(x) > 1$로 예측되는 결과를 초래한다. 그러나 어떤 한정된 x 값의 범위에서는 이 모형도 유용하게 이용될 수 있다.

모형 (4.3)은 보통회귀모형처럼 보이지만 모수의 MLE가 최적인 성질을 갖지 못한다. 그 이유는 분산 $Var(Y) = \pi(x)[1-\pi(x)]$가 $\pi(x)$를 통해 x에 의존하므로 최소제곱추정량보다 더 작은 표준오차를 갖는 최대우도추정량이 존재할 수 있기 때문이다. 대부분의 GLM에서와 마찬가지로 이 경우 MLE는 닫힌형식(closed form)으로 표현되지 않으므로 반복 계산을 통해 구하게 된다. 어떤 x 값에서 예측값이 구간$(0, 1)$의 범위를 벗어나는 경우 최대우도추정은 부적합하지만 최소제곱추정치의 계산은 언제나 가능하다.

보기 4.1

심장질환과 이것의 위험 인자인 코골이와의 관련성을 역학조사하여 〈표 4.1〉에 나타내었다. 조사된 총 2,484명을 코골이 정도에 따라 분류하였다. 심장질환을 일으킬 확률 $\pi(x)$와 코골이 정도 x간의 선형모형을 가정하고, 심장질환의 수는 서로 독립인 이항분포를 따른다고 하자. 코골이 수준에 따라 범주점수 $(0, 2, 4, 5)$를 부여하였으며, 여기서 마지막 두 수준은 다른 인접 범주들에 비해 더욱 근사하다고 가정하였다.

표 4.1 코골이와 심장질환의 관계

코골이	심장질환		예	선형	로짓	프로빗
	예	아니오	비율	적합	적합	적합
전혀 안 함	24	1355	0.017	0.017	0.021	0.020
가끔	35	603	0.055	0.057	0.044	0.046
거의 매일 저녁	21	192	0.099	0.096	0.093	0.095
매일 저녁	30	224	0.118	0.116	0.132	0.131

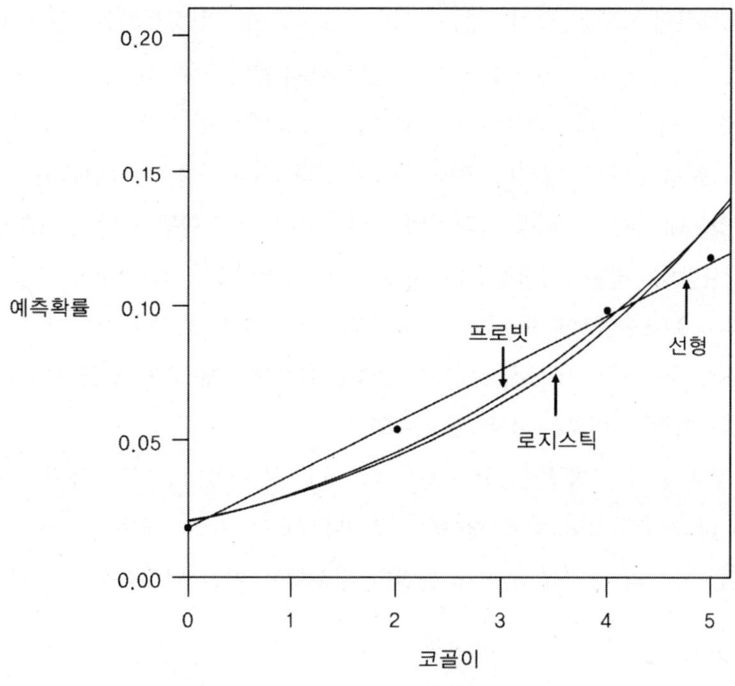

그림 4.1 코골이 자료에 대한 모형 적합

프로그램 4.1 〈표 4.1〉의 자료에 GLM 적합을 위한 PROC GENMOD

```
DATA glm;
INPUT snoring disease total;
CARDS;
0  24  1379
2  35   638
4  21   213
5  30   254
```

```
5  30    254
;
PROC GENMOD;
      MODEL disease/total=snoring / dist=bin  link=identity;
```

〈표 4.2〉의 ①은 랜덤성분의 분포가 이항분포이고, 항등연결「identity」를 사용하였음을 보여준다. ②의 결과로부터 최대우도 적합식은 $\hat{\pi}=0.0172+0.0198\,x$가 된다. 이 모형으로부터 코를 골지 않는 사람 $(x=0)$이 심장질환을 일으킬 확률은 $\hat{\pi}=0.0172+0.0198\,(0)=0.0172$이다. GLM에서 $E(Y)$에 대한 추정치를 적합값(fitted value)이라 한다. 같은 방법으로 다른 수준에서의 적합치를 구할 수 있으며, 이 값들은 〈표 4.1〉의 선형적합 열에 주어져 있다. 표본비율 및 적합값을 〈그림 4.1〉에 나타내었는데, 표와 그림을 살펴보면 선형모형이 잘 적합됨을 알 수 있다. 코를 골지 않는 사람의 경우 심장질환의 확률은 0.0172이고, 가끔 코를 고는 사람은 $2\,(0.0198)\approx 0.04$만큼 더 증가한다. 다른 범주에 대해서도 같은 요령으로 계산할 수 있다. 기울기 추정치 0.0198을 표준오차 0.0028에 비교해 보면 코골이는 심장질환에 매우 유의한 영향을 미치는 것을 알 수 있다.

코골이 수준에 따른 범주점수를 $\{0,2,4,4.5\}$ 또는 $\{0,1,2,3\}$ 등과 같이 변화시키면 이에 따라 추정치도 약간 변한다. 그러나 $\{0,4,8,10\}$ 또는 $\{1,3,5,6\}$ 등과 같이 범주점수 간의 상대적 차이가 동일한 경우에는 이들 범주점수에 대한 추정치도 같아진다.

표 4.2 [프로그램 4.1]의 수행 결과 중 일부

① Model Information

Data Set	WORK.GLM
Distribution	Binomial
Link Function	Identity
Response Variable (Events)	disease
Response Variable (Trials)	total
Observations Used	4
Number Of Events	110

표 4.2 [프로그램 4.1]의 수행 결과 중 일부(계속)

Number Of Trials 2484

② Analysis Of Parameter Estimates

Parameter	DF	Estimate	Standard Error	Wald 95% Conf Limits		Chi-Square	Pr > ChiSq
Intercept	1	0.0172	0.0034	0.0105	0.0240	25.18	<.0001
snoring	1	0.0198	0.0028	0.0143	0.0253	49.97	<.0001
Scale	0	1.0000	0.0000	1.0000	1.0000		

NOTE: The scale parameter was held fixed.

참고

2,484개 이항 관측값을 0과 1의 데이터로 입력하고 보통최소제곱을 이용하면 $\hat{\pi} = 0.0169 + 0.0200\,x$ 이다. 모형이 잘 적합된 경우에는 최소제곱추정치와 MLE는 유사하다.

로지스틱 회귀모형

$\pi(x)$와 x의 관계는 선형이기보다는 보통 비선형이다. π에 미치는 x값의 영향은 π가 0과 1의 중간 부근에 있을 때보다 0 또는 1의 근방일 때 더 작을 수 있다. 예를 들어, 연간 소득이 x인 사람이 차를 살 때 새 차와 중고차 중에서 새 차를 선택할 확률을 $\pi(x)$라 하자. 연간 소득이 각각 $x = 2{,}000$만 원과 $x = 5$억 원인 사람에 대해 연간 2,000만 원의 소득 증가가 $\pi(x)$에 미치는 효과는 5억 원인 사람의 경우가 훨씬 작다.

$\pi(x)$와 x의 관계는 사실상 비선형이지만 x가 증가하면 $\pi(x)$가 연속적으로 단조증가 또는 단조감소하는 경우가 자주 있다. 〈그림 4.2〉의 S–곡선은 실제로 이러한 관계를 나타낼 수 있는 모양이다. 이러한 곡선은 모형식

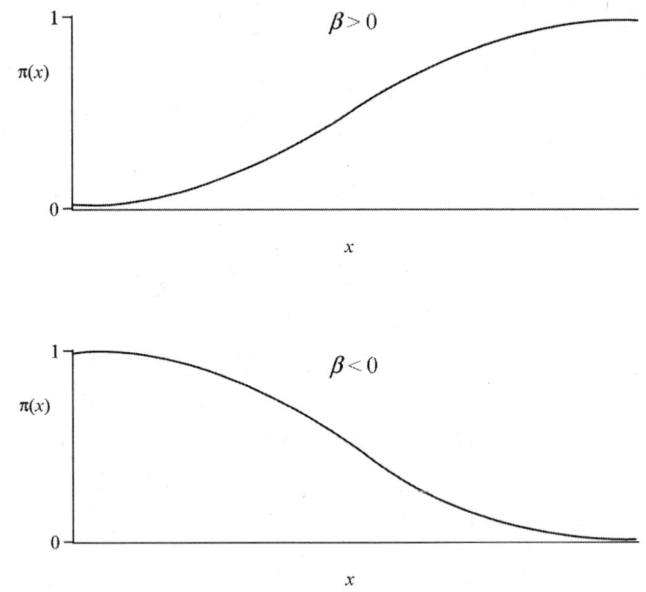

그림 4.2 로지스틱 회귀함수

$$\log\left(\frac{\pi(x)}{1-\pi(x)}\right) = \alpha + \beta x \tag{4.4}$$

에 의해 표현될 수 있으며, 이 식을 로지스틱 회귀함수(logistic regression function)라 부른다.

모형의 해석이 명확하지는 않지만 이에 대한 의미를 찾아보자. 로지스틱 회귀모형은 GLM의 특별한 경우로서 이항랜덤성분을 갖는다. 연결은 π의 로짓변환 $\log[\pi/(1-\pi)]$이 되며 이것을 기호 $\text{logit}(\pi)$로 나타낸다. 로지스틱 회귀모형을 로짓모형이라 부르기도 한다. 로짓은 이항분포의 자연모수가 되므로 로짓연결은 정준연결이다. $(0, 1)$ 범위에 속하는 π에 대해 로짓은 임의의 실수값이 될 수 있으므로 모형 (4.4)에는 선형확률모형이 갖는 구조적 문제점은 없다.

모형 (4.4)에서 β는 곡선의 증가 또는 감소율을 결정한다. 〈그림 4.2〉에서와 같이 $\beta > 0$일 때는 x가 증가함에 따라 $\pi(x)$가 증가한다. 반면 $\beta < 0$일 때는 x가 증가함에 따라 $\pi(x)$는 감소한다. β의 크기는 곡선이 얼마나 빨리 증가 또는 감소하는지를 결정하며 $|\beta|$가 증가함에 따라 곡선은 더욱 가파른 변화를 한다. 특히, $\beta = 0$일 때 곡선은 x축에 평행인 직선이 된다.

로지스틱 회귀모형의 적합은 [프로그램 4.1]에서 항등연결 대신 로짓연결 「link =

표 4.3 로지스틱 회귀모형(link = logit 사용)의 적합 결과

Analysis Of Parameter Estimates

Parameter	DF	Estimate	Standard Error	Wald 95% Conf Limits		Chi-Square	Pr > ChiSq
Intercept	1	-3.8662	0.1662	-4.1920	-3.5405	541.06	<.0001
snoring	1	0.3973	0.0500	0.2993	0.4954	63.12	<.0001
Scale	0	1.0000	0.0000	1.0000	1.0000		

NOTE: The scale parameter was held fixed.

logit」로 바꾸어 사용하면 된다. 〈표 4.3〉은 코골이 자료에 대한 로지스틱 회귀모형의 적합 결과이다. 이때 추정된 모형은

$$\text{logit}[\hat{\pi}(x)] = -3.87 + 0.40x$$

이다. 기울기 $\hat{\beta} = 0.40$이 양수이므로 코골이 수준이 증가함에 따라 심장질환의 가능성이 커지게 된다. 선형확률모형과 같은 요령으로 예측확률을 계산할 수 있으며 이들 값은 〈표 4.1〉의 로짓적합에 나타내었다. 〈그림 4.1〉을 살펴보면 비교적 좁은 범위의 예측확률 구간에서는 선형이 되므로 선형확률모형의 결과와 유사하다.

그 밖의 이항연결

〈그림 4.2〉의 로지스틱 회귀곡선에서 성공확률은 x가 증가함에 따라 연속적으로 증가 또는 감소한다. 확률변수 X의 누적분포함수(cdf) $F(x)$는

$$F(x) = P(X \leq x), \quad -\infty < x < \infty$$

로 정의된다. $F(x)$는 x가 증가함에 따라 0에서 1까지 점진적으로 증가한다. 이것을 써서 이항반응의 성공확률을

$$\pi(x) = F(x) \tag{4.5}$$

와 같이 정의할 수 있다.

로지스틱 회귀곡선도 이러한 형태를 갖는다. 두 개 모수를 갖는 로지스틱 분포의

cdf는

$$F(x;\alpha,\beta) = \frac{\exp(\alpha+\beta x)}{1+\exp(\alpha+\beta x)}, \quad \beta > 0$$

와 같이 정의되며, 이것을 변환하면 $\text{logit}(F) = \alpha + \beta x$ 와 같이 표현할 수 있다. 로지스틱 분포는 종 모양의 대칭인 확률분포로서 정규분포와 유사하지만 꼬리 부분이 약간 더 두터운 특징이 있다. 따라서 식 (4.5)와 같이 놓으면 $\beta > 0$인 경우 $\pi(x)$는 2개의 모수를 갖는 로지스틱 분포의 cdf가 되고, $\beta < 0$일 때는 $1-\pi(x)$의 공식이 로지스틱 분포의 cdf가 된다. 결과적으로 α 와 $\beta > 0$의 선택에 따라 서로 다른 로지스틱 분포가 대응한다.

참고

약품에 관한 독성학(toxicology)에서 모형 (4.5)는 개체 반응에 대한 허용분포(tolerance distribution)를 나타낸다. 예를 들어, 살충제의 농도에 따라 해충이 얼마나 죽는지를 실험한다고 할 때, 살충제의 농도가 해충의 생존 허용한계 이상이 되면 해충이 죽고 그렇지 않으면 살아남는다. 해충의 허용한계를 나타내는 확률분포를 $F(\cdot)$라 하면 살충제의 농도수준 x 에서 해충이 죽는 확률 $\pi(x)$는 (4.5)의 형태가 된다.

프로빗모형

식 (4.5)의 특별한 경우로서 F가 정규분포일 때를 프로빗모형(probit model)이라 부르며, 이때 연결함수를 프로빗연결이라 한다. 프로빗모형은 다음과 같은 식

$$\text{probit}[\pi(x)] = \alpha + \beta x$$

으로 표현된다. 단, $\text{probit}[\pi(x)] = \Phi^{-1}(\pi(x))$이고, $\Phi(\cdot)$는 표준정규분포의 cdf이다. $\pi(x)$에 대한 프로빗연결은 왼쪽 꼬리확률이 $\pi(x)$인 점을 표준정규점수로 대응시킨다. 예를 들면, $\text{probit}(0.05) = -1.645$, $\text{probit}(0.975) = 1.96$이다. 프로빗모형은 이항랜덤성분과 프로빗연결 「link = probit」를 갖는 GLM이다.

코골이와 심장질환 자료에 대한 프로빗모형의 최대우도추정 적합은 〈표 4.4〉로부터

$$\text{probit}[\hat{\pi}(x)] = -2.061 + 0.188x$$

이다. 코골이 수준 $x=0$에서 프로빗적합은 $-2.061+0.188(0)=-2.06$이 된다. 적합 확률 $\hat{\pi}(0)$는 표준정규분포에서 -2.06에 대응하는 왼쪽 꼬리확률로 0.020이다. 코골이 수준 $x=5$에서 예측 프로빗은 $-2.061+0.188(5)=-1.121$이고 예측확률 0.131과 대응된다. 〈표 4.1〉과 〈그림 4.1〉의 프로빗적합은 선형확률 및 로지스틱 회귀모형에서 얻어진 값들과 유사하다.

표 4.4 [프로그램 4.1]에서 프로빗연결(link = probit)을 사용한 결과

Analysis Of Parameter Estimates

Parameter	DF	Estimate	Standard Error	Wald 95% Conf Limits		Chi-Square	Pr > ChiSq
Intercept	1	-2.0606	0.0704	-2.1986	-1.9225	855.49	<.0001
snoring	1	0.1878	0.0236	0.1415	0.2341	63.14	<.0001
Scale	0	1.0000	0.0000	1.0000	1.0000		

NOTE: The scale parameter was held fixed.

참고

자료에 대한 프로빗 곡선과 로지스틱 회귀곡선은 유사하다. 프로빗모형은 1934년 독성학(toxicology) 연구에서 처음 도입되었고, 그 뒤 약 10년 후에 로지스틱 회귀모형이 연구되기 시작했다. 현재는 프로빗모형보다 로지스틱 회귀모형이 더 자주 사용되고 있으며, 그 이유 중 하나는 로지스틱 회귀모형에서는 오즈비에 의한 회귀효과의 해석이 가능하기 때문이다. 로지스틱 회귀모형은 오즈비를 추정할 수 있는 사례-대조연구 자료에 적합하다.

4.3 도수 자료에 대한 일반화선형모형: 포아송 회귀

많은 경우 이산반응변수들의 가능한 결과는 도수(count)가 된다. 예를 들어, 대도시에서의 도난차량 대수, 실리콘웨이퍼 표면의 결점 수 등을 관찰할 수 있다. 도수와 같은 계수형 자료의 GLM은 포아송 분포를 랜덤성분으로 가정한다. 포아송 변량은 도수자료와 같이 음이 아닌 어떤 정수값이라도 가질 수 있다. 도수자료에 대한 표본추출모형은 포아송 분포를 가정하였다. 이 절에서는 포아송 회귀모형을 소개하고 한 개 반응변수에 대해 도수 및 율(rate)자료를 모형화한다.

포아송 회귀

도수자료에 대한 GLM은 항등연결을 써서 모형화할 수도 있지만, 포아송 분포의 평균이 양수이므로 대개 평균의 로그를 모형화한다. 선형예측식 $\alpha+\beta x$가 모든 실수값을 가질 수 있는 것과 마찬가지로 로그평균도 어떤 실수라도 될 수 있다. 로그평균은 포아송 분포의 자연모수이고 로그연결은 포아송 랜덤성분에 대한 GLM의 정준연결이다. 포아송 로그선형모형(Poisson loglinear model)에서는 Y의 분포를 포아송 분포로 가정하고 로그연결을 사용한다.

포아송 변량 Y에 대한 기대값을 μ, 설명변수를 X라 하자. 포아송 로그선형모형은

$$\log\mu = \alpha + \beta x$$

와 같다. 이 모형에서 평균은 관계식

$$\mu = \exp(\alpha + \beta x) = e^{\alpha}(e^{\beta})^{x} \tag{4.6}$$

을 만족한다.

식 (4.6)에서 X값이 1단위 증가하면 평균은 e^{β} 배만큼 증가하므로 $x+1$일 때 Y의 평균은 x일 때 Y의 평균을 e^{β} 배 하여 구해진다. 만약 $\beta=0$라면 $e^{\beta}=e^{0}=1$이 되고, X의 증가에 따라 Y의 평균이 변하지 않게 된다. $\beta>0$이면 $e^{\beta}>1$이므로 X가 증가함에 따라 Y의 평균이 증가하는 반면 $\beta<0$일 때는 반대로 감소한다.

보기 4.2

암컷 게의 보금자리에는 한 마리의 수컷 게와 그 밖에 다른 수컷 게("위성(satellite)"이라 부름)들이 서식한다. 부록 〈표 1〉의 자료는 암컷의 여러 가지 특성과 위성 게의 수가 어떤 관련성이 있는지를 연구하기 위해 얻어진 것이다. 암컷의 색상, 가시의 상태, 무게, 등딱지 폭 등은 예측변수이고, 위성 게의 수는 반응변수이다. 설명을 간단히 하기 위해 등딱지 폭(단위: cm)을 한 개의 예측변수로 사용하자.

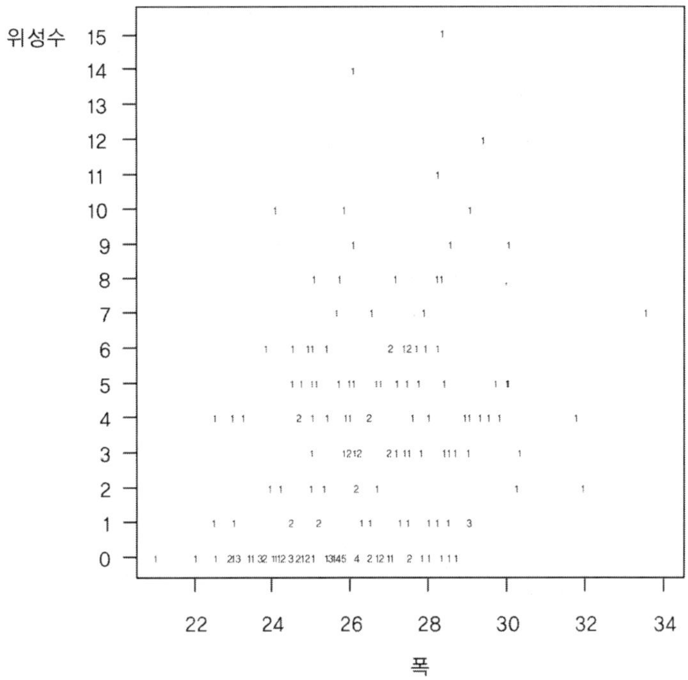

그림 4.3 **암컷 게의 등딱지 폭에 따른 위성 수**

등딱지 폭의 각 값에 대해 반응 도수를 플롯하면 〈그림 4.3〉과 같다. 도수에 내포된 본질적 변이성 때문에 이 그림에서 명확한 패턴을 찾아내기는 어렵다. 전체적 경향에 대한 좀 더 명확한 그림을 얻기 위해 폭의 범주를 <23.25, $23.25-24.25$, $24.25-25.25$, $25.25-26.25$, $26.25-27.25$, $27.25-28.25$, $28.25-29.25$, >29.25와 같이 집단화한다. 계급구간의 결정은 다소 임의적이기는 하지만 우선 8개 범주를 정한 후 각 구간의 길이를 표준편차의 약 반이 되도록 하였다. 원자료에서 폭의 평균과 표준편차는 각각 26.3과 2.1이다.

〈그림 4.4〉는 각 범주에서 평균 위성 수를 계산한 후 평균 폭에 대해 평균 위성 수를 플롯한 것이다. 그림에서 이들 관계를 살펴보면 폭의 증가에 따라 위성 수가 뚜렷이 증가하는 경향이 있으며 대략 직선 관계이다.

참고

폭에 따라 범주를 나눌 때 처음과 맨 마지막 두 범주에는 관측값의 최소값과 최대값이 각각 포함되도록 하고, 또한 관측값들이 범주의 양 끝점에 걸리지 않도록 구간을 정하였다.

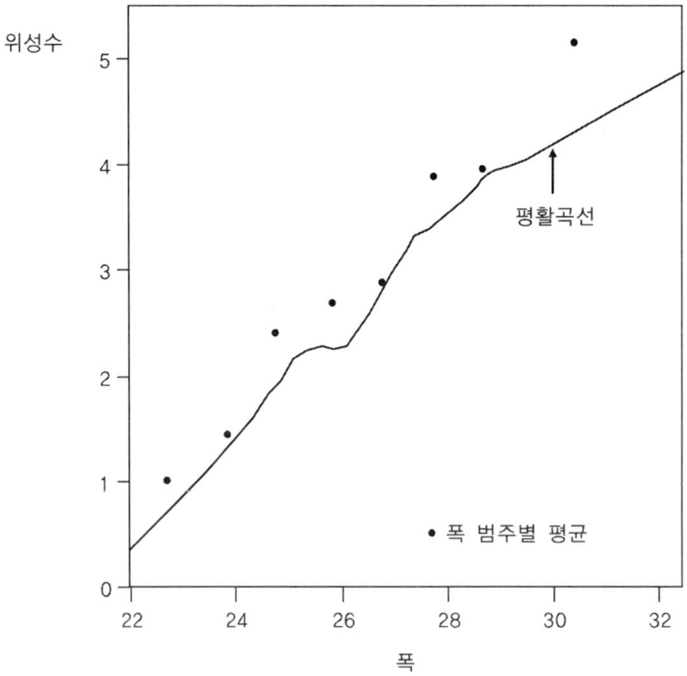

그림 4.4 암컷 게의 위성 수에 대한 평활

[프로그램 4.2]는 암컷 게 자료에 대해 포아송 로그선형모형을 적합을 위한 PROC GENMOD 절차이다. 암컷 게의 폭이 x 일 때 위성의 평균 마리수를 μ 라 하면 〈표 4.5〉의 결과로부터 포아송 로그선형모형의 최대우도추정 적합식은 아래와 같이 표현된다.

$$\log \hat{\mu} = \hat{\alpha} + \hat{\beta}\, x = -3.305 + 0.164\, x$$

프로그램 4.2 암컷 게 자료에 대한 포아송 로그선형모형 적합 절차

```
DATA crab;
INPUT color spine width satell weight;
CARDS;
2  3  28.3  8  3.05
3  3  22.5  0  1.55
1  1  26.0  9  2.30
...중간생략...
1  1  28.0  0  2.63
```

```
4  3  27.0  0  2.63
2  2  24.5  0  2.00
;
PROC GENMOD;
     MODEL satell = width/dist=poi link=log type1;
```

폭 효과 $\hat{\beta}= 0.164$의 점근표준오차는 $ASE = 0.020$이다. $\hat{\beta} > 0$이므로 폭의 증가에 따라 위성 수가 증가함을 나타낸다.

적합된 식으로부터 모든 폭의 수준에서 평균 위성 수의 추정치 $\hat{\mu}$를 구할 수 있다. 예를 들면, 관계식 (4.6)으로부터 $x = 26.3$일 때 적합값은

$$\hat{\mu} = \exp(\hat{\alpha} + \hat{\beta}\, x) = \exp[-3.305 + 0.164(26.3)] = 2.74$$

이다. 이 모형에서 x가 1단위 증가할 때 적합값은 $\exp(\hat{\beta}) = \exp(0.164) = 1.18$배만큼 곱해진다. 예를 들면, $x = 27.3 = 26.3 + 1$에서의 적합값 $\exp(-3.305 + 0.164(27.3))$ $= 3.23$은 $(1.18)(2.74)$와 일치한다. 즉, 폭이 1 cm 증가하면 위성 수는 평균적으로 18% 증가할 것으로 추정된다.

표 4.5 [프로그램 4.2]에 의한 포아송 로그선형모형의 적합 결과

Analysis Of Parameter Estimates

	Parameter	DF	Estimate	Standard Error	Wald 95% Conf Limits		Chi-Square	Pr > ChiSq
	Intercept	1	-3.3048	0.5422	-4.3675	-2.2420	37.14	<.0001
①	width	1	0.1640	0.0200	0.1249	0.2032	67.51	<.0001
	Scale	0	1.0000	0.0000	1.0000	1.0000		

NOTE: The scale parameter was held fixed.

LR Statistics For Type 1 Analysis

	Source	Deviance	DF	Chi-Square	Pr > ChiSq
	Intercept	632.7917			
②	width	567.8786	1	64.91	<.0001

참고

〈그림 4.3〉에서 최대 폭이 33.5인 암컷은 모형 적합에 심각한 영향을 미칠 수 있다. 이 관측값의 영향을 검토하기 위해 이것을 제외한 후 모형을 적합시키면 $\hat{\alpha}=-3.461$, $\hat{\beta}=0.170$ $(ASE=0.022)$이 된다. 앞에서 구해진 추정치들과 약간 다르지만, 이 경우에도 폭의 증가에 따라 위성 수가 뚜렷이 증가함을 알 수 있다.

〈그림 4.4〉에서 보면 위성 수는 폭의 증가에 따라 거의 선형으로 증가하고 있으므로 항등연결을 갖는 포아송 회귀모형

$$\mu = \alpha + \beta x$$

을 암시한다. [프로그램 4.2]에서 항등연결 「link = identity」를 사용하여 MLE를 구하면, 〈표 4.6〉에서 $\hat{\alpha}=-11.53$, $\hat{\beta}=0.55\,(ASE=0.059)$이다. μ에 미치는 X의 효과는 승법적(multiplicative)이 아닌 가법적(additive) 의미로 해석한다. 즉, 폭이 1 cm 증가하면 위성 수는 $\hat{\beta}=0.55$만큼 증가할 것으로 예측되므로 폭이 2 cm 증가하면 위성 수는 평균 한 마리 더 늘어나게 된다. 로그연결 및 항등연결에 의해 적합된 위성 수를 폭에 대해 플롯해 보면 폭이 매우 작거나 큰 경우를 제외하고는 대부분의 폭 범위에서 유사함을 확인할 수 있다.

표 4.6 [프로그램 4.2]에서 항등연결(link = identity)을 사용한 적합 결과

Analysis Of Parameter Estimates

Parameter	DF	Estimate	Standard Error	Wald 95% Conf Limits		Chi-Square	Pr > ChiSq
Intercept	1	-11.5321	1.5104	-14.4924	-8.5717	58.29	<.0001
width	1	0.5495	0.0593	0.4333	0.6657	85.89	<.0001
Scale	0	1.0000	0.0000	1.0000	1.0000		

NOTE: The scale parameter was held fixed.

율자료에 대한 포아송 회귀

어떤 유형의 사건이 시간, 공간 또는 그 밖의 다른 크기 지표(index)에 따라 일어나는 경우 사건의 발생률(rate)을 모형화하는 문제를 논의해 보자. 예를 들면, 지난 한 해 동안 대도시의 도난차량 대수를 모형화하는 경우에 도난차량 대수를 도시 인구수로 나누면 절도율이 된다. 도시의 실업률, 소득중위수(median income), 고등학교 졸업자 비율 등과 같은 설명변수들이 절도율에 어떻게 영향을 미치는가를 모형을 이용하여 설명할 수 있다.

반응도수 Y의 지표(예: 모집단 크기)가 t 일 때 반응의 표본률은 Y/t, 그 기대값은 μ/t 이므로 로그선형모형

$$\log(\mu/t) = \alpha + \beta x \tag{4.7}$$

으로 나타낼 수 있다. 또는 이와 동치인 식

$$\log\mu - \log t = \alpha + \beta x$$

으로 표현된다. 등식 좌변의 로그연결에 대한 수정항 $-\log t$ 를 시초(offset)라 부른다. PROC GENMOD를 이용하여 이러한 모형을 적합시킬 수 있다.

모형 (4.7)로부터 기대값은

$$\mu = t\exp(\alpha + \beta x)$$

와 같이 표현되므로 기대값은 지수t 에 비례하고 이때 비례상수는 설명변수에 의존한다. 고정된 x 일 때 모집단 크기 t 를 두 배로 하면 기대값 또한 두 배로 된다.

암컷 게 자료를 다시 인용해 보자. 총 173마리 암컷의 폭은 서로 다른 66가지의 값을 갖는다. 어떤 일정한 폭을 갖는 t 마리 암컷들의 총 위성 수를 Y라 할 때 그 기대값은 $\mu = E(Y)$이다. 따라서 μ/t 는 암컷 한 마리당 평균 위성 수가 되므로 율모형 (4.7)을 적용할 수 있다. 66가지의 서로 다른 폭에 나타난 도수에 이 모형을 적용하면 총 173개 관측값에 모형 (4.6)을 적합시킨 결과와 동일한 MLE를 얻게 된다. 모든 도수에 대해 지수 t 가 같거나 또는 도수가 지수와 무관한 경우에는 시초항이 필요 없다. 이 경우 $t = 1$이라 두면 율모형 (4.7)은 로그선형모형과 일치한다.

4.4 모형에 대한 추론과 검토

포아송 랜덤성분을 갖는 GLM의 통계적추론 및 모형검토에 관심을 돌려보자. 범주형 반응에 대한 GLM에서 MLE의 계산은 매우 복잡하며 통계소프트웨어를 사용하면 수치해석적인 방법에 의해 구해진다. 대표본의 경우 MLE는 근사적으로 정규분포를 따르게 되므로 모수 β에 대한 신뢰구간은 $\hat{\beta} \pm z_{\alpha/2}\, ASE$와 같이 얻어진다. 여기서 ASE는 $\hat{\beta}$의 점근표준오차이다.

왈드 검정, 우도비검정, 스코어 검정

GLM에서 가설 $H_0 : \beta = 0$에 대한 세 가지 대표적인 유의성 검정을 소개한다. 가장 단순한 검정법은 최대우도추정치의 대표본 정규성을 이용한 검정통계량

$$z = \hat{\beta} \,/\, ASE$$

이다. 이 통계량은 $\beta = 0$일 때 근사적으로 표준정규분포를 따른다. 따라서 표준정규분포를 이용하여 단측 또는 양측 검정의 $P-$값을 구할 수 있다. 또는 z^2이 자유도 1인 카이제곱분포가 되므로 양측가설의 경우 $P-$값은 관측값보다 큰 카이제곱 확률이 된다. 통계량 z^2을 왈드(Wald) 통계량이라 한다.

두 번째 검정법은 두 우도함수의 비(ratio), 즉 (1) 귀무가설의 가능한 모수공간상에서 최대우도함수와 (2) 귀무가설 또는 대립가설의 모든 모수공간에서 무제한적 완전모형에 대한 최대우도함수의 비(ratio)에 의해 통계량을 정의한다. 완전모형에 대한 최대우도함수값을 l_1, 귀무가설을 나타내는 단순모형에서의 최대우도함수값을 l_0으로 나타내자. 예를 들면, 예측식이 $\alpha + \beta x$이고 귀무가설이 $H_0 : \beta = 0$일 때 l_1은 가능한 모든 (α, β)값에서의 최대우도함수값이고, l_0은 $\beta = 0$을 가정할 때, α의 모든 가능한 값에서 계산된 최대우도함수값이다. 이때 l_0은 l_1의 모수공간보다 제한적인 집합상에서 계산된 최대값이기 때문에 l_1은 l_0보다 항상 크거나 같다.

우도비검정(likelihood ratio test)통계량은

$$-2\log(l_0/l_1) = -2\,[\log(l_0) - \log(l_1)] = -2\,(L_0 - L_1)$$

로 정의되고, 여기서 L_0과 L_1은 최대로그우도함수이다. $H_o : \beta = 0$하에서 이 통계량

은 근사적으로 자유도 1인 카이제곱분포를 따른다. 대부분의 통계소프트웨어는 최대로그우도 및 우도비검정통계량 $-2(L_0 - L_1)$을 제공한다. 통계소프트웨어에 따라서는 이외에 스코어 통계량(score statistic)을 제공하기도 한다.

왈드 검정, 우도비검정 및 스코어 검정은 GLM에서 주로 이용되는 세 가지 검정법이다. 표본크기가 매우 큰 경우 이들은 유사한 성질을 갖는다. 실제자료에서 사용되는 보통 표본크기일 때는 왈드 검정에 비해 우도비검정의 신뢰성이 더 높은 경향이 있다. 세 가지 검정통계량의 차이점은 $\hat{\beta}$의 표본분포가 정규분포에 얼마나 잘 근사되는가에 달려있으며, 정규분포에 근사되지 않는 경우에는 소표본에 관한 검정법을 사용하는 것이 바람직하다.

참고

항등연결을 써서 정규분포자료에 회귀모형을 적합시키는 경우는 세 가지 검정이 동일한 결과를 나타낸다.

〈표 4.5〉를 이용하여 포아송 로그선형모형에 대한 왈드 검정과 우도비검정을 설명해보자. 폭의 효과에 대한 MLE는 ①에서 $\hat{\beta} = 0.164\,(ASE = 0.020)$이다. 따라서 $H_0 : \beta = 0$에 대한 왈드 검정통계량 $z^2 = 67.5\,(P < 0.0001)$이고, 등딱지 폭은 위성수에 매우 강한 양의 영향을 미치고 있음을 알 수 있다. 또는, 이와 동치로 $z = \hat{\beta}/ASE = 0.164/0.020 = 8.2$를 표준정규분포표와 비교하여 유의성을 구할 수도 있다. 가정된 로그선형모형과 $\beta = 0$인 단순모형을 비교하는 우도비검정에서도 유사한 결론을 얻을 수 있다. ②에서 우도비통계량은 $-2(L_0 - L_1) = 64.9$, 자유도는 1, $P < 0.0001$이다. 우도비검정통계량을 얻기 위해서는 [프로그램 4.2]와 같이 option 「type1」을 사용한다.

포아송 모형 검토

GLM이 잘 적합될 때만 자료에 대한 정확한 설명과 추론이 가능하다. 검정통계량의 요약값과 잔차는 GLM 적합의 적절성을 파악하는 데 도움이 된다. 우선 포아송 랜덤성분을 갖는 GLM이 성립한다는 귀무가설을 검정해보자. 설명변수의 N가지 수준 중

i 번째에서 관측도수를 y_i, 기대도수를 $\hat{\mu}_i$ 라 하자. 적합도검정(goodness-of-fit test)에 이용되는 피어슨 통계량 X^2 과 우도비통계량 G^2 은 각각

$$X^2 = \sum \frac{(y_i - \hat{\mu}_i)^2}{\hat{\mu}_i}, \quad G^2 = 2\sum y_i \log\left(\frac{y_i}{\hat{\mu}_i}\right)$$

와 같이 정의된다. 적합값 $\{\hat{\mu}_i\}$가 대략 5 이상으로 크고 수준수 N이 고정되어 있을 때 두 통계량은 근사적으로 카이제곱분포를 따른다. 모형의 자유도를 잔차자유도(residual df)라 부르는데, 이때 df 는 반응 도수의 총 경우의 수에서 모형에 포함된 모수 개수를 뺀 값이다. P-값은 카이제곱분포의 우측 꼬리확률에 의해 결정되며 P-값이 작으면 모형이 잘 적합되지 않음을 나타낸다.

암컷 게 자료에서 폭을 예측변수로 하여 포아송 로그선형모형을 설명해 보자. 일정한 폭을 갖는 모든 암컷에 대해 그 위성 수를 이용할 수 있으나 암컷의 폭을 범주로 집단화함으로써 카이제곱 근사를 더 좋게 할 수 있다. 〈표 4.7〉과 같이 폭을 8개 범주로 구분하여 각 범주에 속하는 암컷의 수 및 위성 수를 써서 모형을 적합시킬 수 있다. [프로그램 4.3]은 〈표 4.7〉의 범주화 자료에 로그선형모형을 적합시키는 PROC GENMOD 절차이다. 문제를 간단히 하기 위해 범주구간에 속한 폭의 평균값(22.69, 23.84, 24.77, 25.84, 26.79, 27.74, 28.67, 30.41)을 범주점수로 이용하였다. 각 범주의 모든 게가 동일한 평균 폭을 갖는 것으로 간주하였기 때문에 모형 적합이 떨어질 수 있음에 유의해야 한다.

표 4.7 포아송 로그선형모형에 대한 적합값 및 잔차

폭	사례 수	총 위성 수	적합값	피어슨 잔차	수정 잔차
〈 23.25	14	14	20.5	−1.44	−1.63
23.25−24.25	14	20	25.1	−1.01	−1.11
24.25−25.25	28	67	58.9	1.06	1.23
25.25−26.25	39	105	98.6	0.64	0.75
26.25−27.25	22	63	65.5	−0.31	−0.34
27.25−28.25	24	93	84.3	0.95	1.06
28.25−29.25	18	71	74.2	−0.37	−0.42
〉 29.25	14	72	77.9	−0.67	−1.00

〈표 4.8〉의 ①에서 Deviance는 우도비통계량 $G^2 = 6.5$을 나타내고, ②는 피어슨 카이제곱통계량 $X^2 = 6.2$를 보여준다. 또한, 이들 두 통계량의 자유도는 6이다.

표 4.8 [프로그램 4.3]의 수행 결과에서 얻어진 적합도검정통계량

Criteria For Assessing Goodness Of Fit

	Criterion	DF	Value	Value/DF
①	Deviance	6	6.5168	1.0861
	Scaled Deviance	6	6.5168	1.0861
②	Pearson Chi-Square	6	6.2470	1.0412
	Scaled Pearson X2	6	6.2470	1.0412
	Log Likelihood		1652.1028	

Analysis Of Parameter Estimates

Parameter	DF	Estimate	Standard Error	Wald 95% Conf Limits		Chi-Square	Pr > ChiSq
Intercept	1	-3.5355	0.5760	-4.6645	-2.4065	37.67	<.0001
width	1	0.1727	0.0212	0.1311	0.2143	66.18	<.0001
Scale	0	1.0000	0.0000	1.0000	1.0000		

③ Observation Statistics

Obs	satell	Pred Reschi	Xbeta Resdev	Std StResdev	HessWgt StReschi	Resraw Reslik
1	14	20.5443	3.0225	0.1027	20.5443	-6.5443
		-1.4438	-1.5329	-1.7320	-1.6313	-1.7107
2	20	25.0585	3.2212	0.0813	25.0585	-5.0585
		-1.0105	-1.0477	-1.1472	-1.1065	-1.1406
3	67	58.8498	4.0749	0.0657	58.8498	8.1501
		1.0624	1.0392	1.2034	1.2303	1.2103
4	105	98.6083	4.5911	0.0513	98.6083	6.3916
		0.6436	0.6368	0.7405	0.7483	0.7425
5	63	65.5438	4.1827	0.0448	65.5438	-2.5438
		-0.3142	-0.3162	-0.3394	-0.3372	-0.3391
6	93	84.2521	4.4338	0.0468	84.2521	8.7478
		0.9530	0.9372	1.0381	1.0556	1.0413
7	71	74.1998	4.3067	0.0562	74.1998	-3.1998
		-0.3714	-0.3741	-0.4277	-0.4246	-0.4270
8	72	77.9430	4.3559	0.0840	77.9430	-5.9430
		-0.6731	-0.6820	-1.0179	-1.0048	-1.0107

PROC GENMOD에서는 P-값이 제공되지 않으며, χ^2 분포표로부터 $P > 0.3$이 되므로 가정된 로그선형모형은 잘 적합됨을 알 수 있다.

프로그램 4.3 **율자료에 대한 포아송 로그선형모형 적합 절차**

```
DATA crabs;
INPUT width cases satell@@;
        log_case = log(cases);
CARDS;
 22.69 14 14    23.84 14 20    24.77 28 67    25.84 39 105
 26.79 22 63    27.74 24 93    28.67 18 71    30.41 14  72
 ;
PROC GENMOD;
        MODEL satell = width / dist=poi link=log
                offset=log_case pred residuals;
```

또한, $\hat{\alpha}=-3.535$, $\hat{\beta}=0.173(ASE=0.021)$이다. 최소값 $x=22.69$일 때, 암컷 한 마리에 대한 평균 위성 수는 $\exp[-3.535+0.173(22.69)]=1.47$이다. 첫 번째 범주에 속한 14마리에 대한 적합값은 $\hat{\mu}_1=14(1.47)=20.5$이다. 같은 요령으로 나머지 범주에 대해서도 적합값을 구할 수 있으며 〈표 4.8〉의 ③에 주어져 있다.

모형잔차

적합도검정통계량은 GLM이 자료에 얼마나 잘 적합되는지를 전체적으로 요약하는 한 가지 측도이며 관측도수와 적합값을 비교함으로써 좀 더 깊이 있게 통찰할 수 있다. i 번째 관측값과 적합값 간의 잔차 $y_i-\hat{\mu}_i$는 매우 제한적으로 사용된다. 예를 들어, 포아송 표본추출모형에서 도수의 표준편차는 $\sqrt{\mu_i}$ 이므로 μ_i가 클수록 편차는 커지게 된다. 피어슨 잔차(Pearson residual)는

$$\text{피어슨 잔차}=\frac{(\text{관찰값}-\text{적합값})}{\sqrt{\widehat{Var}\,(\text{관찰값})}} \tag{4.8}$$

와 같이 편자를 표준화하여 정의한다. 포아송 GLM의 경우에는 포아송 분포의 표준편차 추정치로 나누어 표준화한 값

$$e_i = \frac{y_i - \hat{\mu}_i}{\sqrt{\hat{\mu}_i}} \tag{4.9}$$

이 된다. 이때 관계식 $\sum e^2 = X^2$이 성립하므로 피어슨 적합도검정통계량과 관련된다.

〈표 4.8〉 ③의 Observation Statistics는 암컷 게의 위성 수에 적합된 포아송 로그 선형모형에서 적합값("Pred"), 피어슨 잔차("Reschi"), 수정잔차("StResChi") 외에 여러 가지 통계값을 보여준다. 예를 들어, $x = 22.69$에서 관측도수는 $y_1 = 14$, 적합값은 $\hat{\mu}_1 = 20.5$이고, 피어슨 잔차는 $(14 - 20.5)/\sqrt{20.5} = -1.44$이다. 큰 잔차를 갖는 도수는 모형 적합을 검정하는 전체적인 X^2 값에 더욱 큰 기여를 하게 된다. 피어슨 잔차는 0을 중심으로 변동되며 μ_i 값이 큰 경우 근사적으로 정규분포를 따른다. 그러나 가정된 모형이 참인 경우 피어슨 잔차는 실제 표준정규변량보다 더 작게 변동하게 된다. 그 이유는 표본자료를 써서 적합값을 결정하므로 $y_i - \hat{\mu}_i$는 $y_i - \mu_i$보다 작게 되는 경향이 있기 때문이다.

피어슨 잔차를 잔차의 표준오차 추정치로 나눈 값을 수정잔차(adjusted residual)라 하며, μ_i가 큰 경우 수정잔차는 근사적으로 표준정규분포를 따른다. 이러한 이유에서 피어슨 잔차보다 수정잔차를 더 선호한다. 범주의 수가 많은 경우에는 수정잔차가 우연히 클 수도 있지만 절대값이 대략 2보다 큰 경우에는 특히 주의해야 한다.

포아송 GLM에서 수정잔차의 일반적 형태는

$$\frac{(y_i - \hat{\mu}_i)}{\sqrt{\hat{\mu}_i (1 - h_i)}}$$

이다. 여기서 h_i는 i번째 관측값의 지레(leverage)라 불린다. 대체적으로 지레가 크면 모형 적합에 미치는 관측값의 잠재적인 영향이 커진다.

적합값, 피어슨 잔차 및 수정잔차를 〈표 4.7〉에 요약하여 나타내었다. 수정잔차의 크기가 피어슨 잔차보다 약간 크지만 두 가지 잔차들은 유사한 패턴을 나타낸다. 첫째 범주에서 적합도가 가장 떨어지며 이 구간의 관측값은 모형에 의한 적합값보다 다소 작다. 그러나 모형 적합의 문제점을 나타낼 만큼 큰 값을 갖는 수정잔차는 없다.

참고

〈표 4.7〉의 집단화 자료에서 항등연결을 사용한 포아송 모형 역시 잘 적합된다. 이때 X^2 값과 G^2 값은 둘 다 3.0이고, 자유도는 6으로서 로그연결보다 더 잘 적합됨을 알 수 있다. 그러나 그 밖의 다른 설명변수들이 모형에 추가되는 경우에는 적합값이 음수가 될 수 있으므로 항등연결을 사용할 수 없다.

보통회귀모형의 검토에 관한 방법들을 GLM 적합도 평가에도 이용할 수 있다. 예를 들면, 어떤 특정 관측값의 영향을 평가하기 위해 그 관측값을 제외한 모형을 적합시킬 수 있다. 이 과정은 특정 관측값과 관련된 한 개 모수를 더 추가하여 복잡 모형을 적합시키는 것과 같다. 이때 모형 적합도, 모수 추정치, 적합값 등의 변화를 검토하여 특정 관측값의 영향을 평가한다.

자세한 과정에 대해서는 5장에서 다시 논의한다.

4.5 R-코드

R-코드 4.1 SAS [프로그램 4.1] 코골이와 심장질환의 관계

```
data = data.frame(matrix(c(0, 24, 1355,
                           2, 35, 603,
                           4, 21, 192,
                           , 30, 224),ncol=3,byrow=T))
colnames(data) = c("snoring", "yes", "no")
data$total = data$yes + data$no


# Binomial Model

# Identity Link
mod_identity = glm(cbind(yes,no)~snoring,data,
                   family=binomial(link="identity"))
```

```
summary(mod_identity)
confint(mod_identity) ## 95% confidence interval for coef.

# Logit Link
mod_logit = glm(cbind(yes,no)~snoring,data,
                family=binomial(link="logit"))
summary(mod_logit)
confint(mod_logit) ## 95% confidence interval for coef.

# Probit Link
mod_probit = glm(cbind(yes,no)~snoring,data,
                 family=binomial(link="probit"))
summary(mod_probit)
confint(mod_probit) ## 95% confidence interval for coef.
```

R-코드 4.2 SAS [프로그램 4.2] 암컷 게 자료

```
data = read.table("satellite.txt")

# Poisson Model

# Log Link
mod = glm(num.satellites~width,data,
          family=poisson(link="log"))
summary(mod)
confint(mod) ## 95% confidence interval for coefficient

# Significance Test
mod1 = glm(num.satellites~1,data,
           family=poisson(link="log"))
anova(mod1,mod,test="LRT")



# Identity Link
mod = glm(num.satellites~width,data,
```

```
          family=poisson(link="identity"),
          start=c(0.5,0.5))
summary(mod)
```

R-코드 4.3 SAS [프로그램 4.3] 율자료

```
data = data.frame(matrix(c(22.69, 14, 14,
                          23.84, 14, 20,
                          24.77, 28, 67,
                          25.84, 39, 105,
                          26.79, 22, 63,
                          27.74, 24, 93,
                          28.67, 18, 71,
                          30.41, 14, 72), ncol=3, byrow=T))
colnames(data) = c("width", "cases", "satell")

# Poisson Model
mod = glm(satell~width,offset=log(cases),data,
           family=poisson(link="log"))
summary(mod)
confint(mod) ## 95% confidence interval for coefficient

# Residual
library(pscl)
resdev = residuals.glm(mod)
reschi = residuals.glm(mod,"pearson")
resraw = residuals.glm(mod,"response")

library(boot)
reslik = glm.diag(mod)$res
stresdev = glm.diag(mod)$rd
streschi = glm.diag(mod)$rp

res = cbind(data$satell, resdev, reschi, resraw,
             reslik, stresdev, streschi)
res
```

연습문제

❶ 부록 〈표 1〉의 암컷 게와 위성 수 자료에서 암컷이 최소한 한 마리의 위성을 가지면 $Y=1$, 그렇지 않으면 $Y=0$이라 하자. 암컷의 무게를 예측변수로 하여 아래 지시에 따라 모형을 적합하고자 한다.

(1) 보통회귀모형을 적합하고 모수 추정치를 해석하여라. 최대 무게인 5.20(kg) 일 때 예측확률을 구하고 이에 대해 언급하여라.

(2) Y를 이항변수로 가정하고 최대우도추정에 의한 모형 적합을 시도하여라.

(3) 로지스틱 회귀모형을 적합에서 무게 5.20(kg)일 때 로짓의 예측값은 5.74가 됨을 보여라. 또한 $\log[\hat{\pi}/(1-\hat{\pi})]=5.74$로부터 $\hat{\pi}=0.9968$임을 보여라.

(4) 프로빗모형을 적합 결과에 대해 정규분포 곡선의 특성을 이용하여 모수 추정치를 해석하여라. 또한, 무게가 5.20(kg)일 때 예측확률을 구하여라.

❷ 컴퓨터칩에 사용되는 실리콘웨이퍼의 두 가지 제조과정에 대한 불량률을 분석하는 실험에서 얻어진 자료이다. 제조과정 A에 의해 만들어진 10개 웨이퍼의 결점 수는 8, 7, 6, 6, 3, 4, 7, 2, 3, 4이고 제조과정 B에 의한 10개 웨이퍼의 결점 수는 9, 9, 8, 14, 8, 13, 11, 5, 7, 6이다. 두 제조과정에서의 결점 수들은 서로 독립이고 각각 평균 μ_A, μ_B인 포아송 변량이라 간주하자.

(1) 제조과정 A일 때 $x=0$, B일 때는 $x=1$로 가정하고 모형 $\log\mu=\alpha+\beta x$을 적합시켜라. 이때 $\beta=\log\mu_B-\log\mu_A$ 임을 보이고 추정치를 해석하여라.

(2) $H_0:\beta=0$에 대한 왈드 검정과 우도비검정을 통해 가설 $H_0:\mu_A=\mu_B$를 검정하여라.

❸ X가 평균 μ_1인 포아송 분포를 따르고, Y는 평균 μ_2인 포아송 분포를 따르며 X와 서로 독립이라고 하자. 이때 $X+Y$가 주어질 때 X의 조건부분포는 $n=X+Y$번 시행에서 성공확률 $\pi=\mu_1/(\mu_1+\mu_2)$를 갖는 이항분포가 된다는 사실을 이용하여 문제 [2]의 가설 $H_0:\mu_A=\mu_B$를 검정하여라. (힌트 : X와 Y를 각 제조과정에서의 결점 수라 할 때, 이들의 포아송 평균이 서로 같은지를 검

정하는 것은 $\pi = 1/2$ 을 검정하는 이항검정이 된다.)

4 부록 〈표 1〉의 자료에서

(1) 암컷의 무게를 예측변수, 위성 수를 반응변수로 하여 포아송 로그선형모형을 적합시켜라. 평균무게가 2.44(kg)인 암컷의 평균 위성 수를 예측하여라.

(2) $\hat{\beta}$ 를 이용하여 무게의 효과를 설명하고 또한 신뢰구간을 구하여라.

(3) 평균 위성 수는 암컷의 무게와 서로 독립이라는 가설에 대해 왈드 검정과 우도비검정을 수행하고 해석하여라.

(4) 암컷의 무게를 수준에 따라 집단화하여 적합도검정을 수행하고 잔차를 통해 적합 결여를 설명하여라.

5 문제 [4]에서

(1) 위성 수를 예측하기 위해 암컷의 무게와 색상 모두를 이용하여 포아송 로그선형모형을 적합시키고 모수 추정치를 해석하여라. 단, 색상은 명목형으로 보고 가변수를 사용한다.

(2) 평균 무게가 2.44(kg)인 암컷이 (i) 중간색, (ii) 어두운색일 때 평균 위성 수를 추정하여라.

(3) 색상을 모형에 포함시킬 필요가 있는지를 검정하여라.
(힌트: 두 모형을 비교하기 위해서는 우도비검정을 이용한다.)

(4) 색상의 추정효과가 단조적이므로 이것을 선형효과를 갖는 양적변수로 간주하여 더 간단한 모형을 적합하고 효과를 해석하여라. 이 경우 앞의 3), 4)의 분석을 반복하고 2)에서 적합된 모형과 비교하여라.

(5) 폭을 모형에 포함시키고 예측변수인 폭과 무게가 둘 다 필요한지를 언급하여라. 이때 폭과 무게는 강한 양의 상관이 있음에 주목하여라.

6 다음 자료는 1970년부터 1984년 사이에 영국에서 조사된 것으로 열차의 주행거리(단위: 백만 마일)와 열차의 충돌건수를 나타낸 것이다. 14년 동안의 충돌건수들이 일정한 사고율을 갖는 서로 독립인 포아송 분포를 따른다고 가정할 수 있는가? 절편만을 갖는 GLM을 적합하고 적합도검정을 통해 답하여라.

연도	충돌건수	주행거리	연도	충돌건수	주행거리
1970	3	281	1977	4	264
1971	6	276	1978	1	267
1972	4	268	1979	7	265
1973	7	269	1980	3	267
1974	6	281	1981	5	260
1975	2	271	1982	6	231
1976	2	265	1983	1	249

출처: British Department of Transport

5장

로지스틱 회귀

이항반응변수의 통계모형에 대해 좀 더 자세히 살펴보기로 하자. 이항반응이란 각 대상의 반응을 '성공'과 '실패'로 측정하는 것으로서 이항자료(binary data)는 아마도 범주형자료의 가장 흔한 형태이므로 본 장의 내용은 매우 중요하다. 이항자료에서 가장 널리 이용되는 로지스틱 회귀는 4.2절의 이항랜덤성분을 갖는 일반화선형모형에서 이미 소개되었으며 5장에서는 그 응용에 대해 좀 더 자세히 공부한다.

5.1 로지스틱 회귀모형의 해석

이항반응 Y와 양적 설명변수 X에 대해 $\pi(x)$를 $X=x$일 때 "성공" 확률이라 하자. 확률 $\pi(x)$는 이항분포의 모수이다. 로지스틱 회귀모형은 $\pi(x)$의 로짓(logit)에 대해 선형식

$$\text{logit}\,[\pi(x)] = \log\left(\frac{\pi(x)}{1-\pi(x)}\right) = \alpha + \beta x \tag{5.1}$$

로 정의된다. 〈그림 4.2〉에서 보는 바와 같이 $\pi(x)$는 S-곡선 형태의 함수로서 증가 또는 감소하는 곡선을 나타낸다. 로지스틱 회귀 공식을 변형하여 아래와 같은 다른 형태의 공식

$$\pi(x) = \frac{\exp(\alpha + \beta x)}{1 + \exp(\alpha + \beta x)} \tag{5.2}$$

에 의해 성공 확률을 직접 나타낼 수도 있다. 이 절에서는 이러한 모형식을 해석하는 방법에 관해 살펴본다.

선형근사 해석

모수 β는 S-곡선의 증가 또는 감소율을 결정한다. β의 부호는 곡선의 증가 또는 감소를 나타내며 곡선의 변화율은 $|\beta|$가 증가함에 따라 증가한다. 식 (5.1)에서 $\beta=0$이면 우변항은 상수가 되므로 $\pi(x)$는 모든 x값에 대해 같다. 이때 곡선은 x축에 평행인 직선이 되며 이항반응 Y는 X와 독립이다. 특정한 x값에서 곡선에 대한 접선은 그 점

에서의 변화율이 된다. 모수 β를 갖는 로지스틱 회귀의 경우 접선의 기울기는 $\beta\pi(x)[1-\pi(x)]$이다. 예를 들면, $\pi(x)=0.5$인 x값에서 기울기는 $\beta(0.5)(0.5)=0.25\beta$인 반면에 $\pi(x)=0.9$ 또는 0.1에서는 0.09β이다. 확률이 1.0 또는 0에 근접할수록 기울기는 0에 근접하게 된다. 곡선의 기울기가 가장 가파른 점은 $\pi(x)=0.5$가 되는 $x=-\alpha/\beta$일 때이다. 식 (5.2)의 x값에 $-\alpha/\beta$를 대입하여 $\pi(x)=0.5$를 확인하거나 또는 식 (5.1)에서 $\pi(x)=0.5$를 대입한 후 이 식을 x에 대해 풀면 된다. 이 값을 중위수효과수준(median effective level)이라 하고 기호 EL_{50}로 나타낸다. 즉, $x=EL_{50}$은 가능한 두 가지 반응의 확률이 각각 50%가 되는 수준을 말한다.

암컷 게 자료의 재분석

로지스틱 회귀모형에서 최대우도추정량의 계산은 매우 복잡하지만 통계소프트웨어를 사용하면 쉽게 구할 수 있다. 모형을 설명하기 위해 4.3절에서 소개된 암컷 게 자료를 다시 분석해 보자. 암컷 게가 위성을 갖는지를 이항반응으로 간주한다. 즉, 암컷이 한 마리 이상의 위성을 가지면 $Y=1$, 그렇지 않으면 $Y=0$이라 하자. 설명을 간단히 하기 위해 여기서는 우선 암컷 게의 폭을 단일 예측변수로 이용하고 5.5절에서 추가적

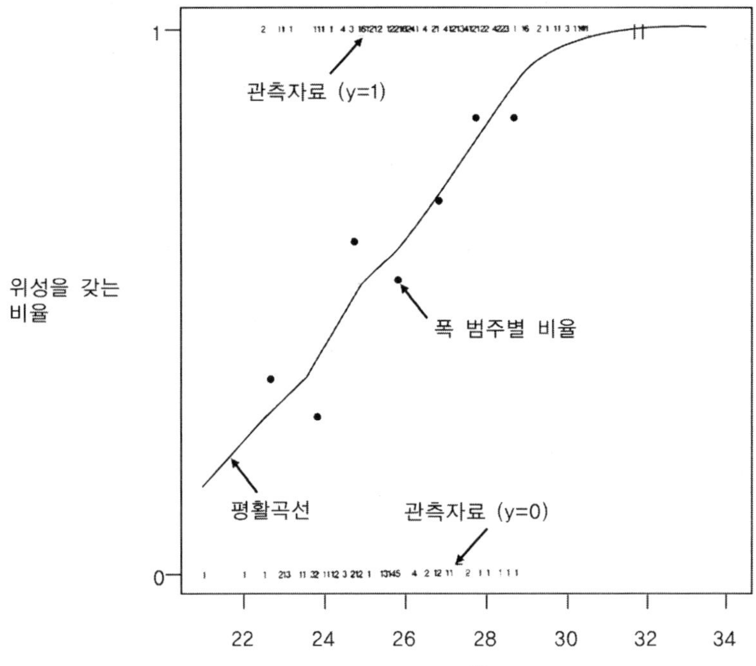

그림 5.1 암컷 게의 폭에 따라 위성을 갖는지 여부

인 예측변수들을 포함하는 모형에 대해 논의한다. 〈그림 5.1〉은 자료의 산점도를 보여준다. 암컷 게의 등딱지 폭에 따라 $Y=1$ 또는 $Y=0$으로 관찰된 암컷 수를 숫자로 플롯하였다. x값이 클 때는 $Y=1$이 되는 암컷의 수가 상대적으로 많이 관찰된 것처럼 보인다. 그런데 Y값은 0과 1 둘 중 하나이기 때문에 x값에 대한 Y값의 플롯만으로는 로지스틱 회귀모형이 타당한지를 판단하기가 어렵다.

반면, 암컷의 폭에 따라 범주화하여 그룹을 정하고 각각의 범주에서 위성을 갖는 암컷 게의 비율을 계산하면 좀 더 많은 정보를 얻을 수 있다. 이와 같은 과정을 통해 위성을 갖는 실제 비율이 모형에 근사한지를 파악할 수 있다. 4.4절의 〈표 4.7〉과 같이 폭을 8개 범주로 집단화한 자료가 〈표 5.1〉에 주어져 있다. 위성을 갖는 암컷의 비율 및 각 범주에서 암컷들의 평균 폭을 계산하여 〈그림 5.1〉에 이들을 플롯하였다. 〈그림 5.1〉에 그려진 곡선은 자료를 평활한 것이다. 8개 표본비율의 플롯과 이의 평활 곡선을 살펴보면 폭이 증가함에 따라 비율이 증가하는 경향을 보이므로 여기에 적합한 모형을 찾아보자.

참고

일반화가법모형(generalized additive models)에서는 GLM 보다도 더 일반적인 방법에 의해 자료를 평활한다.

표 5.1 암컷 게 자료에 대한 로지스틱 회귀모형의 적합 결과

폭	사례 수	위성을 갖는 암컷 수	표본 비율	예측 확률	위성을 갖는 암컷의 예측값
〈 23.25	14	5	0.36	0.26	3.64
23.25–24.25	14	4	0.29	0.38	5.31
24.25–25.25	28	17	0.61	0.49	13.78
25.25–26.25	39	21	0.54	0.62	24.23
26.25–27.25	22	15	0.68	0.72	15.94
27.25–28.25	24	20	0.83	0.81	19.38
28.25–29.25	18	15	0.83	0.87	15.65
〉 29.25	14	14	1.00	0.93	13.08

부록 〈표 1〉의 집단화되지 않은 자료에서 $\pi(x)$를 폭 x인 암컷이 위성을 가질 확률이라 할 때 그 의미를 해석하는 데 가장 간단한 모형은 선형확률모형 $\pi(x) = \alpha + \beta x$이다. 이 GLM에 대한 최대우도추정은 이항 모수의 예측값이 범위 (0, 1)을 벗어나는 경우가 생기므로 부적당하다. 보통 최소제곱추정에 의하면 $\hat{\pi}(x) = -1.766 + 0.092x$이므로 폭이 1 cm 증가함에 따라 위성을 갖게 될 확률은 0.092만큼씩 증가한다. 이 모형은 등딱지 폭의 대부분 범위에서 해석이 간단하고 현실적이지만 극단적인 값 부근에서는 부적합하다. 예를 들면, 최대 폭 33.5에서 예측확률은 $-1.766 + 0.092(33.5) = 1.3$이 된다. [프로그램 5.1]은 부록 〈표 1〉의 원 자료에 직접 로지스틱 회귀모형을 적합하는 절차이다.

프로그램 5.1 **부록 〈표 1〉의 자료에 대한 PROC LOGISTIC 적합**

```
DATA crab;
 INPUT  color spine  width  satell  weight;
 IF satell>0 THEN y=1;
 IF satell=0 THEN y=0;
CARDS;
 2  3  28.3  8  3.05
 3  3  22.5  0  1.55
 1  1  26.0  9  2.30
 ...중간생략...
 1  1  28.0  0  2.63
 4  3  27.0  0  2.63
 2  2  24.5  0  2.00
 ;
PROC LOGISTIC descending;
      MODEL y = width/covb lackfit;
```

〈표 5.2〉의 ④에서 $\hat{\alpha} = -12.351$, $\hat{\beta} = 0.497$이고 위성을 가질 예측확률은 식 (5.2)에 의해 아래와 같이 구할 수 있다.

$$\hat{\pi} = \frac{\exp(-12.351 + 0.497x)}{1 + \exp(-12.351 + 0.497x)}.$$

표 5.2 [프로그램 5.1]의 수행 결과 중 일부

The LOGISTIC Procedure
Model Fit Statistics

	Criterion	Intercept Only	Intercept and Covariates
	AIC	227.759	198.453
	SC	230.912	204.759
①	-2 Log L	225.759	194.453

Testing Global Null Hypothesis: BETA=0

	Test	Chi-Square	DF	Pr > ChiSq
②	Likelihood Ratio	31.3059	1	<.0001
	Score	27.8752	1	<.0001
③	Wald	23.8872	1	<.0001

④ Analysis of Maximum Likelihood Estimates

Parameter	DF	Estimate	Standard Error	Chi-Square	Pr > ChiSq
Intercept	1	-12.3508	2.6287	22.0749	<.0001
width	1	0.4972	0.1017	23.8872	<.0001

⑤ Odds Ratio Estimates

Effect	Point Estimate	95% Wald Confidence	Limits
width	1.644	1.347	2.007

⑥ Estimated Covariance Matrix

Variable	Intercept	width
Intercept	6.910227	-0.26685
width	-0.26685	0.01035

$\hat{\beta} > 0$이므로 폭이 클수록 예측확률 $\hat{\pi}$가 커진다. 자료에서 최소 폭 21.0 cm일 때 예측확률은

$$\hat{\pi}(21.0) = \frac{\exp(-12.351 + 0.497(21.0))}{1 + \exp(-12.351 + 0.497(21.0))} = 0.129$$

이다. 마찬가지로 최대 폭 33.5 cm 일 때는 $\hat{\pi}(33.5) = 0.987$ 로 예측된다. 또한, 중위 수효과수준은 $x = EL_{50} = -\hat{\alpha}/\hat{\beta} = 12.351/0.497 = 24.8$ 이다.

프로그램 5.2 **PROC GENMOD에 의한 로지스틱 회귀모형 적합**

```
PROC GENMOD;
      MODEL y=width/dist=bin link=logit;
RUN;
```

참고

PROC GENMOD를 사용해도 〈표 5.2〉와 같은 결과를 얻을 수 있으며, 이때는 [프로그램 5.1]의 자료 선언부에 [프로그램 5.2]를 추가하여 사용하면 된다.

〈그림 5.1〉과 같이 폭에 따라 예측확률 $\hat{\pi}$ 을 플롯할 수 있다. 평균 폭인 26.3 cm 에서 예측확률은 0.674 이고 적합확률의 증가율은 $\hat{\beta}\hat{\pi}(1-\hat{\pi}) = 0.497(0.674)(0.326) = 0.11$ 이다. 평균 폭을 갖는 암컷 게의 경우 폭이 1 cm 증가할 때 위성을 가질 확률은 0.11 만큼씩 증가하는 것으로 추정된다. 곡선의 변화율은 $\hat{\pi} = 0.5$ 가 되는 $x = 24.8$ 일 때 최대가 되며, 이때 예측확률은 $(0.497)(0.5)(0.5) = 0.12$ 씩 증가한다. 선형확률모형과 달리 로지스틱 회귀모형은 x 값에 따라 변화율이 변한다. 범주별 예측값은 범주에 속하는 모든 사례에 대한 예측확률을 더하여 계산할 수 있다. 예를 들면, 폭이 23.25 cm 이하인 14마리 암컷에 대한 예측확률을 모두 합하면 3.64가 된다. 어떤 범주에서의 평균 예측확률은 범주별 사례수로 예측값을 나누어 구해진다. 첫째 구간의 예측확률은 $3.64/14 = 0.26$ 이다. 폭 범주별 예측값 및 평균 예측확률은 〈표 5.1〉에 요약되어 있는데 표본에 대한 값과 예측값들을 비교해 보면 모형이 비교적 잘 적합된 것을 알 수 있다. 5.3절에서는 이러한 비교에 대한 객관적 기준을 논의한다.

오즈비의 해석

로지스틱 회귀의 또 다른 해석방법으로는 오즈와 오즈비를 이용할 수 있다.
모형 (5.1)에서 반응 1(즉, '성공')의 오즈는

$$\frac{\pi(x)}{1-\pi(x)} = \exp(\alpha + \beta x) = e^{\alpha}(e^{\beta})^{x} \tag{5.3}$$

이다. 이 식으로부터 x가 1단위 증가함에 따라 오즈는 e^{β} 배만큼씩 곱해져서 증가함을 알 수 있다. 즉, $x+1$에서의 오즈는 x에서의 오즈에 e^{β}를 곱하여 구해진다. 특히, $\beta=0$일 때는 $e^{\beta}=1$로 일정하므로 x의 변화와 관계없다.

암컷 게 자료에서 암컷의 폭이 1cm 늘어날 때마다 위성을 가질 오즈는 $\exp(\hat{\beta}) = \exp(0.497) = 1.64$배, 즉 64%만큼씩 증가한다. 〈표 5.2〉의 ⑤는 오즈비 추정치 및 왈드의 95% 신뢰구간을 나타낸다. $x=26.3$일 때 위성을 가질 확률은 0.674, 오즈는 $0.674/0.326=2.07$로 예측된다. 또한, $x=27.3$일 때 예측확률은 0.773, 오즈는 $0.773/0.227=3.40$이다. 여기서 $3.40=2.07(1.64)$이므로 $x=26.3$일 때 보다 오즈가 64%만큼 증가한 것이다. 식 (5.3)에서 로그오즈는 $\pi(x)$의 로짓변환이 되며 선형관계식 (5.1)이 성립한다. 이 경우 x가 1단위 증가할 때마다 로짓은 β만큼씩 증가한다. 로짓에 의한 척도가 익숙하지 않기 때문에 로짓을 통한 해석은 별로 사용되지 않는다.

참고

로지스틱 회귀의 또 다른 성질은 반응변수 Y보다 설명변수 X가 랜덤인 상황과 관련이 있으며, 사례-대조연구와 같은 후행적 표본설계에서 주로 생겨난다. $Y=1$("사례집단")과 $Y=0$("대조집단")인 대상들에 대해 X값을 관찰한다. 만약 사례집단과 대조집단 간에 X값의 분포가 다르면 X와 Y는 연관성이 있다. 역학연구(epidemiological studies)와 같은 생의학(biomedical) 연구에서는 특히 사례-대조연구를 많이 이용한다. 로지스틱 회귀모수들은 오즈 및 오즈비와 관련이 있으므로 후향적 연구자료에 로지스틱 회귀모형을 적합하여 사례-대조연구의 효과를 추정할 수 있다. 그러나 이항반응에 관한 다른 모형에서는 오즈비를 통한 해석이 성립하지 않는다. 이 점이 프로빗연결에 비해 로짓연결이 갖는 중요한 장점 중 하나이며 또한 보편화된 이유이기도 하다.

5.2 로지스틱 회귀에 관한 추론

로지스틱 회귀의 적합을 통해 이항반응에 미치는 예측변수의 효과를 설명할 수 있음을 살펴보았다. 이 절에서는 모수에 대한 통계적 추론을 제시하고 효과의 유의성 및 효과의 크기를 판단하는 데 이용하고자 한다. SAS와 같은 통계소프트웨어들은 모수추정치, 표준오차 및 그 밖에 모형 적합에 관한 다른 정보들을 제공한다.

효과에 대한 신뢰구간

로지스틱 회귀모형 $\text{logit}[\pi(x)] = \alpha + \beta x$ 에서 모수 β 에 대한 대표본 신뢰구간은

$$\hat{\beta} \pm z_{\alpha/2}(ASE)$$

이다. 구간 양 끝점을 지수 변환하면 오즈의 증가배율인 e^{β} 의 신뢰구간을 얻게 된다. 설명을 위해 암컷 게와 위성 수 자료에 대한 로지스틱 회귀분석의 결과를 다시 인용하여 설명해 보자. 〈표 5.2〉의 ④에서 폭의 추정효과는 $\hat{\beta} = 0.497(ASE = 0.102)$이고, β 의 95% 신뢰구간은

$$0.497 \pm 1.96(0.102) = (0.298, 0.697)$$

이다. 또한, 폭이 1cm 증가할 때 위성을 갖게 될 오즈에 대한 신뢰구간은 $(e^{0.298}, e^{0.697}) = (1.35, 2.01)$이다. 이 값은 〈표 5.2〉의 ⑤에 주어진 왈드의 95% 신뢰구간과 일치한다. 폭이 1cm 증가할 때 위성을 가질 오즈는 최소 35%에서 최대 약 2배까지 증가한다고 추론할 수 있다.

참고

로지스틱 회귀곡선에 대한 접선의 기울기 $\beta\pi(1-\pi)$는 x 값이 1단위 변할 때 확률값의 변화에 대한 근사값이다. 예를 들면, $\pi = 0.5$일 때 변화율의 추정치는 $0.25\hat{\beta} = 0.124$ 이고, 0.25β 의 95% 신뢰구간은 $[0.25(0.298), 0.25(0.697)] = (0.074, 0.174)$ 이다.

유의성검정

이항반응에 미치는 X의 효과에 관한 유의성 검정을 논의해 보자. 로지스틱 회귀에서 귀무가설 $H_0: \beta = 0$은 성공확률이 X에 무관함을 말한다. 검정통계량

$$z = \frac{\hat{\beta}}{ASE}$$

의 분포는 대표본인 경우 $\beta = 0$이면 표준정규분포에 근사한다. 표준정규분포표를 이용하여 z의 단측 또는 양측 P-값을 구할 수 있다. 또한 $\beta \neq 0$인 양측가설일 때는 이와 동치인 $(\hat{\beta}/ASE)^2$은 왈드 통계량이 되고 대표본일 때 자유도 1인 카이제곱분포를 갖는다. 대표본일 때는 왈드 통계량의 근사가 비교적 양호하지만 실용적으로 많이 사용되는 표본크기일 때는 우도비검정이 더욱 우수한 방법으로 알려져 있다.

$H_0: \beta = 0$일 때 최대로그우도를 L_0, β에 대한 무제한의 가정하에서 구해진 최대로그우도를 L_1이라 할 때, 우도비검정통계량 $-2(L_0 - L_1)$은 표본크기가 큰 경우 H_0하에서 자유도 1인 카이제곱 근사분포를 따른다. 로지스틱 회귀에 관한 대부분의 소프트웨어들은 〈표 5.2〉의 ①, ②와 같이 최대로그우도값 $-2L_0$, $-2L_1$ 및 우도비통계량을 제공한다.

또한, 〈표 5.2〉 ④에서 $z = \hat{\beta}/ASE = 0.497/0.102 = 4.9$이고, 왈드 통계량은 $z^2 = 23.9$, 유의성은 $P < 0.0001$이다. 이 값은 ③에 주어진 왈드 통계량과도 같은 것이다. 따라서 폭은 암컷이 위성을 가질 확률에 뚜렷한 영향을 미친다고 볼 수 있다. 또한 〈표 5.2〉의 ①에 의해 $H_0: \beta = 0$("Intercept only")일 때 $-2L_0 = 225.76$이고, 완전모형("Intercept and Covariates")일 때는 $-2L_1 = 194.45$이다. 따라서 ②에 주어진 우도비통계량은 $-2(L_0 - L_1) = 31.3$, $P < 0.0001$이고 왈드 검정과 유사한 결론을 얻는다.

확률 추정치의 분포

고정된 x값에서 $Y = 1$의 추정 확률은

$$\hat{\pi}(x) = \frac{\exp(\hat{\alpha} + \hat{\beta}x)}{1 + \exp(\hat{\alpha} + \hat{\beta}x)} \tag{5.4}$$

가 된다. 로지스틱 회귀에 관한 대부분의 소프트웨어는 참 확률에 대한 추정치 및 신뢰구간을 제공한다. 암컷 게의 폭이 $x=26.5$일 때 위성을 가질 확률의 추정 과정을 소개하자. 로지스틱 회귀추정치는

$$\hat{\pi}(26.5)=\frac{\exp(-12.351+0.497(26.5))}{1+\exp(-12.351+0.497(26.5))}=0.695$$

이다. $x=26.5$ 일 때 확률 π에 관한 신뢰구간을 구해 보자. 선형 예측식 $\hat{\alpha}+\hat{\beta}x$은 (5.4)의 로짓변환에 의해 구해진다. 로짓추정치의 분산은

$$Var(\hat{\alpha}+\hat{\beta}x)=Var(\hat{\alpha})+x^2\,Var(\hat{\beta})+2x\,\mathrm{Cov}(\hat{\alpha},\hat{\beta})$$

와 같다. 분산 추정치의 제곱근을 ASE라 할 때 $\mathrm{logit}(\pi)=\alpha+\beta \mathrm{x}$의 95% 신뢰구간은 다음과 같이 표현된다.

$$(\hat{\alpha}+\hat{\beta}x)\pm 1.96\,ASE$$

예를 들면, $x=26.5$일 때 로짓의 예측값은 $-12.351+0.497(26.5)=0.825$이다. 또한, 〈표 5.2〉의 ⑥에서 $\widehat{Var}(\hat{\alpha})=6.910$, $\widehat{Var}(\hat{\beta})=0.0104$, $\widehat{Cov}(\hat{\alpha},\hat{\beta})=-0.267$이다. 이 값들을 대입하여 로짓에 대한 95% 신뢰구간을 구하면, $(0.44, 1.21)$이 됨을 확인할 수 있다. 마찬가지로 식 (5.4)를 이용하여 $x=26.5$ 일 때 위성을 가질 확률에 대한 95% 신뢰구간은

$$\left(\frac{\exp(0.44)}{1+\exp(0.44)},\frac{\exp(1.21)}{1+\exp(1.21)}\right)=(0.61, 0.77)$$

와 같이 구해진다. 통계소프트웨어에 따라서는 이 값을 제공하기도 한다.

모형을 통한 적합을 이용하지 않고 단순히 표본비율을 써서 이러한 확률을 추정할 수도 있다. 예를 들어, 표본에서 6마리의 암컷은 등딱지 폭이 26.5 cm이며 이 중에 위성을 갖는 것은 4마리이다. 따라서 $x=26.5$일 때 표본비율은 $p=4/6=0.67$로서 모형을 이용한 추정치와 유사하다. 이와 같이 6개 관측값을 근거로 이항분포를 이용한 검정을 역으로 바꾸어서 95% 신뢰구간을 구하면 $(0.22, 0.96)$이 된다. 로지스틱 회귀모형이 참이라면 모형을 이용한 확률 추정치는 표본비율보다 훨씬 좋다. 모형에서는 2개 모수를 추정하는 반면, 모형을 이용하지 않은 표본비율은 X값 각각에 대해 대응되는 모수들을 추정하기 때문이다.

모형을 이용한 추정치는 표본크기가 커지더라도 참 확률에 정확하게 수렴하지 않을 수도 있지만, 실제 자료에 있어서 표본비율이 더 좋다는 뜻은 아니다. 모형에 의해 참 확률에 비교적 잘 근사하면 이때의 추정치는 표본비율에 비해 참값에 훨씬 가깝게 된다. 모형을 이용하면 자료의 평활을 통하여 변이성을 어느 정도 줄일 수 있게 된다. 매우 큰 표본크기의 자료가 아닌 경우에는 모형을 이용한 추정치가 대체로 표본비율보다 더 좋다. 결론적으로 로지스틱 회귀모형에 의해 $\pi(x)$와 x의 올바른 관계를 잘 근사하는 경우에는 $\pi(x)$의 점추정 및 구간추정치는 매우 유용하다고 말할 수 있다. 모형이 표본자료에 잘 적합하는지 검토하는 방법에 관해 다음절에서 살펴보기로 한다.

5.3 모형검토

지금까지 로지스틱 회귀를 이용하여 이항반응에 대한 예측인자의 효과를 설명하고 추론하는 방법을 살펴보았다. 그러나 어떤 형태의 모형이 적절한지 또는 그것이 자료에 잘 적합되는지에 대한 보장은 없다. 이 절에서는 모형 적합을 검토하는 방법을 논의한다.

적합된 로지스틱 회귀모형으로부터 $Y=1$인 확률을 예측할 수 있다. 설명변수의 각 값에서 예측 도수는 사례수에 예측확률을 곱해서 구해진다. 유사한 방법으로 $Y=0$에서의 예측도수를 구할 수 있다. 피어슨 X^2 또는 우도비 G^2 검정 등은 적합도수와 관측도수를 비교하여 모형이 옳다는 귀무가설을 검정하게 된다.

설명변수의 수준수가 고정되어 있는 경우 대부분의 적합도수들이 5보다 크면 X^2 및 G^2는 근사적으로 카이제곱분포를 따른다. 모형의 잔차자유도는 표본로짓의 수(즉, 설명변수의 수준 수)에서 모수 개수를 뺀 값이 된다. 보통 X^2 또는 G^2가 크게 되면 적합결여가 있다는 증거를 나타내며, 이때 P-값은 이들 통계량값보다 크거나 같은 카이제곱분포의 우측 꼬리확률이다. 적합이 좋지 않을 때는 잔차 및 다른 진단 측도를 써서 각 관측치들이 모형 적합에 미치는 영향을 설명하고 모형 부적합의 원인을 찾아낸다.

연속 예측변수를 갖는 모형의 적합도

암컷 게가 위성을 가질 확률 $\pi(x)$에 대한 모형

$$\text{logit}\,[\pi(x)] = \alpha + \beta x \tag{5.5}$$

의 적합도 분석을 우선 설명해 보자. 모형 (5.5)에서 x는 암컷의 폭이다. 173마리 암컷 게들은 총 66가지의 서로 다른 폭을 갖기 때문에 대부분의 폭에서 관측도수가 작다. 이 자료를 66×2 분할표로 생각할 수 있다. 이때 각 행은 폭에 따라 위성을 갖는 암컷 수와 그렇지 않은 암컷 수를 나타낸다. 이러한 분할표의 칸 도수 및 적합도수는 매우 작아지게 된다.

칸의 적합도수가 크다면 칸의 개수가 고정된 경우 대표본 이론에 의해 통계량 X^2와 G^2을 적용할 수 있다. 앞의 자료를 66×2 분할표로 간주하는 것은 다음 두 가지 점에서 문제점이 있다. 첫째, 대부분의 적합도수가 매우 작으며, 둘째, 더 많은 사례수가 관찰된다면 폭에 관해 또 다른 값들이 추가로 생겨나게 되므로 칸의 수가 고정되지 않고 더 많이 늘어나게 된다. 이러한 사실 때문에 예측변수가 연속이거나 또는 거의 연속에 가까운 경우 로지스틱 회귀모형에 대한 X^2 및 G^2 통계량은 카이제곱분포를 하지 않는다. 그러나 설명변수가 범주형일 때는 적합도수가 작은 칸의 수가 상대적으로 적게 되므로 앞에서 언급된 적합도 통계량들을 사용할 수 있다.

암컷 게 자료에 대한 로지스틱 회귀의 적합성을 검토하기 위해서는 보통 〈표 5.1〉과 같이 집단화된 자료 형태로 바꾸어 관측 및 적합도수를 비교한다. 〈표 5.1〉을 8×2 분할표 형태로 다시 나타내면 〈표 5.3〉과 같다. 폭의 각 범주에서 응답 “예”에 대한 예측값은 모든 사례에 대해 예측확률 $\hat{\pi}(x)$를 합한 값이며, “아니오”에 대한 예

표 5.3 암컷 게 자료에 대한 관측도수 및 로지스틱 회귀 적합값

폭	예		아니오	
	관찰도수	적합도수	관찰도수	적합도수
< 23.25	5	3.64	9	10.36
23.25–24.25	4	5.31	10	8.69
24.25–25.25	17	13.78	11	14.22
25.25–26.25	21	24.23	18	14.77
26.25–27.25	15	15.94	7	6.06
27.25–28.25	20	19.38	4	4.62
28.25–29.25	15	15.65	3	2.35
> 29.25	14	13.08	0	0.92

측값은 $1-\hat{\pi}(x)$를 합한 것이다. 8×2 분할표에서의 이러한 적합값은 처음의 66×2 표보다 훨씬 크기 때문에 모형검정에 대한 카이제곱통계량의 적용이 더욱 타당하게 된다. 16개의 관측 및 적합도수를 카이제곱통계량에 대입하여 계산하면,

$$X^2 = \sum \frac{(\text{관찰값} - \text{적합값})^2}{\text{적합값}} = 5.3,$$

$$G^2 = 2\sum (\text{관찰값}) \log\left(\frac{\text{관찰값}}{\text{적합값}}\right) = 6.2$$

와 같다. 〈표 5.3〉에서 각각의 폭 범주에 대해 8개의 표본로짓이 있고 로지스틱 회귀모형 (5.5)는 2개 모수를 포함하므로 $df=8-2=6$이다. X^2 및 G^2 통계량 둘 다 적합 결여를 나타내지 않는다($P>0.4$). 앞의 5.1절과 5.2절에서 부록 〈표 1〉의 원 자료에 모형을 직접 적용하였던 과정에도 크게 무리가 없는 것 같다.

프로그램 5.3 **〈표 5.3〉의 집단화 자료에 대한 모형 적합 절차**

```
DATA crabs;
INPUT width cases satell@@;
CARDS;
 22.69 14  5    23.84 14  4    24.77 28 17    25.84 39 21
 26.79 22 15    27.74 24 20    28.67 18 15    30.41 14 14
 ;
PROC GENMOD;
     MODEL satell/cases = width/dist=bin link=logit;
```

적합도 통계량을 얻는 좀 더 간단하고 근사적인 방법은 8×2 표의 관측도수를 이용하여 직접 로지스틱 회귀모형을 적합시키는 것이다. 폭 범주점수 $\{22.69, 23.84, 24.77, 25.84, 26.79, 27.74, 28.67, 30.41\}$를 부여하고 로지스틱 회귀를 적합시키는 절차는 [프로그램 5.3]과 같다. 이때 범주점수는 각 범주에 속하는 암컷 게의 평균 폭을 나타낸다.

예측된 로짓방정식은 〈표 5.4〉의 ③에서

$$\text{logit}[\hat{\pi}(x)] = -11.51 + 0.465x$$

가 되고, 이 식으로부터 예측확률 및 적합도수를 구할 수 있다. 적합도통계량은 ①과

표 5.4 [프로그램 5.3]의 수행 결과

The GENMOD Procedure

Criteria For Assessing Goodness Of Fit

	Criterion	DF	Value	Value/DF
①	Deviance	6	5.9696	0.9949
	Scaled Deviance	6	5.9696	0.9949
②	Pearson Chi-Square	6	5.0292	0.8382
	Scaled Pearson X2	6	5.0292	0.8382
	Log Likelihood	.	-98.8470	.

③ Analysis Of Parameter Estimates

Parameter	DF	Estimate	Standard Error	Wald 95% Conf Limits		Chi-Square	Pr > ChiSq
Intercept	1	-11.5140	2.5489	-16.5098	-6.5183	20.41	<.0001
width	1	0.4647	0.0985	0.2715	0.6578	22.23	<.0001
Scale	0	1.0000	0.0000	1.0000	1.0000		

NOTE: The scale parameter was held fixed.

②에서 각각 $G^2 = 6.0$, $X^2 = 5.0$ 이고 자유도는 6이다. 이 값들은 앞에서 계산된 통계량들과 거의 같다.

연속 설명변수들인 경우에는 어떤 형태로든 자료를 집단화하지 않고는 적합결여를 분석하기가 어렵다. 설명변수의 수가 증가함에 따라 각 변수에 관해 동시에 집단화를 하게 되면 분할표의 칸들이 많아지기 때문에 작은 도수를 갖는 칸들이 많아진다. 이에 대한 대안으로 예측확률을 분해하여 관측 및 적합도수를 구하는 것이다. 〈표 5.3〉은 이러한 요령에 따라 집단화된 것으로 간주할 수 있다. 적합모형에서 첫째 범주에 속하는 14마리 암컷들은 최소의 예측확률을 가지며, 둘째 범주에 속하는 암컷들은 첫째 범주에 비해서는 높은 예측확률을 갖지만 다른 범주에 비해서는 작은 예측확률을 갖게 되고 그 밖의 다른 범주들에 대해서도 이와 같은 양상으로 해석할 수 있다.

모형에 얼마나 많은 예측인자가 포함되어 있는가와 관계없이 예측확률에 따라 관측 및 적합도수를 분해할 수 있다. 주로 사용되는 한 가지 방법은 집단의 크기가 동일하게 되도록 나누는 것이다. 예를 들어, 10개 집단으로 나누는 경우 가장 높은 예측확률을 갖는 $n/10$쌍의 (관측도수, 적합도수)로 한 집단을 만들고, 그다음으로 높은 확률을 갖는 $n/10$쌍의 (관측도수, 적합도수)로 다시 집단을 구성하는 등의 방법을 계속하여 집단들을 구성한다. 사실상 똑같은 크기를 갖는 집단들을 형성하기는 어렵다. 그 이유는 한 집합 내의 관측치들이 동일한 예측확률을 갖고, 또한 동일한 예측확률을 갖는 모든 관측치들이 동일한 집단에 속해야 하기 때문이다. 각 집단에서 반응에 대한 적합값은 그 집단에서의 예측확률을 모든 관측치에 대해 합한 것이다.

호스머-렘쇼 검정

호스머-렘쇼(Hosmer-Lemeshow)(1989) 검정은 추정확률을 이용하여 개체들을 범주화하는 방법이다. 설명변수의 모든 가능한 패턴의 수 J에 대해 우선 $J=n$이라 가정하자. 즉, 각 개체들은 설명변수 값에 관해 서로 상이한 패턴을 갖는 경우이다. 추정확률이 작은 값부터 큰 값 순서로 개체들을 재배열한 후 이것들을 g개 범주로 나누는 방법에 대해 $g=10$개일 때를 예로 들어 두 가지 가능한 방법을 설명해 보자.

첫째 방법은 예측확률의 백분위점을 기준으로 범주화하는 경우로서 $n/10$개씩의 개체들을 한 범주로 구성한다.

둘째 방법은 고정된 예측확률값을 기준으로 개체들을 범주화하는 방법으로서, 예를 들면 고정된 값 $k/10$, $k=1,2,\cdots,10$을 기준으로 예측확률이 1/10보다 작거나 같은 개체들을 처음 범주로, 예측확률이 구간 (1/10, 2/10] 사이에 속하는 개체들을 두 번째 범주 등으로 범주화한다.

이항반응을 갖는 n개 개체를 이와 같은 방법으로 범주화한 후에 각 계급구간에서 성공의 기대도수는 구간 내의 사례들에 관해 성공의 예측확률을 합하여 구해진다. 처음의 $n\times 2$ 표가 $g\times 2$표로 변환되었을 때 호스머-렘쇼 검정통계량은

$$\hat{C}=\sum_{k=1}^{g}\frac{(o_k-n_k\bar{\pi}_k)^2}{n_k\bar{\pi}_k(1-\bar{\pi}_k)}$$

와 같이 정의된다. 이 통계량은 피어슨 통계량과 유사한 형태이다. 여기서 n_k는 k번째 범주에 속하는 개체 수이고, o_k는 $y=1$, 즉 성공 반응의 개체 수이다. 또한 $\bar{\pi}_k$는 k번째 범주에서 성공 반응 개체들에 대한 추정확률의 평균값이다. 따라서 $n_k\bar{\pi}_k$는 k번째 범주에서 성공의 기대도수를 나타낸다. 호스머-렘쇼(1980)는 몬테칼로 모의실험을 통하여 통계량 $\hat{C}$의 분포는 자유도 $g-2$인 카이제곱분포에 잘 근사한다는 것을 보였다.

표 5.5 호스머–렘쇼 검정 결과

① Partition for the Hosmer and Lemeshow Test

Group	Total	y = 1 Observed	y = 1 Expected	y = 0 Observed	y = 0 Expected
1	19	5	5.39	14	13.61
2	18	8	7.62	10	10.38
3	17	11	8.62	6	8.38
4	17	8	9.92	9	7.08
5	16	11	10.10	5	5.90
6	18	11	12.30	7	5.70
7	16	12	12.06	4	3.94
8	16	12	12.90	4	3.10
9	16	13	13.69	3	2.31
10	20	20	18.41	0	1.59

② Hosmer and Lemeshow Goodness-of-Fit Test

Chi-Square	DF	Pr > ChiSq
5.2465	8	0.7309

[프로그램 5.1]과 같이 option 「lackfit」를 사용하면 호스머–렘쇼 검정의 결과를 구할 수 있다. 이 경우 $g=10$에 대해 앞에서 설명된 첫 번째 범주화방법이 적용되며, 각 계급구간의 개체 수가 대략 같아지도록 범주화된다. 부록 〈표 1〉의 원래 자료에 호스머–렘쇼 적합도검정을 수행하면 〈표 5.5〉의 결과가 얻어진다. ①은 $g=10$개 범주에 대한 관찰도수 및 기대도수를 나타내고, ②는 호스머–렘쇼 검정통계량과 P–값을 보여준다. 통계량은 $\hat{C}=5.25$, 자유도는 8이고, $P=0.7309$는 로지스틱 회귀모형이 비교적 잘 적합된다는 것을 나타낸다.

5.5절에서는 우도비검정을 이용하여 제한모형(restricted model)과 좀 더 복잡한 모형을 비교하고 적합결여를 찾아내는 방법을 설명한다. 예를 들면, 양적인 예측인자의 비선형효과(예를 들어, 이차곡선효과)나 교호작용을 포함하는 좀 더 복잡한 모형을 고려할 수 있다. 만약 현재의 적합된 모형보다 적합도가 더 좋은 모형을 찾지 못한다면 현재의 적합된 모형이 타당하다는 확신을 갖는다. 이러한 접근은 과학적 시각에서도 매우 유용하다. 적합도검정 통계량의 값이 크면 단순히 어떤 적합결여가 있음을 나타내지만, 그 본질적 성질에 대해서는 아무런 단서도 제공하지 못한다. 반면, 한 모형

과 이보다 좀 더 복잡한 모형의 비교를 통해 어떤 특별한 유형의 적합결여가 있다는 것을 찾아내게 된다.

적합도와 우도비에 의한 모형 비교

4.4절에서 적합된 모형의 모수 중 어떤 것이 0인지를 검정하는 우도비통계량 $-2(L_0 - L_1)$을 소개했다. 이 값은 적합된 모형의 모수에 대해 아무런 제약이 없는 전체 모수공간에서의 최대로그우도(L_1)과 어떤 모수들을 0으로 가정한 단순모형의 최대로그우도(L_0)을 비교하는 통계량이다. 설명을 간단히 하기 위해 적합된 모형을 M_1, 모수 중 일부를 0으로 둔 단순모형을 M_0라 하자.

어떤 로지스틱 회귀모형 M을 가정하였을 때 얻어지는 통계량 G^2는 우도비검정통계량의 특별한 경우로서, 이 때, 단순모형 M_0는 가정한 모형 M가 되고, 모형 M_1은 모든 가능한 모형 중 가장 복잡한 모형과 일치할 때이다. 이러한 복잡모형은 각 로짓에 대해 각각 하나씩의 모수가 대응되며 실제로 표본로짓은 모형에 완전히 적합된다. 이와 같은 복잡모형에서는 추정해야 하는 모수 개수가 분할표의 행 범주 수와 같아지게 되어 자유도는 0이 된다. 이러한 모형을 포화모형(saturated model)이라 부른다. 결과적으로 모형 M에 대한 적합도검정은 포화모형의 모수 중 모형 M에 관련되지 않은 모든 모수들이 0인지를 검정하는 것이다. 모형 M에 대한 적합도검정통계량을 $G^2(M)$라 나타낼 때 이 값은 GLM 용어로 편차(deviance)라 부른다. 포화모형에 대한 최대로그우도를 L_s라 하면 모형 M_0 및 M_1에 대한 편차는 각각 $G^2(M_0) = -2(L_0 - L_s)$, $G^2(M_1) = -2(L_1 - L_s)$가 된다.

모형 M_1이 잘 적합한다는 가정하에 이 보다 더 단순한 모형 M_0가 적합한지를 검정하는 우도비통계량을 $G^2(M_0|M_1)$으로 나타내면

$$
\begin{aligned}
G^2(M_0|M_1) &= -2(L_0 - L_1) \\
&= [-2(L_0 - L_s)] - [-2(L_1 - L_s)] \\
&= G^2(M_0) - G^2(M_1)
\end{aligned}
$$

이 성립한다. 이것은 두 모형에 대한 G^2 적합도통계량의 차이가 된다. 즉, 두 모형을 비교하는 우도비통계량은 단순히 두 모형에 대한 편차들의 차가 됨을 알 수 있다. 모

형 M_0가 M_1에 비해 적합도가 떨어지면 우도비통계량의 값이 커진다. 대표본일 때 이 통계량은 근사 카이제곱통계량이 되며 이때 자유도는 두 모형에 대한 잔차자유도의 차와 같다.

집단화된 암컷 게 자료에 적합된 두 모형을 통해 이것을 설명해 보자. 폭을 한 개의 예측변수로 갖는 로지스틱 회귀모형 (5.5)를 M_1, 단지 절편항만을 갖는 단순모형을 M_0라 하자. 이때 단순모형이란 폭과 위성 수는 서로 독립인 것을 뜻하며 이것은 이원분할표의 (2.10)에 주어진 독립성검정통계량 G^2과 일치한다. 8×2 표 형태인 〈표 5.3〉에 대해 $G^2(M_0)=34.0$이고 자유도는 7이다. 또한, 폭을 예측변수로 갖는 모형은 $G^2(M_1)=6.0$이고 자유도는 6이다. 따라서 두 모형을 비교하는 통계량은 $G^2(M_0|M_1)=G^2(M_0)-G^2(M_1)=34.0-6.0=28.0$, 자유도는 $7-6=1$이다. 이 값은 사실상 〈표 5.3〉의 집단화자료에 적합된 로지스틱 회귀에서 $\beta=0$을 검정하는 우도비통계량 $-2(L_0-L_1)$와 같게 된다.

로짓모형의 잔차

G^2이나 X^2 등의 적합도통계량은 모형 적합의 전체적 질을 나타내는 요약지수이다. 어떤 적합결여의 본질을 설명하기 위해서는 추가적인 진단적 분석을 필요로 한다. 관측 및 적합도수를 비교하는 잔차는 이러한 목적에 유용하다.

설명변수의 i번째 값에서 n_i번 시행에 대한 성공 횟수를 y_i, 적합된 모형에서 성공의 예측확률을 $\hat{\pi}_i$라 하자. 그러면 $n_i\hat{\pi}_i$는 적합된 성공횟수이다. 이항랜덤성분을 갖는 GLM에서 i번째 적합에 대한 피어슨 잔차는

$$e_i = \frac{y_i - n_i\hat{\pi}_i}{\sqrt{n_i\hat{\pi}_i(1-\hat{\pi}_i)}} \tag{5.6}$$

이다. 피어슨 잔차는 관측도수와 적합값의 차이를 관측도수의 표준편차 추정치로 나눈 것이다.

모형 적합도를 검정하는 피어슨 통계량은 식

$$X^2 = \sum e_i^2 \tag{5.7}$$

을 만족하므로 각각의 피어슨 잔차 제곱은 X^2의 성분이 된다. 이항지수 n_i가 클 때

표 5.6 집단화된 암컷 게 자료에 적합한 로지스틱 회귀모형의 잔차

폭	사례수	위성을 갖는 수	독립성모형		모형 (5.5)		
			적합 도수	피어슨 잔차	적합 도수	피어슨 잔차	수정 잔차
〈 23.25	14	5	8.98	−2.22	3.85	0.69	0.85
23.25−24.25	14	4	8.98	−2.78	5.50	−0.82	−0.93
24.25−25.25	28	17	17.96	−0.38	13.97	1.14	1.35
25.25−26.25	39	21	25.02	−1.34	24.21	−1.06	−1.24
26.25−27.25	22	15	14.12	0.39	15.80	−0.38	−0.42
27.25−28.25	24	20	15.40	1.96	19.16	0.43	0.49
28.25−29.25	18	15	11.55	1.70	15.46	−0.31	−0.36
〉 29.25	14	14	8.98	2.80	13.05	1.01	1.14

피어슨 잔차 e_i는 근사적으로 정규분포를 따른다. 모형이 참인 경우 잔차의 기대값은 근사적으로 0이지만 표준정규변량에 비해 작은 분산을 갖게 된다. 표본로짓의 수에 비해 모수 개수가 작을 때 피어슨 잔차는 표준정규분포를 따르는 편차로 취급하여 잔차의 절대값이 2보다 크면 적합결여를 나타낸다고 볼 수 있다.

〈표 5.6〉은 집단화된 암컷 게 자료에 적합된 두 가지 로지스틱 회귀모형에 대한 잔차를 보여준다. 하나는 모형 (5.5)를 나타내고 다른 하나는 (5.5)에서 $\beta=0$일 때의 모형으로 이것은 폭과 반응값인 위성 수가 독립인 모형이다. 독립성모형의 잔차가 상대적으로 더 크고 증가하는 경향을 나타내는 반면 폭의 일차효과를 고려한 모형 (5.5)에서는 이러한 경향이 나타나지 않는다.

표본비율과 적합비율을 서로 플롯하거나 또는 이들 값을 설명변수들에 관해 플롯하여 그래프로 나타내면 매우 유용하다. 〈그림 5.2〉는 〈표 5.6〉의 범주화 자료에 대해 평균 폭에 따라 표본비율 및 예측확률을 플롯한 것이다. 그림을 살펴보면 모형이 비교적 잘 적합됨을 알 수 있다. 앞에서 논의된 적합도검정 결과에서 어떠한 적합결여도 없었기 때문에 이와 같은 현상이 전혀 놀랄만한 일은 아니다.

적합값 중 매우 작은 값이 존재하는 경우 G^2이나 X^2 검정이 타당하지 않다는 점을 앞에서 언급하였는데, 이와 유사한 이유로 잔차 또한 매우 제한적인 의미를 갖는다. 특히, 연속 설명변수일 때는 여리 수준값에서 $n_i=1$이 되므로 y_i 역시 0 또는 1의 값을 나타낸다. 이 경우 잔차 e_i는 오직 두 개의 값 중 하나이기 때문에 이들 중 어떤 것

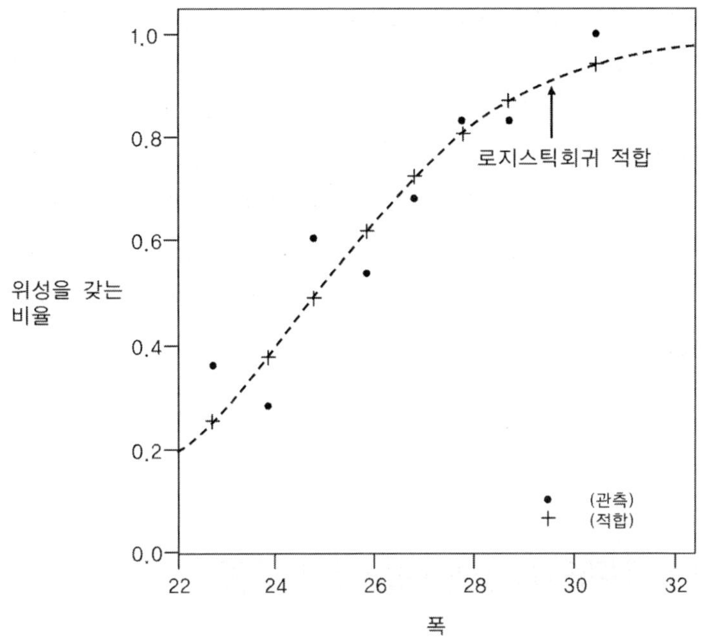

그림 5.2 등딱지 폭에 따른 위성 수의 표본비율 및 적합비율

을 "극단" 값으로 하는가의 기준에 애로가 있으며, 단지 한 개의 잔차만으로는 충분한 많은 정보를 나타내지 못한다는 점에 유의할 필요가 있다.

참고

1. GLM의 영향 관찰값(influential observation)에 대한 회귀진단(regression diagnostics)도 보통회귀에서와 유사하다. 어떤 특정 관찰값이 모수 추정치에 얼마나 큰 영향을 미치는가를 알아보는데 이용되는 것으로서 피어슨 잔차, 디비언스 잔차, 지레값(leverage value), 해트행렬(hat matrix) 등은 가장 대표적인 것들이다. 그 밖에 모수 추정치의 변화량을 나타내는 $Dfbeta$ 나, X^2 변화량("Delta Chi-square") 또는 G^2 변화량("Delta Deviance") 등이 있다. 영향 관찰값의 탐색에 이용되는 이러한 측도들을 얻기 위해서는 PROC LOGISTIC의 「MODEL」관련 option 중 「influence」를 사용하면 된다. 자세한 논의는 생략하기로 하며 관심 있는 독자는 회귀분석의 영향 관찰값에 관한 내용을 참고하기 바란다.
2. 판별(discrimination) 및 분류(classification) 분석은 두 개 또는 그 이상의 모집단으로부터 얻어진 관찰값을 바탕으로 이들 모집단을 가장 잘 분리할 수 있는 판별기준이나 판별함수를 구한 후 이것을 이용하여 관찰값을 모집단에 분류하는 통계적 방법이다. 또한, 소속 집

단이 알려지지 않은 새로운 개체에 대해서는 그 소속 모집단을 예측하는 것이 목적이다. 이와 같은 관점에서 볼 때 이항(또는 다항) 반응범주에 대한 로지스틱 회귀모형은 판별분석과 유사한 목적으로 사용되기도 한다. 판별 및 분류분석은 일반적으로 설명변수들이 다변량 정규분포를 따른다는 가정을 바탕으로 하고 있기 때문에 질적변수 또는 범주형변수들이 연속형 실수값 변수들과 혼합된 경우 판별 및 분류분석의 결과가 어떤 상황에서는 매우 좋지만 그 반대인 경우도 있다. 따라서 로지스틱 회귀를 이용한 판별 및 분류분석을 대안으로 생각할 수 있으며 이에 대해서는 문헌 Fienberg(1979), Christensen(1990) 등을 참고하기 바란다.

5.4 질적 예측인자들에 대한 로짓모형

로지스틱 회귀는 보통회귀와 마찬가지로 여러 설명변수들을 갖는 모형으로 확장할 수 있다. 더욱이 이들 설명변수 중 일부 또는 전부가 질적변수일 수도 있다. 이 절에서는 가변수(dummy variable)를 사용하여 질적변수(또는 인자)를 모형에 포함시키는 방법을 설명하고, 다중로지스틱 회귀모형의 일반적 형태는 5.5절에서 제시한다.

로짓모형의 가변수

두 개의 예측변수 X, Z와 반응변수 Y는 그 수준들이 각각(0,1)로 표현되는 이항변수라 하자. $2\times2\times2$ 분할표에서 $Y=1$일 확률 π에 대한 로짓모형

$$\text{logit}(\pi) = \alpha + \beta_1 x + \beta_2 z \tag{5.8}$$

은 두 예측인자의 개별적인 주효과를 포함한다. 이 모형은 교호작용을 포함하지 않기 때문에 어떤 한 인자의 효과는 다른 인지의 모든 수준에서 동일하다.

이 모형에서 x와 z는 예측변수들의 범주를 나타내는 가변수들이다. 변수 $Z=z$인 경우 x가 0에서 1로 변할 때 로짓의 효과는 $[\alpha+\beta_1(1)+\beta_2 z]-[\alpha+\beta_1(0)+\beta_2 z]=\beta_1$이다. 이 값은 Z의 수준이 고정된 값일 때 X와 Y 간의 로그오즈비와 같다. 사실상 로그오즈비는 로그오즈의 차이와 같아지므로 $\exp(\beta_1)$은 X와 Y 간의 조건부 오즈비를 나타낸다. Z값을 일정하게 통제할 때 $x=1$에서 성공의 오즈는 $x=0$일 때

의 오즈에 $\exp(\beta_1)$을 곱한 값과 같다. 이러한 조건부오즈비는 두 가지 수준 값 z에서 동일하다. 교호작용이 없기 때문에 이 값은 Z의 두 수준에 따른 부분표들의 공통오즈비가 된다. 모형 (5.8)은 3장에서 소개된 동질적연관성을 만족한다.

모형 (5.8)에서 변수 Z를 일정하게 통제할 때 만약 $\beta_1 = 0$이면 X와 Y 간에는 조건부독립이 되고, 이때 공통오즈비는 1이다. 따라서 삼원표에 대해 단순모형

$$\text{logit}(\pi) = \alpha + \beta_2 z \tag{5.9}$$

을 적용할 수 있다. 두 모형을 비교할 때 이용되는 왈드 통계량 또는 우도비통계량을 써서 $\beta_1 = 0$을 검정할 수 있다.

AZT와 AIDS의 관계

〈표 5.7〉의 자료는 AIDS 치료제인 AZT가 AIDS 증상을 완화시키는 데 효과가 있는지를 알아보기 위한 연구결과이다. 이 자료를 이용하여 질적 예측변수 모형을 설명해 보자. AIDS 바이러스에 감염된 후 면역체계가 약화되기 시작한 338명의 환자를 대상으로 3년에 걸쳐 AZT를 즉시 투여한 경우와 T세포의 면역력이 심각하게 약화될 때까지 보류한 경우 등 두 가지 치료법을 랜덤하게 적용하여 실험하였다. AIDS 증상의 악화 여부를 인종과 치료방법에 따라 분류한 $2 \times 2 \times 2$ 분할표이다.

모형 (5.8)에서 변수 X는 AZT 처리(즉시 투여인 경우 $x = 1$, 그렇지 않은 경우 $x = 0$), Z는 인종(백인은 $z = 1$, 흑인은 $z = 0$)이라 하고 AIDS 증상이 악화될 확률을 예측하고자 한다. 로짓모형 적합을 위한 [프로그램 5.4]의 수행 결과인 〈표 5.8〉의 ③에서 AZT의 효과에 대한 MLE는 $\hat{\beta}_1 = -0.720$ $(ASE = 0.279)$이다. AZT 즉시 투여와 AIDS 증상과의 오즈비는 $\exp(-0.720) = 0.49$이다. 각 인종에 대해 증상이 악화될 조건부오즈는 AZT를 즉시 투여한 사람이 그렇지 않은 사람의 약 1/2이다.

표 5.7 인종과 AZT 사용에 따른 AIDS 증상의 악화 여부

인종	AZT사용	증상의 악화	
		예	아니오
백인	예	14	93
	아니오	32	81
흑인	예	11	52
	아니오	12	43

프로그램 5.4 〈표 5.7〉자료에 대한 로짓모형 적합 절차

```
DATA aids;
INPUT race $ azt $ yes no @@;
      cases = yes + no;
CARDS;
 white  y  14  93  white  n  32  81
 black  y  11  52  black  n  12  43
 ;

PROC GENMOD order=data;
     CLASS azt race;
     MODEL yes/cases = azt race /dist=bin link=logit
                       obstats type3;
```

인종을 제어한 경우 AZT 처리와 AIDS 증상에 대한 조건부독립성 가설은 H_0 : $\beta_1 = 0$이다. 〈표 5.8〉의 ④에서 $-2(L_0 - L_1) = 6.87$, $P = 0.0088$이므로 우도비검정에 의해 H_0을 기각한다. 따라서 AZT는 AIDS 치료와 밀접한 연관이 있다. 〈표 5.8〉의 ③에서 왈드의 카이제곱통계량 값은 $(\hat{\beta}_1 / ASE)^2 = (-0.720/0.279)^2 = 6.65$, $P = 0.0099$이고, 우도비통계량과 유사한 결과를 나타낸다.

다음으로 모형 (5.8)의 적합도를 분석한다. 이 모형의 적합에서 AZT를 즉시 투여한 백인 환자가 증상이 악화될 확률은 0.150으로 예측된다. 모두 107명의 백인이 AZT 치료를 받았으므로 증상이 악화될 것으로 예측되는 환자수는 $107(0.150) = 16.0$명, 그렇지 않은 환자수는 $107(0.850) = 91.0$명으로 예측된다. 마찬가지로 〈표 5.7〉의 나머지 모든 칸에 대해서도 적합값을 구할 수 있다. 이 값과 칸 도수들을 적합도통계량에 대입하면 $G^2 = 1.38$, $X^2 = 1.39$를 얻을 수 있다. 이 값들은 〈표 5.8〉에서 각각 ①과 ②에 주어져 있으며 이때 P-값은 출력되지 않는다.

자유도에 비해 이들 적합도검정통계량이 작으면 모형이 잘 적합되는 것을 나타낸다. 모형에서 AZT의 사용과 인종에 따른 4가지 조합 각각의 이항분포에 대응하여 4개의 표본로짓이 존재한다. 모형은 3개의 모수를 포함하므로 잔차자유도는 $4 - 3 = 1$이다. 카이제곱분포표에 의하면 모형이 비교적 잘 적합된다고 판단된다($P > 0.2$). 인종의 효과가 유의하지 않으므로 이것을 뺀 단순모형의 적합에 대한 추가적 분석이 필요하다.

표 5.8 [프로그램 5.4]의 수행 결과

The GENMOD Procedure

Criteria For Assessing Goodness Of Fit

	Criterion	DF	Value	Value/DF
①	Deviance	1	1.3835	1.3835
	Scaled Deviance	1	1.3835	1.3835
②	Pearson Chi-Square	1	1.3910	1.3910
	Scaled Pearson X2	1	1.3910	1.3910
	Log Likelihood	.	-167.5756	.

Analysis Of Parameter Estimates

	Parameter		DF	Estimate	Standard Error	Wald 95% Conf Limits		Chi-Square	Pr>ChiSq
	Intercept		1	-1.0736	0.2629	-1.5889	-0.5582	16.67	<.0001
③	azt	y	1	-0.7195	0.2790	-1.2662	-0.1727	6.65	0.0099
	azt	n	0	0.0000	0.0000	0.0000	0.0000	.	.
	race	white	1	0.0555	0.2886	-0.5102	0.6212	0.04	0.8476
	race	black	0	0.0000	0.0000	0.0000	0.0000	.	.
	Scale		0	1.0000	0.0000	1.0000	1.0000		

NOTE: The scale parameter was held fixed.

LR Statistics For Type 3 Analysis

	Source	DF	Chi-Square	Pr > ChiSq
④	azt	1	6.87	0.0088
	race	1	0.04	0.8473

인자의 ANOVA-형 표현

두 수준을 갖는 인자일 때는 단지 한 개의 가변수가 필요하다. 일반적으로 I개 수준을 갖는 인자는 $I-1$개의 가변수가 요구된다. 로지스틱 회귀모형에 인자를 표현하는 또 다른 방법은 ANOVA모형과 유사한 형태로

$$\text{logit}(\pi) = \alpha + \beta_i^X + \beta_k^Z \tag{5.10}$$

와 같이 나타낸다. 모수$\{\beta_i^X\}$는 X의 효과, $\{\beta_k^Z\}$는 Z의 효과를 나타낸다. 모형 (5.10)은 X와 Z의 수준수에 관계없이 적용할 수 있다. 각 인자는 인자의 수준 수만큼의 모수를 갖지만 이 중 한 개는 중복적이다. 예를 들어, X의 수준수가 I일 때 비중복적인 모수는 $I-1$개이고, 모수 β_i^X는 X의 i 수준에서 로짓에 미치는 효과를 나타낸다. Z가 주어질 때 X와 Y가 조건부독립이라는 것은 $\beta_1^X = \beta_2^X = \cdots = \beta_I^X$와 대응된다.

식 (5.10)에서 맨 끝 범주에 대응되는 모수를 0으로 두면 모수들 간 중복성을 피할 수 있다. X와 Z가 〈표 5.7〉과 같이 두 개의 범주를 갖는 경우 모형 (5.10)에서 $\beta_1^X = \beta_1$, $\beta_2^X = 0$, $\beta_1^Z = \beta_2$, $\beta_2^Z = 0$라 두면 모형 (5.8)과 일치한다. 모형 (5.10)에서 서로 중복적인 모수들 간의 관계를 정의하는 세 가지 방법으로 (1) 마지막 모수(즉, β_2^X)를 0으로 두는 방법, (2) 첫째 모수를 0으로 두는 방법, (3) 각 인자별 모수들의 합을 0으로 두는 방법 등이 있으며 〈표 5.8〉에서 보는 바와 같이 PROC GENMOD에서는 마지막 모수를 0으로 두고 추정한다.

참고

모수 정의 방법 (2)를 〈표 5.7〉에 적용하는 경우 AZT 사용이 "예"일 때 $x=0$, "아니오"일 때 $x=1$인 가변수 x를 사용하는 것과 같다. 반면에 방법 (3)의 경우에는 한 추정치가 다른 것의 음수부호를 갖는다. 즉, $\hat{\beta}_1{}^X = -\hat{\beta}_2{}^X$이다. 따라서 범주 1과 범주 2를 각각 $x=1$과 -1로 코딩(coding)하는 것과 같다.

세 가지 방법 중 어느 것을 사용하더라도 $\beta_1^X - \beta_2^X$ (또는 $\beta_1^Z - \beta_2^Z$)는 동일하다. 이 차이는 Z(또는 X)가 주어질 때 반응과 X(또는 Z)간의 조건부로그오즈비이다. 예를 들면, $\exp(\hat{\beta}_1{}^X - \hat{\beta}_2{}^X) = \exp(-0.720) = 0.49$는 각 인종에 대해 AZT 처리와 AIDS 증상과의 공통오즈비 추정치가 된다. 어떤 한 범주의 모수추정치는 중복적 모수를 다루는 방법에 따라 그 값이 달라지기 때문에 범주들을 상호 간에 비교할 때만이 의미가

있다. 두 범주의 추정값 차이를 지수변환하면 오즈비가 구해진다.

중복적 모수를 다루는 세 가지 방법에 관계없이 확률 추정값은 동일하다. 예를 들면, 〈표 5.8〉로부터 절편추정치, AZT 효과 및 인종효과 추정치를 모두 더하면 -1.738이 되므로 AZT를 즉시 처리한 백인 환자의 경우 AIDS 증상이 악화될 확률의 예측값은 $\exp(-1.738)/[1+\exp(-1.738)]=0.15$로 일정하다.

$2\times2\times K$ 분할표의 로짓모형

질적 예측변수인 X와 Z는 각각 이항분류변수 및 K개 수준을 갖는 통제변수일 때 로짓모형의 특별한 경우를 고려해 보자. 예를 들면, X는 두 가지 처리, Z는 실험을 수행하는 몇 개 장소인 경우라 하자. 이때 모형 (5.10)은 X, Y, Z를 교차분류 하는 $2\times2\times K$분할표와 관련된다. 만약 $\beta_1^X=\beta_2^X$이면 Z를 통제할 때 X와 Y는 조건부독립이고 K개 부분표의 $X-Y$ 공통오즈비는 $\exp(\beta_1^X-\beta_2^X)=1$이다. 이 경우 공통인 모수 β_i^X를 절편 α에 흡수시킬 수 있으므로 단순모형

$$\text{logit}(\pi)=\alpha+\beta_k^Z \tag{5.11}$$

이 성립한다. 특히 $K=2$이면 (5.11)은 모형 (5.9)와 동치이다.

모형 (5.10)과 X의 주효과를 포함하지 않는 단순모형 (5.11)을 비교하는 우도비통계량 $-2(L_0-L_1)$을 써서 X와 Y가 조건부독립임을 검정할 수 있다. 3.2절에서 $2\times2\times K$표에 대한 코크란–맨틀–핸첼(CMH) 검정을 소개하였다. CMH 검정은 각 부분표에서 X와 Y간의 연관성이 유사한 경우에 우수하다. CMH 검정은 모형 (5.10)에 대해 $X-Y$ 조건부독립성을 검정하는 효율점수(efficient score) 검정법이 된다. CMH 검정 외에 우도비검정을 이용하여 $2\times2\times K$표의 $X-Y$ 조건부독립성을 검정할 수 있다. $X-Y$ 공통오즈비에 대한 맨틀–핸첼 추정치 외에 MLE인 $\exp(\hat\beta_1{}^X-\hat\beta_2{}^X)$를 사용할 수 있다.

〈표 5.8〉 ④에서 AZT와 AIDS 증상의 조건부독립성에 대한 우도비검정통계량은 6.87이고, 조건부오즈비의 MLE는 $\exp(\hat\beta_1{}^X-\hat\beta_2{}^X)=0.49$이다. 반면, CMH 통계량은 6.76, 맨틀–핸첼 공통오즈비 추정치는 0.49가 됨을 확인할 수 있다. 층의 개수에 비해 표본크기가 큰 경우 우도비검정, 왈드 검정, CMH 검정의 결과는 유사하다.

이항변수 X를 포함한 모형 (5.10)에서 $X-Y$ 오즈비는 Z의 각 수준에서 동일하다.

이 모형에 대한 적합도검정은 이러한 구조가 성립하는지를 검정하는 것이다. 즉, 적합도검정은 Z의 K 수준들에서 $X-Y$ 오즈비에 대한 동질성을 검정하게 된다. 이러한 대표본 검정법들의 자유도는 $K-1$이며 3.2절에서 소개한 브레슬로-데이(Breslow-Day) 검정의 대안적 방법이다. 예를 들면, 〈표 5.8〉의 ①과 ②에서 적합도 검정통계량은 각각 $G^2 = 1.38$, $X^2 = 1.39$이다. 또한, 브레슬로-데이 통계량은 1.39이고 이들 통계량의 자유도는 모두 1이므로 $P > 0.20$ 으로서 모두 비슷한 정도의 동질성을 나타낸다고 볼 수 있다.

5.5 다중로지스틱 회귀

정규자료에 대한 보통회귀모형과 마찬가지로 로지스틱 회귀모형이나 그 밖의 다른 GLM들도 여러 개의 설명변수를 포함하는 경우로 일반화할 수 있다. 이때 예측변수들은 양적변수, 질적변수 또는 두 가지 유형이 모두 가능하다.

이항반응을 Y, k개 예측변수들을 $X_1, X_2, \cdots, X_k$라 할 때 $Y=1$일 확률 π에 대한 로짓모형을

$$\text{logit}(\pi) = \alpha + \beta_1 x_1 + \beta_2 x_2 + \cdots + \beta_k x_k \tag{5.12}$$

와 같이 일반화할 수 있다. 모수 β_i는 다른 예측변수들이 주어질 때 $Y=1$이 될 로그오즈에 미치는 X_i의 효과이다. 예를 들면, 다른 예측변수들의 수준이 고정된 경우 X_i가 1단위 증가함에 따라 오즈는 $\exp(\beta_i)$만큼 곱해져서 증가한다.

암컷 게 자료의 다중로지스틱 회귀

부록 〈표 1〉의 자료에 대해 암컷의 폭과 색상을 두 개의 예측변수로 하는 로지스틱 회귀모형을 분석해 보자. 이 자료에서 색상은 5개 범주(밝은색, 약간밝은색, 중간색, 약간어두운색, 어두운색)를 갖는다. 주어진 표본에서 밝은색의 게는 한 마리도 없으므로 나머지 4개 범주만을 갖는 모형을 고려하자.

프로그램 5.5 **암컷 게 자료에 대한 다중로지스틱 회귀 적합 절차**

```
DATA crab;
 INPUT   color spine   width   satell   weight;
  if satell>0 then y=1; if satell=0 then y=0;
  if color < 4 then dark=0; if color=4 then dark=1;
CARDS;
    2  3  28.3  8  3.05
    3  3  22.5  0  1.55
    1  1  26.0  9  2.30
    ...중간생략...
    1  1  28.0  0  2.63
    4  3  27.0  0  2.63
    2  2  24.5  0  2.00
    ;
/* 색상과 폭을 예측변수로 갖는 로짓모형 (5.13) */
PROC GENMOD;
  CLASS color;
  MODEL y=color width/dist=bin link=logit type3;

/* 색상과 폭의 교호작용을 포함한 로짓모형*/
PROC GENMOD;
  CLASS color;
  MODEL y = color width color*width/dist=bin
                    link=logit type3;
```

우선 색상을 질적변수로 간주하면 3개 가변수를 써서 다음 모형

$$\text{logit}(\pi) = \alpha + \beta_1 c_1 + \beta_2 c_2 + \beta_3 c_3 + \beta_4 x \tag{5.13}$$

과 같이 나타낼 수 있다. 색상을 나타내는 가변수는 약간밝은색일 경우 $c_1 = 1$, 그렇지 않으면 0이고, 중간색일 경우 $c_2 = 1$, 그렇지 않으면 0이며, 약간어두운색일 경우 $c_3 = 1$, 그렇지 않으면 0이다. 따라서 $c_1 = c_2 = c_3 = 0$일 때는 어두운색(범주 4)을 나타낸다. 모형 (5.13)에서 x는 암컷의 폭을 나타낸다. 부록 〈표 1〉의 자료에 색상과 폭을 예측변수로 포함하는 다중로지스틱 회귀모형을 적합시키는 SAS 절차는 [프로그램 5.5]와 같다. 명령어 CLASS는 색상이 질적변수임을 지정하기 위한 것이다.

〈표 5.9〉의 ①에서 MLE는 각각 절편항 $\hat{\alpha} = -12.715(ASE = 2.762)$, 색상효과 $\hat{\beta}_1 = 1.330(ASE = 0.853)$, $\hat{\beta}_2 = 1.402(ASE = 0.548)$ 및 $\hat{\beta}_3 = 1.106(ASE = 0.592)$이고, 폭 효과는 $\hat{\beta}_4 = 0.468(ASE = 0.106)$이다. 따라서 예측식은 어두운색 $(c_1 = c_2 = c_3 = 0)$인 경우

$$\text{logit}(\hat{\pi}) = -12.715 + 0.468\,x$$

이고, 마찬가지로 약간밝은색$(c_1 = 1)$인 경우는 다음과 같다.

$$\text{logit}(\hat{\pi}) = (-12.715 + 1.330) + 0.468\,x = -11.385 + 0.468\,x$$

모형 (5.13)에는 색상과 폭의 교호작용을 가정하지 않았다. 폭의 계수는 0.468로 모든 색상에 대해 그 효과가 동일하므로 $\pi(x) = P(Y=1|x)$ 곡선들의 모양은 똑같다. 각 색상에 대해 암컷의 폭이 1cm 증가하면 $Y=1$일 오즈는 $\exp(0.468) = 1.60$배만큼 증가한다.

표 5.9 [프로그램 5.5]의 수행 결과 중 일부

Criteria For Assessing Goodness Of Fit

Criterion		DF	Value	Value/DF
①	Deviance	168	187.4570	1.1158
	Scaled Deviance	168	187.4570	1.1158
	Pearson Chi-Square	168	168.6590	1.0039
	Scaled Pearson X2	168	168.6590	1.0039

② Analysis Of Parameter Estimates

Parameter	DF	Estimate	Standard Erro	Wald 95% Conf Limits		Chi-Square	Pr > ChiSq
Intercept	1	-12.7151	2.7618	-18.1281	-7.3021	21.20	<.0001
color 1	1	1.3299	0.8525	-0.3410	3.0008	2.43	0.1188
color 2	1	1.4023	0.5484	0.3274	2.4773	6.54	0.0106
color 3	1	1.1061	0.5921	-0.0543	2.2666	3.49	0.0617
color 4	0	0.0000	0.0000	0.0000	0.0000	.	.
width	1	0.4680	0.1055	0.2611	0.6748	19.66	<.0001
Scale	0	1.0000	0.0000	1.0000	1.0000		

표 5.9 [프로그램 5.5]의 수행 결과 중 일부(계속)

LR Statistics For Type 3 Analysis

	Source	DF	Chi-Square	Pr > ChiSq
③	color	3	7.00	0.0720
	width	1	24.60	<.0001

Criteria For Assessing Goodness Of Fit

	Criterion	DF	Value	Value/DF
④	Deviance	165	183.0806	1.1096
	Scaled Deviance	165	183.0806	1.1096
	Pearson Chi-Square	165	163.2536	0.9894
	Scaled Pearson X2	165	163.2536	0.9894

LR Statistics For Type 3 Analysis

	Source	DF	Chi-Square	Pr > ChiSq
	color	3	4.18	0.2422
	width	1	7.76	0.0053
⑤	width*color	3	4.38	0.2236

〈그림 5.3〉은 색상별로 적합모형의 곡선들을 보여준다. 이들 곡선은 폭에 따라 평행이동된 모양이므로 어느 두 곡선도 서로 만나지 않는다. 예를 들면, 어두운색(색상 4) 암컷이 위성을 가질 확률은 폭과 관계없이 다른 색상에 비해 더 낮게 예측된다.

모형 (5.13)에서 오즈에 미치는 폭의 효과는 색상을 포함하지 않은 단순모형 (5.1)에서와 유사하다. 5.1절의 내용을 확장하면 예측방정식을 이용하여 위성을 가질 예측확률을 계산할 수 있다. 평균 폭이 26.3 cm인 약간밝은색 암컷이 위성을 가질 확률은

$$\frac{\exp[-11.385+0.468(26.3)]}{1+\exp[-11.385+0.468(26.3)]}=0.715$$

로 예측된다. 또한, 평균 폭에서 어두운색 암컷에 대한 예측확률은

$$\frac{\exp[-12.715+0.468(26.3)]}{1+\exp[-12.715+0.468(26.3)]}=0.399$$

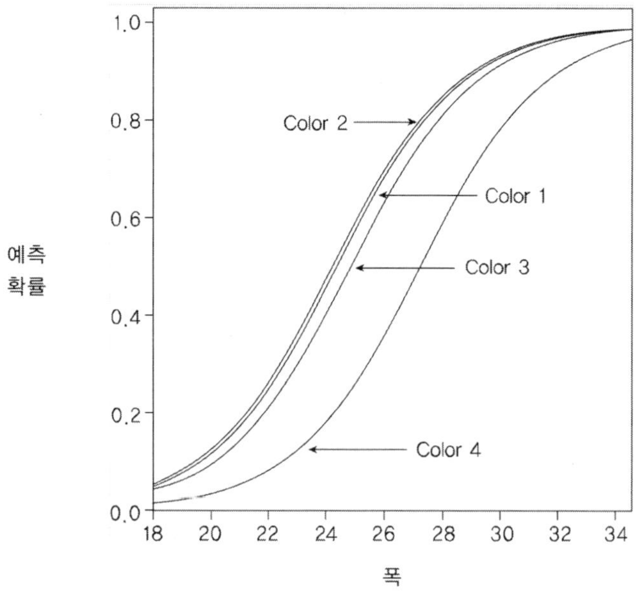

그림 5.3 색상과 폭에 따른 로지스틱 회귀곡선

이다. 두 색상에 대한 모수 추정치 차이를 지수변환하면 이들 두 가지 색상을 비교하는 오즈비가 된다. 예를 들어, 약간밝은색($\hat{\beta}_1 = 1.330$)과 어두운색($\hat{\beta}_4 = 0.000$)에 대한 모수 추정치의 차이는 1.330이므로 위성을 가질 오즈는 그 폭과 관계없이 약간밝은색일 경우가 어두운색의 $\exp(1.330) = 3.8$배이다. 앞에서 계산된 예측확률에 의해 암컷 폭이 26.3일 때 약간밝은색 암컷이 위성을 가질 오즈는 $0.715/0.285 = 2.51$, 어두운색일 때 오즈는 $0.399/0.601 = 0.66$이 되고 이때 $2.51/0.66 = 3.8$이 성립한다. 주어진 자료의 경우 어두운색 암컷이 위성을 가질 오즈는 다른 색상에 비해 작게 나타났다.

모형비교

우도비검정을 써서 다중 로지스틱 회귀의 모수에 관한 가설을 검정할 수 있다. 예를 들어 모형 (5.13)에서 가설 $H_0 : \beta_1 = \beta_2 = \beta_3 = 0$을 통해 색상의 효과를 검정할 수 있다. 이 가설은 암컷의 폭이 일정할 때 위성을 가질 확률과 색상이 서로 독립임을 뜻한다. 완전모형 (5.13)에 대한 최대로그우도 L_1, β_i 들을 0으로 둔 단순모형에 대한 최대로그우도를 L_0라 할 때, 〈표 5.9〉의 ③에서 우도비통계량은 $-2(L_0 - L_1) = 7.0$, 자유도는 3이다. 이때 자유도는 두 모형에 포함된 모수 개수의 차이와 같고, $P = 0.072$이므로 색상의 효과가 뚜렷하지는 않지만 완전히 무시할 수는 없음을 암시한다.

좀 더 일반적으로 한 모형이 다른 모형의 특별한 경우가 되는 두 모형에 대하여 최대우도를 비교함으로써 교호작용항의 추가가 필요한지를 검토할 수 있다. 모형 (5.13)에 색상과 폭의 교호작용을 추가한 모형이 좀 더 잘 적합되는지 적합도검정을 할 수 있다. 색상과 폭의 교호작용항을 포함한 모형에서는 각 색상에 따라 상이한 폭의 효과를 허용하게 된다. 교호작용을 포함한 복잡모형의 경우 색상과 폭의 교차곱에 의한 세 개의 항이 추가된다. [프로그램 5.5]의 두 번째 프로그램은 색상과 폭의 교호작용을 포함하는 모형을 적합시키게 된다. 이러한 교호작용 모형은 폭을 예측변수로 갖는 로지스틱 모형을 네 가지 색상별 집단에 각각 적합시키는 것과 동치이다. 이 경우 색상과 폭에 따른 로지스틱 회귀곡선의 모양이 서로 달라지게 된다.

〈표 5.9〉 ⑤의 결과에서 교호작용항이 있는 모형과 그렇지 않은 모형을 비교하는 우도비통계량의 값은 4.38이다. 이 값은 두 모형의 디비언스(Deviance) 차이(즉, ①과 ④의 차이)와 일치한다. 이때, $P = 0.2236$ 이므로 교호작용효과가 별로 없음을 알 수 있다. 더욱이 교호작용항을 포함하지 않는 단순모형 (5.13)은 자료에 대한 해석이 좀 더 간단하다는 장점이 있다. 적합도검정 및 모형의 단순성 측면에서 볼 때 교호작용을 포함한 복잡모형에 비해 단순모형이 더 바람직한 것을 알 수 있다. 이와 같은 사실은 단순모형의 적합에 대한 호스머-렘쇼 검정을 통해서도 검토할 수 있다. 실제로 $g = 10$ 개 집단으로 범주화한 경우 호스머-렘쇼 검정통계량은 $\hat{C} = 4.36$, $P = 0.8226$ 이 됨을 확인할 수 있다. 호스머-렘쇼 검정을 위한 프로그램에 대해서는 5.3절의 내용을 참고하기 바란다.

양적변수로 간주되는 순서 예측변수

색상은 가장 밝은색부터 가장 어두운색까지 자연적으로 범주 간에 순서를 갖는다. 이러한 순서형 예측변수를 양적으로 취급하면 더욱 간단한 모형을 구성할 수 있다. 색상 범주에 단조성을 만족하는 범주점수를 부여함으로써 색상은 선형효과를 갖는다.

색상의 범주점수 $c = 1, 2, 3, 4$ 를 고려하고 모형

$$\text{logit}(\pi) = \alpha + \beta_1 c + \beta_2 x \tag{5.14}$$

의 적합을 설명해 보자. 원 자료에서 색상(color)은 $\{1, 2, 3, 4\}$로 입력되어 있으므로 [프로그램 5.5]에서 명령어 「CLASS」를 삭제하여 모형 (5.14)를 적합시키면 된다. [프로그램 5.6]은 색상을 순서변수 및 이항변수로 가정한 모형을 각각 적합시키는 절차로

서 [프로그램 5.5]의 자료 선언부에 추가하여 사용하면 된다. 〈표 5.10〉 ②에서 예측식은

$$\text{logit}(\hat{\pi}) = -10.071 - 0.509\,c + 0.458\,x$$

와 같이 표현된다.

프로그램 5.6 **색상을 순서 및 이항변수로 가정한 로짓모형 적합 절차**

```
/* 색상을 순서변수로 가정한 로짓모형 (5.14) */
PROC GENMOD;
     MODEL y=color width/dist=bin link=logit type3;

/* 색상을 이항변수로 가정한 로짓모형 */
PROC GENMOD;
     CLASS dark;
     MODEL y=dark width/dist=bin link=logit type3;
```

색상과 폭의 유의성은 각각 $P=0.0229$, $P<0.0001$이므로 두 변수 모두 뚜렷한 효과가 있다. 폭이 일정할 때 색상이 한 단계 더 어두운색이면 위성을 가질 오즈는 $\exp(-0.509)=0.60$배만큼 변한다. 예를 들면, 중간색일 때 오즈는 약간밝은색의 60%로 추정된다.

우도비검정을 통해 순서모형 (5.14)와 모형 (5.13)을 비교할 수 있다. 우도비통계량은 $-2(L_0-L_1)=1.7$, 자유도는 2이다. 이 값은 〈표 5.9〉 ①과 〈표 5.10〉 ①의 차이를 계산하여 구해진다. 이 통계량은 모형 (5.13)이 적절하다는 조건하에서 단순모형 (5.14)가 성립하는지를 검정하게 되며, 이것은 모형 (5.13)에서 색상 모수들이 선형성을 갖는지 검정하는 것과 같다. 이때 $P=0.4339$이므로 단순모형이 적절한 것으로 보인다.

색상을 질적변수로 다룬 모형 (5.13)에서 색상 모수의 추정치는 〈표 5.9〉②로부터 $(1.33, 1.40, 1.11, 0)$이고, 여기서 어두운색 범주의 0은 이 범주에 가변수가 사용되지 않았음을 반영한다. 모수 추정치들이 선형성으로부터 심각하게 벗어난 것은 아니지만 처음 세 개의 값은 맨 마지막과 비교할 때 매우 유사하다. 따라서 모형 (5.14)에 다른 유형의 색상점수 $\{0, 0, 0, 1\}$을 줄 수 있음을 암시한다. 즉, 어두운색에는 1, 그 밖에

는 0을 부여하는 것이다. 모형 (5.14)에 이러한 이항 범주점수를 부여한 모형과 모형 (5.13)을 비교하는 우도비통계량은 0.5, 자유도는 2이다. 이 값은 〈표 5.9〉 ①과 〈표 5.10〉 ③의 차이를 나타낸다. 자유도 2인 카이제곱분포표로부터 우도비검정의 유의성은 $P=0.7788$ 임을 확인할 수 있다. 따라서 모형 (5.13)에 비해 이항 범주점수를 가정한 단순모형을 더 선호하게 된다. 〈표 5.10〉 ④에서 폭의 추정치는 $0.478(ASE=0.104)$, 색상효과는 $1.300(ASE=0.526)$이다. 따라서 암컷의 폭이 일정할 때 밝은색 암컷은 어두운색에 비해 위성을 가질 오즈가 $\exp(1.300)=3.7$배 높다.

이상을 요약하면 색상에 관해 모형 (5.13), 범주점수$\{1,2,3,4\}$를 갖는 순서모형 (5.14), 이항범주점수 $\{0,0,0,1\}$을 갖는 모형 모두의 경우에 어두운색 암컷일수록 위성을 가질 가능성은 작아지게 된다. 두 가지 유형의 범주점수 중 어느 것이 더 나은지 결정하기 위해서는 표본크기가 더욱 커야 한다. 색상을 명목변수와 순서변수로 가정한 두 모형 모두 잘 적합하는 경우 색상을 순서변수로 다루는 것이 유리하다. 그 이유는 순서변수를 양적변수로 가정하면 모형과 해석이 더욱 간단하기 때문이다. 순서변수 효과는 일반적으로 모수가 여러 개일 때보다 한 개일 때 더 높게 나타난다.

표 5.10 [프로그램 5.6]의 적합 결과

Criteria For Assessing Goodness Of Fit

	Criterion	DF	Value	Value/DF
①	Deviance	170	189.1212	1.1125
	Scaled Deviance	170	189.1212	1.1125
	Pearson Chi-Square	170	170.0759	1.0004
	Scaled Pearson X2	170	170.0759	1.0004
	Log Likelihood		-94.5606	

② Analysis Of Parameter Estimates

Parameter	DF	Estimate	Standard Error	Wald 95% Conf Limits		Chi-Square	Pr >ChiSq
Intercept	1	-10.0708	2.8069	-15.5722	-4.5695	12.87	0.0003
color	1	-0.5090	0.2237	-0.9475	-0.0706	5.18	0.0229
width	1	0.4583	0.1040	0.2544	0.6622	19.41	<.0001
Scale	0	1.0000	0.0000	1.0000	1.0000		

표 5.10 [프로그램 5.6]의 적합 결과 (계속)

Criteria For Assessing Goodness Of Fit

	Criterion	DF	Value	Value/DF
③	Deviance	170	187.9579	1.1056
	Scaled Deviance	170	187.9579	1.1056
	Pearson Chi-Square	170	167.4557	0.9850
	Scaled Pearson X2	170	167.4557	0.9850
	Log Likelihood		-93.9789	

④ Analysis Of Parameter Estimates

Parameter		DF	Estimate	Standard Error	Wald 95% Conf Limits		Chi-Square	Pr >ChiSq
Intercept		1	-11.6790	2.6925	-16.9563	-6.4017	18.81	<.0001
dark	0	1	1.3005	0.5259	0.2698	2.3312	6.12	0.0134
dark	1	0	0.0000	0.0000	0.0000	0.0000	.	
width		1	0.4782	0.1041	0.2741	0.6823	21.08	<.0001
Scale		0	1.0000	0.0000	1.0000	1.0000		

여러 개 예측변수일 때 모형선택

부록 〈표 1〉의 자료는 네 개의 예측변수로 색상(4개 범주), 가시상태(3개 범주), 무게 및 폭을 갖는다. 다음은 이 네 개의 예측변수를 모두 사용하여 로지스틱 회귀모형을 적합시켜 보자.

모형을 선택하는 몇 가지 절차가 있지만 이들 어느 것도 모형선택에 있어 최선의 방법은 아니다. 정규자료에 대한 보통회귀에서의 일반적인 모형선택 요령이 GLM에도 적용된다. 예를 들면, 여러 개의 예측변수를 갖는 모형에서는 예측변수 간에 강한 상관관계를 갖기 때문에 다중공선성(multicollinearity)의 문제가 발생한다. 임의의 어떤 변수에 대해 나머지 다른 변수들이 이미 모두 모형에 포함된 상태에서 이 변수가 모형에 추가될 필요가 있는지를 검정하면 그 효과가 별로 유의하지 않게 되는 경우가 있다. 예측변수 간의 상관관계가 크면 이 예측변수들이 반응변수를 설명하는 역할에 있어 서로 간에 상당히 중첩되기 때문이다. 이와 같은 경우 다중공선성이 있다고 한다.

프로그램 5.7 **여러 개 예측변수일 때 모형 적합 절차**

```
/* 4개 예측변수를 모두 포함한 모형 */
PROC GENMOD;
        CLASS color spine;
        MODEL y=color spine width weight/dist=bin link=logit type3;

/* 절편항만을 갖는 모형 */
PROC GENMOD;
        MODEL y=/dist=bin link=logit;
```

네 개의 예측변수 중 색상과 가시상태는 질적 인자로 간주하고 네 변수의 주효과만을 포함하는 모형을 적합시키기 위해서는 [프로그램 5.5]의 자료 선언부를 그대로 사용하고 [프로그램 5.7]을 추가하면 된다.

위성을 가질 확률이 네 개 예측변수들과 독립적이라는 가설은 모형의 모수들이 모두 0이라는 것과 같다. 이와 같은 독립성모형은 절편항만을 갖는 모형이며, [프로그램 5.7]의 두 번째 절차와 같이 적합시킨다. 이때 절편항만을 갖는 영모형(null model)과 주효과모형을 비교하는 우도비검정통계량은 $-2(L_0 - L_1) = 40.6$, 자유도는 7이다. 이 값은 〈표 5.11〉 ①의 디비언스 값과 절편항만을 갖는 모형 적합에서 나온 디비언스 값의 차에 의해 구해진다. 지면상 절편항만을 갖는 모형의 출력결과는 생략하였다. 자유도 7인 카이제곱분포표로부터 P−값이 0.0001보다 작으므로 예측변수들 중 적어도 하나는 효과가 있다는 강한 증거를 나타낸다. 〈표 5.11〉 ②는 모수추정치와 ASE를 보여준다. 전체적인(overall) 검정은 비록 매우 유의한 것으로 나타났지만 양적 변수인 무게와 폭의 추정치는 ASE에 비해 약간 큰 것에 불과하므로 두 변수 모두 그 효과가 뚜렷하지 않은 것으로 나타났다. 실제로 〈표 5.11〉 ③에서 폭(width)의 유의성은 $P = 0.1801$, 무게(weight)의 유의성은 $P = 0.2351$로서 그 효과가 뚜렷하지 않다. 반면, 질적 예측변수의 추정치는 맨 끝 범주를 기준으로 비교한다. 즉, 색상의 경우 첫째와 네 번째 추정치의 차이가 가장 크며 이것은 $2 \times ASE$보다 작다. 마찬가지로 가시상태의 경우는 둘째와 세 번째 간 차이가 최대가 되고 이것은 ASE보다도 작다.

네 개 예측변수를 모두 포함하는 모형은 절편항만을 포함하는 모형과 비교할 때 적합도검정의 P−값이 매우 유의하지만 〈표 5.11〉 ②, ③에 나타난 유의성의 결여는 다중공선성이 존재한다는 경계 신호라고 볼 수 있다. 5.2절에서 살펴본 바에 의하면 위

표 5.11 네 개 예측변수를 모두 포함한 로지스틱 회귀모형 적합 결과

① Criteria For Assessing Goodness Of Fit

Criterion	DF	Value	Value/DF
Deviance	165	185.2020	1.1224
Scaled Deviance	165	185.2020	1.1224
Pearson Chi-Square	165	169.7557	1.0288

② Analysis Of Parameter Estimates

Parameter	DF	Estimate	Standard Error	Wald 95% Conf Limits		Chi-Square	Pr>ChiSq
Intercept	1	-9.2734	3.8378	-16.7954	-1.7514	5.84	0.0157
color 1	1	1.6087	0.9355	-0.2250	3.4423	2.96	0.0855
color 2	1	1.5058	0.5667	0.3951	2.6164	7.06	0.0079
color 3	1	1.1198	0.5933	-0.0430	2.2826	3.56	0.0591
color 4	0	0.0000	0.0000	0.0000	0.0000	.	.
spine 1	1	-0.4003	0.5027	-1.3856	0.5850	0.63	0.4259
spine 2	1	-0.4963	0.6292	-1.7294	0.7369	0.62	0.4302
spine 3	0	0.0000	0.0000	0.0000	0.0000	.	.
width	1	0.2631	0.1953	-0.1197	0.6459	1.82	0.1779
weigh	1	0.8258	0.7038	-0.5537	2.2053	1.38	0.2407
Scale	0	1.0000	0.0000	1.0000	1.0000		

③ LR Statistics For Type 3 Analysis

Source	DF	Chi-Square	Pr > ChiSq
color	3	7.60	0.0551
spine	2	1.01	0.6038
width	1	1.80	0.1801
weight	1	1.41	0.2351

성에 대한 폭의 효과는 매우 강한 증거를 나타내지만, 무게, 색상 및 가시상태 등의 변수들을 일정하게 통제하는 경우 폭의 효과는 매우 미미하다. 그래프를 그려보면 폭과 무게는 강한 선형관계가 있고 이들의 표본상관계수는 0.887이다. 등딱지 폭이 증가하면 이에 따라 게의 무게도 자연스럽게 증가하기 때문에 무게가 일정한 게에 대해 위성을 가질 확률에 미치는 폭의 효과를 분석하는 것은 의미가 없다.

실제적 목적에서는 폭과 무게가 예측변수로서 동등한 역할을 하지만 둘 다 사용하는 것은 중복적이다. 색상, 가시상태 및 폭을 예측변수로 하는 추가적인 분석을 위해 폭, 색상 및 가시상태를 간단히 W, C, S로 나타내자. 모형을 간단히 표현하기 위해 모형에 포함되는 고차항의 순서로 여러 가지 모형을 기호로 나타내 보자. 두 변수 C, S는 인자로 간주한다. 예를 들면, $C+S+W$는 주효과모형, $C+S*W$는 C, S의 주효과 외에 S와 W의 교호작용까지 포함하는 모형이다.

뒤로부터의 변수제거

〈표 5.12〉는 여러 가지 로지스틱 회귀모형의 적합 결과를 요약한 것이다. 모형편차(deviance)는 가정된 모형과 포화모형을 비교하는 적합도 검정통계량 G^2값이다. 두 모형 간 편차의 차이는 그들을 비교하는 우도비통계량 $-2(L_0-L_1)$이 된다. 모형선택을 위해 뒤로부터의 제거방법(backward elimination procedure)을 설명해 보자. 이 방법은 복잡모형에서 시작하여 축차적으로 항을 제거하는 것이다. 매 단계에서 어떤 모수가 0이라는 가설검정에 대해 가장 큰 P-값을 갖는 항을 제거한다. 이때 각 변

표 5.12 암컷 게 자료에 대한 단계별 모형 적합 결과

모형	예측변수	모형 편차	자유도	모형비교	차이(df)	$(Y,\hat{\pi})$ 상관계수
(1)	$C*S*W$	170.44	152	–	–	0.526
(2)	$C*S+C*W+S*W$	173.68	155	(2) – (1)	3.2(3)	
(3a)	$C*S+S*W$	177.34	158	(3a) – (2)	3.7(3)	
(3b)	$C*W+S*W$	181.56	161	(3b) – (2)	7.9(6)	
(3c)	$C*S+C*W$	173.68	157	(3c) – (2)	0.0(2)	
(4a)	$S+C*W$	181.64	163	(4a) – (3c)	8.0(6)	
(4b)	$W+C*S$	177.60	160	(4b) – (3c)	3.9(3)	
(5)	$C+S+W$	186.61	166	(5) – (4b)	9.0(6)	
(6a)	$C+S$	208.83	167	(6a) – (5)	22.2(1)	
(6b)	$S+W$	194.42	169	(6b) – (5)	7.8(3)	
(6c)	$C+W$	187.46	168	(6c) – (5)	0.8(2)	0.452
(7a)	C	212.06	169	(7a) – (6c)	24.5(1)	0.285
(7b)	W	194.45	171	(7b) – (6c)	7.0(3)	0.402
(8)	$\mathrm{I}_{C=\mathrm{dark}}+\mathrm{W}$	187.96	170	(8) – (6c)	0.5(2)	0.447
(9)	None	225.76	172	(9) – (8)	37.8(2)	0.000

수의 최고차항만을 검정한다. 예를 들어, 어떤 변수의 고차 교호작용이 포함된 모형에서 주효과항을 제외하는 것은 부적절하기 때문에 고차 교호작용항들에 대해서만 항의 포함 여부를 검정한다.

〈표 5.12〉에서 가장 복잡한 모형(1) $C*S*W$ 부터 시작해 보자. 이 모형은 3개의 2인자 교호작용 및 3인자 교호작용뿐 주효과 항을 모두 써서 로짓을 예측한다. 3인자 교호작용을 제거한 모형(2) $C*S+C*W+S*W$ 은 2인자 교호작용과 주효과항을 포함한다. 모형 적합을 비교하기 위해 복잡모형을 대립가설, 단순모형을 귀무가설로 가정하고 우도비검정을 수행한다. 두 모형(1)과 (2)를 비교하는 우도비통계량, 즉, 편차의 차는 3.2, 자유도는 3으로 3인자 교호작용이 필요하지 않음을 나타낸다($P=0.36$). 이와 같은 방법을 계속하여 모형을 단순화하는 것이 뒤로부터의 변수제거법이다.

다음 단계는 2인자 교호작용을 제외한 세 가지 모형을 고려한다. 이들 중 $C*S+C*W$ 는 복잡모형과 같은 정도의 적합도 173.68 ($df=157$)을 나타내므로 복잡모형에서 우선 교호작용 $S*W$ 을 제거한다. 그다음 다른 2인자 교호작용 중 어느 하나를 제거한 모형들을 고려한다. $C*S$ 교호작용이 제거된 $S+C*W$ 는 이전 복잡모형과의 편차가 8.0, 자유도는 6, $P=0.24$ 이다. 반면, 교호작용 $C*W$ 를 제거한 모형 $W+C*S$ 는 적합도통계량값 177.60 ($df=160$), 편차는 3.9, 자유도는 3, $P=0.27$ 로서 두 단순모형 모두 복잡모형에 비해 편차의 증가가 뚜렷하지 않으므로 이들 모형에 포함된 교호작용항을 계속하여 제거해 나갈 수 있다. 두 교호작용 중 어떤 것을 제거해도 모형이 잘 적합되는 것처럼 보인다. 예를 들면, 모형 $W+C*S$ 에서 교호작용 $C*S$ 를 제거하면 주효과모형 $C+S+W$ 와의 편차는 9.0, 자유도는 6, $P=0.17$ 이므로 교호작용을 포함한 복잡모형에 비해 주효과모형이 적절한 것으로 생각된다.

[프로그램 5.8]은 모형(3c) $C*S+C*W$ 및 (4b) $W+C*S$ 를 적합시키기 위한 절차이다. 프로그램의 수행 결과 중 디비언스를 비교하는 방법에 대해서는 앞에서 설명되었으므로 여기서는 생략하기로 한다. 같은 요령으로 〈표 5.12〉의 나머지 모형편차들을 구할 수 있다. 참고로 교호작용을 포함하는 모형의 모수들은 서로 중복적인 것들이 많기 때문에 모수 추정치를 이용할 때 특별한 주의가 요구된다.

프로그램 5.8 〈표 5.12〉의 모형 (3c)와 (4b) 적합을 위한 절차

```
/* 모형(3c)의 적합*/
PROC GENMOD;
```

```
        CLASS color spine;
        MODEL y = color spine width color* spine color*width
                      /dist=bin link=logit;

/* 모형(4b)의 적합*/
PROC GENMOD;
        CLASS color spine;
        MODEL y=color spine width color*spine
                      /dist=bin link=logit;
```

이제 주효과만을 갖는 모형에서 시작하여 이들 중 어떤 것을 제외하는 과정을 논의하자. 〈표 5.12〉에서 변수 S를 제거해도 편차에 별 영향을 미치지 않는다. 나머지 변수들 (C, W)를 포함하는 모형에서 두 변수 모두 무시할 수 없는 효과를 갖는다. 예를 들면, 변수 C를 제거하면 모형 (7b)와 (6c)로부터 편차의 증가는 7.0, 자유도는 3, $P=0.07$이다. 5.5절의 분석에 의하면 어두운색(범주4)은 다른 범주들과 뚜렷한 차이를 나타냈다. 색상에 대해 어두운색은 0, 그렇지 않으면 1을 갖는 가변수("dark")와 W를 포함하는 단순모형의 적합도를 비교하기 위해 모형 (8)과 (6c)를 비교하면 편차는 0.5, 자유도는 2이므로 단순모형이 잘 적합됨을 알 수 있다. 이 모형보다 더 단순한 모형들은 적절하지 않다. 끝으로 5.3절의 방법을 통해 모형 적합을 좀 더 구체적으로 분석할 수 있다.

PROC LOGISTIC의 option 중 「selection=backward」를 사용하면 뒤로부터의 변수제거 방법에 의해 변수를 선택한다. 이와 같이 프로그램에 의해 자동으로 변수가 선택되는 경우에는 특히 주의해야 한다. 모형에 많은 항을 포함시키면 한 개 또는 두 개의 항이 실제로는 중요하지 않은데도 불구하고 우연적으로 매우 중요한 것처럼 나타날 수 있다. 예를 들어 변수들의 효과가 미미하지만 최대의 표본효과가 실제효과를 과대추정할 수 있기 때문이다. 특별히 관심 있는 어떤 항은 비록 통계적으로는 유의하지 않더라도 이들을 모형에 포함시켜서 그 효과를 파악하는 것이 바람직한 경우도 있다. [프로그램 5.9]는 PROC LOGISTIC에서 뒤로부터 변수제거 절차이다. [프로그램 5.5]의 데이터 선언부에 추가해서 사용하면 된다. 관심 있는 독자는 [프로그램 5.9]를 수행하여 〈표 5.12〉의 결과와 비교해 보기 바란다.

프로그램 5.9 PROC LOGISTIC에서 뒤로부터의 변수제거 옵션

```
PROC LOGISTIC;
        CLASS color spine;
        MODEL y = color spine width color*spine  color*width spine*width
                       /selection=backward;
```

5.6 R-코드

R-코드 5.1~2 SAS [프로그램 5.1~2] 암컷 게 자료

```
data = read.table("satellite.txt")
data$response = as.numeric(data$num.satellites > 0)


# Logit Model
mod = glm(response~width,data,family=binomial(link="logit"))
mod1 = glm(response~1,data,family=binomial(link="logit"))
summary(mod)
cbind(exp(mod$coefficients),exp(confint(mod)))

# Goodness Of Fit Test
mod$deviance ## -2Log(L)
mod1$deviance
mod$aic ## AIC
mod1$aic
BIC(mod) ## SC
BIC(mod1)

# Significance Test
summary(mod)
anova(mod1,mod,test="LRT") ## Likelihood Ratio test

z = mod$coefficients[2]/0.1017 ## Wald-Test
```

```
z^2

anova(mod1,mod,test="Rao") ## Score Test

# Covariance Matrix
summary(mod)$cov.unscaled
```

R-코드 5.3 SAS [프로그램 5.3] 집단화 자료

```
data = data.frame(matrix(c(22.69, 14, 5,
                           23.84, 14, 4,
                           24.77, 28, 17,
                           25.84, 39, 21,
                           26.79, 22, 15,
                           27.74, 24, 20,
                           28.67, 18, 15,
                           30.41, 14, 14),
                         ncol=3, byrow=T))
colnames(data) = c("width", "cases", "satell")
# Logit Model
mod = glm(cbind(satell,cases-satell)~width,data,
          family=binomial(link="logit"))
summary

# Goodness Of Fit Test
# Pearson Chi-square Test
fit1 = mod$fitted.values*data$cases
fit2 = data$cases - fit1
fit = c(fit1,fit2)

real1 = data$satell
real2 = data$cases - real1
real = c(real1,real2)

X2 = sum((real-fit)^2/fit)
X2
# Deviance
```

```
mod$deviance
anova(mod,test="Chisq")
```

R-코드 5.4 SAS [프로그램 5.4] AZT와 AIDS의 관계

```
data = data.frame(matrix(c(0, 1, 14, 93,
                           0, 0, 32, 81,
                           1, 1, 11, 52,
                           1, 0, 12, 43),
                         ncol=4, byrow=T))
colnames(data) = c("race", "azt", "yes", "no")
data$cases = data$yes + data$no
data$race = factor(data$race, levels=c(1,0),
                   labels=c("black", "white"))
data$azt = factor(data$azt, levels=c(0,1),
                  labels=c("no", "yes"))

# Logit Model
mod = glm(cbind(yes,no) ~ azt+race, data,
          family=binomial(link="logit"))
summary(mod)

# Goodness Of Fit Test

# Pearson Chi-square Test
fit1 = mod$fitted.values*data$cases
fit2 = data$cases-fit1
fit = cbind(fit1,fit2)

real1 = data$yes
real2 = data$no
real = cbind(real1,real2)

X2 = sum((real-fit)^2/fit)
X2
```

R-코드 5.5 SAS [프로그램 5.5] 암컷 게 자료

```
data = read.table("satellite.txt")
data$y = data$num.satellites > 0
data$dark = data$color < 4
data$color = factor(data$color, levels=c(4,1,2,3))

# Multiple Logit Model

# No interaction
mod_no = glm(y ~ color+width, data,
             family=binomial(link="logit"))
summary(mod_no)

# Goodness Of Fit Test
e = residuals.glm(mod_no,"pearson")
sum(e^2) ## Pearson Chi-square

mod_no$deviance ## Deviance

# Significance Test
mod1 = glm(y ~ color, data,
           family=binomial(link="logit"))
mod2 = glm(y ~ width, data,
           family=binomial(link="logit"))

anova(mod1,mod_no,test="LRT") ## width
anova(mod2,mod_no,test="LRT") ## color
```

R-코드 5.5 SAS [프로그램 5.5] 암컷 게 자료

```
# With interaction
mod_with = glm(y ~ color*width, data,
               family=binomial(link="logit"))
summary(mod_with)

# Goodness Of Fit Test
e = residuals.glm(mod_with,"pearson")
```

```
sum(e^2) ## Pearson Chi-square

mod_with$deviance ## Deviance

# Significance Test
mod3 = glm(y ~ color*width - color, data,
         family=binomial(link="logit"))

anova(mod_no,mod_with,test="LRT") ## interaction
anova(mod3,mod_with,test="LRT") ## color
```

R-코드 5.6 SAS [프로그램 5.6] 암컷 게 자료

```
data = read.table("satellite.txt")
data$y = data$num.satellites > 0
data$dark = data$color == 4
data$dark = factor(data$dark,levels=c(TRUE,FALSE))


# Multiple Logit Model

# Ordinal case(color variable)
mod1 = glm(y ~ color+width, data,
           family=binomial(link="logit"))
summary(mod1)

# Goodness Of Fit Test
e1 = residuals.glm(mod1,"pearson")
sum(e1^2) ## Pearson Chi-square

mod1$deviance ## deviance


# Binomial case(color variable)
mod2 = glm(y ~ dark+width, data,
           family=binomial(link="logit"))
summary(mod2)
```

```
# Goodness Of Fit Test
e2 = residuals.glm(mod2,"pearson")
sum(e2^2) ## Pearson Chi-square

mod2$deviance ## deviance
```

R-코드 5.7 SAS [프로그램 5.7] 암컷 게 자료

```
data = read.table("satellite.txt")
data$y = data$num.satellites > 0
data$color = factor(data$color, levels=c(4,1,2,3))
data$spine = factor(data$spine, levels=c(3,1,2))

# Multiple Logit Model
mod = glm(y~color+spine+width+weight,data,
          family=binomial(link="logit"))
summary(mod)

# Goodness Of Fit Test
e = residuals.glm(mod,"pearson")
sum(e^2) ## Pearson Chi-square

mod$deviance ## Deviance

# Significance Test
mod1 = glm(y~spine+width+weight,data,
           family=binomial(link="logit"))
mod2 = glm(y~color+width+weight,data,
           family=binomial(link="logit"))
mod3 = glm(y~color+spine+weight,data,
           family=binomial(link="logit"))
mod4 = glm(y~color+spine+width,data,
           family=binomial(link="logit"))

anova(mod1,mod1,test="LRT")
anova(mod2,mod1,test="LRT")
```

```
anova(mod3,mod1,test="LRT")
anova(mod4,mod1,test="LRT")
```

R-코드 5.8 SAS [프로그램 5.8] 암컷 게 자료

```
data = read.table("satellite.txt")
data$y = data$num.satellites > 0
data$color = factor(data$color, levels=c(4,1,2,3))
data$spine = factor(data$spine, levels=c(3,1,2))


# Multiple Logit Model
mod1 = glm(y~color*spine + color*width, data,
           family=binomial(link="logit")) ## Model(3c)
mod2 = glm(y~width + color*spine, data,
           family=binomial(link="logit")) ## Model(4d)
summary(mod1)
summary(mod2)
```

R-코드 5.9 SAS [프로그램 5.9] 암컷 게 자료

```
data = read.table("satellite.txt")
data$y = data$num.satellites > 0
data$color = factor(data$color, levels=c(4,1,2,3))
data$spine = factor(data$spine, levels=c(3,1,2))

# Multiple Logit Model
mod = glm(y~color*spine + color*width + spine*width, data,
          family=binomial(link="logit"))

# Backward Elimination
step(mod,direction = "backward")
```

연습문제

❶ 1986년 챌린저호의 재난이 있기 전에 일어난 23대의 우주왕복선 사고 당시 기온과 주요 O-링이 기온에 의해 손상되었는지를 나타낸 자료이다. 손상된 경우는 1, 그렇지 않은 경우는 0이다.

번호	기온	손상	번호	기온	손상	번호	기온	손상
1	66	0	9	57	1	17	70	0
2	70	1	10	63	1	18	81	0
3	69	0	11	70	1	19	76	0
4	68	0	12	78	0	20	79	0
5	67	0	13	67	0	21	75	1
6	72	0	14	53	1	22	76	0
7	73	0	15	67	0	23	58	1
8	70	0	16	75	0			

(1) 기온에 의해 O-링이 손상될 확률을 로지스틱 모형을 이용하여 적합하고 해석하여라.

(2) 챌린저호가 고장을 일으킬 당시의 기온인 31도에서 O-링이 손상될 확률을 예측하여라. 또한 예측확률이 0.5가 되는 온도는 얼마인가? 그리고 이 온도에서 온도가 1도 증가할 때 예측확률의 변화에 대한 선형근사값을 구하여라.

(3) 오즈에 미치는 온도의 효과를 해석하여라. 또한, 온도의 효과가 없다는 가설을 (i) 왈드 검정과 (ii) 우도비검정을 이용하여 각각 검정하여라.

❷ 헤이스티와 팁시라니(Hastie and Tibshirani, 1990)는 척추수술 후에 나타나는 척추후만증(척추굽음)의 위험인자를 결정하는 연구에 대해 설명하였다. 다음 자료는 수술 당시 나이를 나타낸 것으로 수술 후 척추후만증이 나타났는지에 따라 분류하였다. 척추후만증이 나타난 18명의 당시 나이는 12, 15, 42, 52, 59, 73, 91, 96, 105, 114, 120, 121, 128, 130, 139, 139, 157이고, 척추후만증이 나타나지 않은 22명의 수술 당시 나이는 1, 1, 2, 8, 11, 18, 22, 31, 37, 61, 72, 81, 112,

118, 127, 131, 140, 151, 159, 177, 206이었다. 나이의 단위는 개월 수이다.

(1) 나이를 척추후만증의 예측인자로 가정하여 로지스틱 회귀모형을 적합하고, 나이의 효과가 유의한지를 검정하여라.

(2) 자료를 플롯하고 척추후만증 여부에 따라 나이의 변이성이 있음을 파악하여라.

(3) 로짓모형 $\text{logit}[\pi(x)] = \alpha + \beta_1 x + \beta_2 x^2$ 을 적합시키고 나이의 이차효과를 검정하여라. 또한 적합치를 플롯하고 해석하여라.

3 다음 표는 흡연과 심근경색의 관련성에 대한 사례-대조연구의 결과이다. 심장병으로 진료받은 중년 이하의 부인 환자들이 사례집단이고, 대조집단은 같은 병원에서 그 밖의 다른 급성질병으로 진료를 받은 사람들이다. 과거 흡연량(일 평균)에 따라 사례 및 대조 표본들을 분류하였다. 흡연수준에 따라 범주점수 $\{0, 7.5, 19.5, 30\}$을 부여하여 로지스틱 회귀를 적합시키고, 효과에 대한 유의성 검정을 수행하여라. 모형 적합에 대한 피어슨 잔차와 수정잔차를 구하여라. 잔차들이 어떤 적합결여를 나타내는가?

흡연량	사례수	대조수
0	90	346
1–14	57	91
15–24	65	48
≧ 25	40	18

4 부록 〈표 1〉의 암컷 게 자료에서 무게를 예측변수로 하여 위성을 가질 확률에 대한 로지스틱 회귀모형을 적합시키고 다음에 답하여라.

(1) MLE를 구하여 플롯하여라. 또한, 무게가 1.20, 2.44, 5.20일 때 예측확률을 구하여라. 이 값들은 각각 표본의 최소값, 평균 및 최대값을 나타낸다.

(2) 예측확률이 0.5가 될 때의 무게를 구하고, 이 값에서 무게가 1단위(kg) 증가할 때 추정효과의 선형근사값을 구하여라. 이 값은 상대적으로 큰 값이므로 무게가 각각 (i) 0.1 kg, (ii) 1 표준편차 증가할 때로 바꾸어 해석하여라.

(3) 오즈를 써서 연관성을 해석하여라. 위성을 가질 오즈에 대한 95% 신뢰구간을 구하고 그 의미를 해석하여라.

(4) 왈드 검정을 이용하여 무게효과에 대한 검정의 P-값을 구하여라. 또한, 우

도비검정을 통해 검정하고 해석하여라.

5 다음 자료는 흡연과 커피가 심근경색에 미치는 영향에 대한 사례-대조연구 결과로 55세 이하의 남성을 대상으로 조사된 것이다. 커피량과 흡연량은 하루 동안의 평균을 나타낸다.

커피량	흡연량							
	0		1-24		25-34		≧ 35	
	사례	대조	사례	대조	사례	대조	사례	대조
0	66	123	30	52	15	12	36	13
1-2	141	179	59	45	53	22	69	25
3-4	113	106	63	65	55	16	119	30
≧ 5	129	80	102	58	118	44	373	85

(1) 커피와 흡연을 질적인자로 간주하여 로짓모형을 적합시켜라. 효과를 해석하고 이에 대한 우도비검정을 수행하여라.

(2) 두 예측변수에 범주점수를 부여하여 양적변수로 간주하고 모형을 적합시켜라. 효과를 해석하고 예측변수의 효과를 검정하여라.

(3) 앞 (1)과 (2)의 모형 적합을 적합도 검정통계량에 의해 검토하고, 잔차분석을 통해 적합결여를 설명하여라. 예측변수들을 명목형 또는 순서형으로 다루는가에 따라 유의한 차이가 있는지를 검정하고 해석하여라.

6 부록 〈표 1〉의 자료에 대해 무게와 폭을 예측변수로 가정하여 모형을 적합하고 다음 물음에 답하여라.

(1) 예측방정식을 말하고 효과를 해석하여라.

(2) 가설 $H_0 : \beta_1 = \beta_2 = 0$에 대해 우도비검정을 수행하고 해석하여라.

(3) 각 변수에 대한 부분적 효과를 따로따로 검정하여라. 이때 (2)의 검정 결과는 유의한 반면 개별적인 부분 효과들은 유의하지 않은 이유를 설명하여라.

7 로지스틱 회귀모형 (5.1)에서 e^{α} 는 $X=0$일 때 성공의 오즈와 같다. $X=1$, $X=2$, $X=3$일 때 성공의 오즈를 구하고 이것을 이용하여 β를 해석하여라. 이 결과들을 다중로지스틱 회귀로 확장하여라.

6장

분할표의 로그선형모형

이원분할표의 로그선형모형을 소개하고 이를 삼원분할표과 사원분할표로 확장하려 한다. 특히 모형을 위한 모수의 추정과 모형의 적합도를 검정하는 방법을 다루려 한다. 끝으로 로그선형모형과 로짓모형의 비교를 통해 관련성을 소개하려 한다.

6.1 이원분할표의 로그선형모형

로그선형모형

2장에서 행의 수가 I 이고 열의 수가 J 인 $I \times J$ 이원분할표를 살펴보았다. 두 반응범주를 나타내는 변수 X와 Y가 서로 독립일 때 결합칸확률(joint cell probability)은

$$\pi_{ij} = \pi_{i+} \pi_{+j} \quad , \quad i = 1, \cdots, I \quad j = 1, \cdots, J$$

로 나타난다. 이를 행과 열범주의 독립성(independence)이라 한다. 여기서 π_{i+} 와 π_{+j} 는 행 i 와 열 j 의 주변확률(marginal probability)이라 한다. 일반적으로 칸확률 $\{\pi_{ij}\}$는 다항분포(multinomial distribution)에 대한 모수이다. n 을 전체 관측도수의 합이라 하면 기대도수(expected frequency)는 $\mu_{ij} = n\,\pi_{ij} = n\,\pi_{i+}\pi_{+j}$ 가 된다. 이를 행과 열 변수 X와 Y의 독립성조건이라 한다. 그리고 기대도수 $\mu_{ij} = n\,\pi_{i+}\pi_{+j}$ 의 양변에 로그(log)를 취하면

$$\begin{aligned} \log \mu_{ij} &= \log n + \log \pi_{i+} + \log \pi_{+j} \\ &= \lambda + \lambda_i^X + \lambda_j^Y \end{aligned} \tag{6.1}$$

를 얻는다. 이 모형을 이원분할표에 대한 독립성의 로그선형모형이라 한다.

여기서 λ_i^X 는 행 i의 효과를 나타내고 λ_j^Y 는 열 j의 효과를 나타내는 모수이다. 특히, 2×2분할표에선 이들 모수에 대해 $\lambda_1^X + \lambda_2^X = 0$이고 $\lambda_1^Y + \lambda_2^Y = 0$이라는 제약을 둔다. 이 제약은 로그선형모형을 위한 패키지 프로그램 PROC CATMOD에서 적용된다. 반면, PROC GENMOD나 GLIM에서는 $\lambda_I^X = 0$과 $\lambda_J^Y = 0$과 같이 하나의 모수를 0으로 놓는다.

일반적으로 이원분할표에서의 독립성에 대한 귀무가설

$$H_0: \text{행과 열 범주 사이의 독립성 } (\pi_{ij} = \pi_{i+}\pi_{+j}) \tag{6.2}$$

은 모형에 대한 귀무가설

$$H_0: \text{식 (6.1)의 로그선형모형이 성립한다.} \tag{6.3}$$

와 동일함을 알 수 있다. 따라서 n_{ij}를 행 i와 열 j의 관측도수라 하면 이미 2장 4절에서 살펴본 카이제곱검정통계량

$$X^2 = \sum \frac{(n_{ij} - \hat{\mu}_{ij})^2}{\hat{\mu}_{ij}}, \quad G^2 = 2\sum n_{ij} \log\left(\frac{n_{ij}}{\hat{\mu}_{ij}}\right) \tag{6.4}$$

은 식 (6.1)의 로그선형모형의 적합도(goodness-of-fit) 검정에 사용될 수 있다. 그리고 자유도가 $(I-1)(J-1)$이며 n_{i+}와 n_{+j}는 각각 행 i와 열 j의 주변도수라 하면 기대도수는 $\hat{\mu}_{ij} = n_{i+}n_{+j}/n$인데 로그선형모형을 만족할 적합값(fitted value)이 된다.

보기 6.1

〈표 6.1〉에는 내세에 대한 믿음과 성별에 따른 이원분할표〈표 2.1〉을 카이제곱검정한 결과를 정리해 두었다. 여기서 적합값 432.10과 로그 적합값 6.069는 다음과 같이 계산된다.

$$\text{적합값}: 432.10 = \hat{\mu}_{11} = \frac{n_{1+}n_{+1}}{n} = \frac{(435+147)\times(435+375)}{1091}$$

$$\text{로그 적합값}: 6.069 = \log(\hat{\mu}_{11}) = \log(432.10)$$

그리고 적합값을 보면 관측도수와 차이가 별로 없고 이들의 오즈비 또한 1이 되어 두 행과 열 범주에 대한 독립성을 만족한다. 이는 식 (6.1)의 로그선형모형이 적합하다

표 6.1 〈표 2.1〉의 성별과 내세의 믿음에 따른 이원분할표에 대한 로그선형모형의 적합도 검정

관측도수(n_{ij})		적합값($\hat{\mu}_{ij}$)		로그 적합값($\log(\hat{\mu}_{ij})$)	
435	147	432.10	149.90	6.069	5.010
375	134	377.90	131.10	5.935	4.876
적합도검정통계량(P-값)		$X^2 = 0.162\ (0.687)$ $G^2 = 0.162\ (0.687)$			

는 말이 된다. 실제로 〈표 6.1〉에서 제공하는 이 모형의 적합도를 위한 검정통계량 $X^2 = 0.162$와 $G^2 = 0.162$의 유의확률(P-값) 0.687은 이를 매우 잘 뒷받침하고 있음을 알 수 있다.

끝으로 이와 같은 〈표 6.1〉의 결과는 PROC FREQ [프로그램 6.1]의 수행결과에서 쉽게 찾을 수 있다.

프로그램 6.1 **이원분할표의 로그선형모형 적합도검정을 위한 PROC FREQ**

```
DATA belief ;
INPUT gen $ belief $ count ;
CARDS ;
F Y 435
F N 147
M Y 375
M N 134
;
PROC FREQ order=data ;
        WEIGHT count ;
        TABLE gen*belief / nopercent nocol norow expected
                          chisq ;
```

포화로그선형모형

다음으로 식 (6.1)의 로그선형모형에서 가정된 독립성이 만족되지 못할 때의 모형은

$$\log \mu_{ij} = \lambda + \lambda_i^X + \lambda_j^Y + \lambda_{ij}^{XY} \tag{6.5}$$

로 표현할 수 있다. 여기서 모수 $\{\lambda_{ij}^{XY}\}$는 X와 Y의 독립성으로부터 벗어난 정도를 반영하는 연관성을 나타낸다. 따라서 식 (6.2)의 독립성 가설은 모든 i와 j에 대해서

$$H_0 : \lambda_{ij}^{XY} = 0 \tag{6.6}$$

로 생각할 수 있다. 일반적으로 식 (6.5)의 모형을 이원분할표의 포화로그선형모형 (saturatcd loglinear model)이라 한다.

로그오즈비가 $\{\lambda_{ij}^{XY}\}$로 표현되므로 식 (6.6)의 귀무가설이 채택(독립성이 만족)되

면 로그오즈비는 0이 된다. 즉, 오즈비는 1이며 X와 Y는 독립성을 만족하게 된다. 참고로 $\{\lambda_{ij}^{XY}\}$와 로그오즈비의 관계는 이원분할표의 기대도수(μ_{ij}, $i, j = 1, 2$)에 대한 로그오즈비로부터 다음과 같다.

$$
\begin{aligned}
\log\theta &= \log\left(\frac{\mu_{11}\,\mu_{22}}{\mu_{12}\,\mu_{21}}\right) = \log\mu_{11} + \log\mu_{22} - \log\mu_{12} - \log\mu_{21} \\
&= \left(\lambda + \lambda_1^X + \lambda_1^Y + \lambda_{11}^{XY}\right) + \left(\lambda + \lambda_2^X + \lambda_2^Y + \lambda_{22}^{XY}\right) \\
&\quad - \left(\lambda + \lambda_1^X + \lambda_2^Y + \lambda_{12}^{XY}\right) - \left(\lambda + \lambda_2^X + \lambda_1^Y + \lambda_{21}^{XY}\right) \\
&= \lambda_{11}^{XY} + \lambda_{22}^{XY} - \lambda_{12}^{XY} - \lambda_{21}^{XY} \qquad (6.7)
\end{aligned}
$$

예를 들면 〈표 6.1〉에서 관측도수의 오즈비는 $(435 \times 134)/(147 \times 375) = 1.057$이고, 로그오즈비는 $\log(1.057) = 0.056$이다. 그리고 〈표 6.2〉는 X=성별과 Y=내세의 믿음에 대한 이원분할표 〈표 2.1〉의 내세 자료에 대한 포화로그선형모형을 분석하기 위한 PROC GENMOD [프로그램 6.2]를 실행한 결과 중 모수추정에 관한 부분이다. 단, [프로그램 6.2]는 [프로그램 6.1]의 DATA 부분을 그대로 사용할 수 있다. 〈표 6.2〉의 모수 GEN*BELIEF에 관련된 추정치(Estimate)로부터 식 (6.7)과 관련된 추정된 로그오즈비를 구하면

$$\hat{\lambda}_{11}^{XY} + \hat{\lambda}_{22}^{XY} - \hat{\lambda}_{12}^{XY} - \hat{\lambda}_{21}^{XY} = 0.056 + 0 + 0 + 0 = 0.056$$

이 됨을 알 수 있다. 따라서 추정된 오즈비는 $\exp(0.056) = 1.057$로 여성에 대한 내세 믿음의 추정된 오즈는 남성에 대한 추정된 오즈의 1.67배가 된다. 실제로 [보기 6.1]에서 살펴본 것과 같이 독립성 모형이 잘 들어맞기에 추정된 오즈비 1.057은 1과는 유의적으로 다르지 않다.

일반적으로 식 (6.5)의 포화로그선형모형을 위계모형(hierarchical model)이라 한다. 특히 모형에서 λ_{ij}^{XY}를 차수가 높은 항(higher-order term)이라 하고 λ_i^X와 λ_j^Y를 차수가 낮은 항(lower-order term)이라 할 때 차수가 높은 항이 모형에 포함되어 있으면 차수가 낮은 항은 당연히 포함되어 있게 된다. 이를 위계원칙(hierarchy principle)이라 하고 이를 만족하는 모형을 위계모형군(family of hierarchical models)이라 한다. 참고로 식 (6.5)의 포화로그선형모형과 이원분산분석(two-way ANOVA)의 모형을 서로 비교해 보면 차수가 높은 항 λ_{ij}^{XY}는 2요인 교호작용(two-factor interaction)으로 차수가 낮은 항 λ_i^X와 λ_j^Y는 주효과(main effect)인 단일요인 항(single-factor term)으로 생각할 수도 있다.

프로그램 6.2 로그선형모형분석을 위한 PROC GENMOD

```
DATA belief;
INPUT gen $ belief $ count;
CARDS;
F Y 435
F N 147
M Y 375
M N 134
;
PROC GENMOD DATA = belief ORDER = data ;
       CLASS gen belief ;
       MODEL count = gen belief gen*belief
                        / dist=poisson link=log obstats ;
```

표 6.2 [프로그램 6.2]의 수행결과 중 포화로그선형모형의 모수추정부분

Analysis Of Parameter Estimates(일부)

Parameter			DF	Estimate	Std Err	ChiSquare	Pr>Chisq
INTERCEPT			1	4.8978	0.0864	3214.5039	<.0001
GEN	F		1	0.0926	0.1194	0.6010	0.4382
GEN	M		0	0.0000	0.0000	.	.
BELIEF	Y		1	1.0291	0.1006	104.5495	<.0001
BELIEF	N		0	0.0000	0.0000	.	.
GEN*BELIEF	F		1	0.0558	0.1387	0.1621	0.6873
GEN*BELIEF	F	N	0	0.0000	0.0000	.	.
GEN*BELIEF	M	Y	0	0.0000	0.0000	.	.
GEN*BELIEF	M	N	0	0.0000	0.0000	.	.
SCALE			0	1.0000	0.0000	.	.

6.2 삼원분할표의 로그선형모형

$\{\mu_{ijk}\}$를 삼원분할표의 칸 기대도수(cell expected frequency)라 하면 이 자료를

위한 일반적인 로그선형모형은

$$\log \mu_{ijk} = \lambda + \lambda_i^X + \lambda_j^Y + \lambda_k^Z + \lambda_{ij}^{XY} + \lambda_{ik}^{XZ} + \lambda_{jk}^{YZ} + \lambda_{ijk}^{XYZ} \tag{6.8}$$

이다. 이 모형은 3요인 교호작용까지 포함하는 포화모형 (XYZ)로 나타내자. 이 표현 방법은 차수가 제일 높은 항의 변수를 나타낸 것이다. 다음으로 식 (6.8)에서 3요인 교호작용이 없는 모형(no three-factor interaction model)

$$\log \mu_{ijk} = \lambda + \lambda_i^X + \lambda_j^Y + \lambda_k^Z + \lambda_{ij}^{XY} + \lambda_{ik}^{XZ} + \lambda_{jk}^{YZ} \tag{6.9}$$

을 생각할 수 있겠다. 이 모형은 (XY, XZ, YZ)로 나타내고 동질적연관성모형(homogeneous association model)이라 한다. 동질적연관성이란 이미 3장에서 설명한 바 있다.

식 (6.9)에서 2요인 교호작용이 3가지 있다. 이 중에서 XY 연관성과 관련된 λ_{ij}^{XY}를 포함하지 않는 모형은

$$\log \mu_{ijk} = \lambda + \lambda_i^X + \lambda_j^Y + \lambda_k^Z + \lambda_{ik}^{XZ} + \lambda_{jk}^{YZ} \tag{6.10}$$

이다. 이 모형은 (XZ, YZ)로 나타내어지며 Z를 제어할 때 X와 Y의 조건부독립성(서로 연관성이 없다)을 만족하고 있다. 그리고 $2\times 2\times K$ 분할표 자료에서 이 모형은 3.2절의 코크란–맨틀–핸첼(CMH) 통계량을 사용하는 가설검정과 같은 문제를 다루고 있다. 이 외에도 모형 (XY, YZ)와 (XY, XZ)를 생각할 수 있는데, 이들을 조건부독립모형(conditional independence model)이라 할 수 있겠다. 특히, $2\times 2\times K$ 분할표의 부분표 k에서 로그 XY 조건부오즈비는 다음과 같다.

$$\log \theta_{XY(k)} = \lambda_{11}^{XY} + \lambda_{22}^{XY} - \lambda_{12}^{XY} - \lambda_{21}^{XY} \tag{6.11}$$

식 (6.11)의 우변은 k와는 무관하게 되고 오즈비는 Z의 모든 수준에서 동일하게 된다. 끝으로 식 (6.10)에서 나머지 2요인 교호작용을 제외하면 가장 단순한 모형

$$\log \mu_{ijk} = \lambda + \lambda_i^X + \lambda_j^Y + \lambda_k^Z$$

을 얻게 된다. 이를 상호독립모형(mutual independence model)이라 하며 모형에서 1요인만을 표시하는 (X, Y, Z)로 나타낸다.

보기 6.2

〈표 6.3〉은 범주를 나타내는 변수 A(알콜), C(담배), M(마리화나)에 의한 $2\times2\times2$ 분할표이다. 이 자료는 미국의 모 고등학교 졸업생들을 대상으로 알콜, 담배, 마리화나를 접해 본 경험에 관하여 설문조사를 한 결과이다. 이 자료에 적합한 로그선형모형을 구하기 위해 〈표 6.5〉를 참고하여 보자. 여기에는 몇 가지 가정된 로그선형모형에 대한 적합값을 PROC GENMOD [프로그램 6.3]을 이용하여 계산해 두었다. 여기서 ⓐ는 모형 (A, C, M), ⓑ는 모형 (AM, CM), ⓒ는 모형 (AC, AM, CM), 그리고 ⓓ는 모형 (ACM)을 위한 프로그램이다. 참고로 〈표 6.4〉에 [프로그램 6.3]의 ⓑ인 모형 (AM, CM)의 수행결과 중 일부를 정리하여 두었다. 나머지 프로그램(ⓐ, ⓒ, ⓓ)의 수행결과도 이와 같은 형태이므로 생략하기로 한다. 먼저 모형의 적합값은 〈표 6.4〉의 ② Observation Statistics에서 Pred에서 제공되고 있다. 이 중에서 모형 (AC, AM, CM)의 적합값들이 〈표 6.3〉의 관측도수(모형 (ACM)의 적합값)에 가장 근접해 있음을 알 수 있다.

표 6.3 미국의 모 고등학교 졸업생의 알콜, 담배, 마리화나를 접해 본 경험에 관한 삼원분할표

알콜(A)	담배(C)	마리화나(M)	
		예	아니오
예	예	911	538
	아니오	44	456
아니오	예	3	43
	아니오	2	279

프로그램 6.3 〈표 6.4〉의 결과를 위한 PROC GENMOD

```
  DATA drugs ;
  INPUT a c m count @@ ;
  CARDS ;
  1 1 1 911 1 1 2 538 1 2 1 44 1 2 2 456
  2 1 1   3 2 1 2  43 2 2 1  2 2 2 2 279
  ;
ⓐ PROC GENMOD ;
        CLASS a c m ;
        MODEL count = a c m / dist = poisson obstats residual ;
ⓑ PROC GENMOD ;
```

```
        CLASS a c m ;
        MODEL count = a c m a*m c*m /
                      dist = poisson obstats residual ;
ⓒ PROC GENMOD ;
        CLASS a c m ;
        MODEL count = a c m a*c a*m c*m /
                      dist = poisson obstats residual ;
ⓓ PROC GENMOD ;
        CLASS a c m ;
        MODEL count = a c m a*c a*m c*m a*c*m /
                      dist = poisson obstats residual ;
```

표 6.4 [프로그램 6.3]에서 ⓑ(모형 (AM, CM))의 수행 결과 중 일부

① Criteria For Assessing Goodness Of Fit

Criterion	DF	Value	Value/DF
Deviance	2	187.7543	93.8772
Scaled Deviance	2	187.7543	93.8772
Pearson Chi-Square	2	177.6144	88.8072
Scaled Pearson X2	2	177.6144	88.8072
Log Likelihood	.	11916.9222	.

② Observation Statistics (일부)

count	a	c	m	Pred	Xbeta	Std	HessWgt
		Resraw		Reschi	Resdev	StResdev	StReschi
911	1	1	1	909.23958	6.8126086	0.0331594	909.23958
		1.7604167		0.0583816	0.0583628	3.6943343	3.6955258
538	1	1	2	438.84043	6.0841359	0.0443546	438.84043
		99.159569		4.7334884	4.5701732	12.362802	12.804587
44	1	2	1	45.760417	3.8234195	0.1474604	45.760417
		-1.760417		-0.260238	-0.261934	-3.719609	-3.695526
456	1	2	2	555.15957	6.3192556	0.0400837	555.15957
		-99.15957		-4.208484	-4.344133	-13.21731	-12.80459
3	2	1	1	4.7605793	1.5603694	0.4472646	4.7605793
		-1.760579		-0.806911	-0.866381	-3.968256	-3.695867
43	2	1	2	142.1596	4.9569504	0.0637721	142.1596
		-99.1596		-8.316616	-9.771626	-15.04478	-12.80459
2	2	2	1	0.2395915	-1.42882	0.4697772	0.2395915
		1.7604085		3.5964807	2.2286882	2.2900544	3.6955086

표 6.4 [프로그램 6.3]에서 ⓑ(모형 (AM, CM))의 수행 결과 중 일부(계속)

279	2	2	2	179.84045	5.1920701	0.060879	179.84045
			99.159545	7.3941938	6.8353471	11.836825	12.804584

표 6.5 〈표 6.3〉에 대한 몇 가지 로그선형모형들의 적합값

알콜	담배	마리화나	로그선형모형			
			(A,C,M)	(AM,CM)	(AC,AM,CM)	(ACM)
예	예	예	539.98	909.24	910.38	911
		아니오	740.23	438.84	538.62	538
	아니오	예	282.09	45.76	44.62	44
		아니오	386.70	555.16	455.38	456
아니오	예	예	90.60	4.76	3.62	3
		아니오	124.19	142.16	42.38	43
	아니오	예	47.33	0.24	1.38	2
		아니오	64.88	179.84	279.62	279

〈표 6.6〉은 고려된 모형에서 연관성 문제를 추정된 오즈비로 나타내고 있다. 예를 들면 모형 (AM, CM)의 AC 조건부연관성 1.0은 M(마리화나)의 두 수준(예, 아니오)에서 오즈비

$$1.0 = \frac{909.24 \times 0.24}{45.76 \times 4.76} = \frac{438.84 \times 179.84}{555.16 \times 142.16}$$

를 나타낸다. 따라서 이 모형에서 마리화나 경험을 제어할 때 알콜과 담배를 접하는 경험은 조건부독립성을 만족함을 의미한다. 즉, 모형 (AM, CM)에서 AC 연관성을 나타내는 2요인 교호작용이 포함되지 않으면 AC 조건부오즈비는 1.0이다. 그리고 이 모형의 AC 주변연관성 2.7은 적합된 오즈비

$$2.7 = \frac{(909.24 + 438.84)(0.24 + 179.84)}{(45.76 + 555.16)(4.76 + 142.16)}$$

로 계산될 수 있다. 이는 조건부독립성이 만족된다고 해서 주변독립성을 보장하지는 않음을 보여주고 있다. 이 사실은 이미 3장에서 살펴본 바 있다.

표 6.6 〈표 6.4〉의 로그선형모형들로부터 추정된 오즈비

모형	조건부연관성			주변연관성		
	AC	AM	CM	AC	AM	CM
(A, C, M)	1.0	1.0	1.0	1.0	1.0	1.0
(AM, CM)	1.0	61.9	25.1	2.7	61.9	25.1
(AC, AM, CM)	7.8	19.8	17.3	17.7	61.9	25.1
(ACM)	13.8	24.3	17.5	17.7	61.9	25.1

다음으로 모형 (AC, AM, CM)에서 AC 조건부오즈비 7.8은 M(마리화나)의 각각의 수준(예, 아니오)에서 담배를 피우는 학생들은 피우지 않는 학생들에 비해 7.8배로 알콜을 접할 추정된 오즈비를 가짐을 의미한다.

실제로 모형 (AC, AM, CM)의 추정된 조건부오즈비는 식 (6.11)로 부터 다음과 같이 계산된다.

$$\hat{\theta}_{AC(k)} = \exp(\hat{\lambda}_{11}^{AC} + \hat{\lambda}_{22}^{AC} - \hat{\lambda}_{12}^{AC} - \hat{\lambda}_{21}^{AC})$$

이를 위해선 [프로그램 6.3]-ⓒ의 수행 결과인 〈표 6.7〉의 ②를 이용해야 하는데, $\hat{\lambda}_{12}^{AC} = \hat{\lambda}_{21}^{AC} = \hat{\lambda}_{22}^{AC} = 0$이고 $\hat{\lambda}_{11}^{AC} = 2.05$이므로 추정된 조건부 오즈비는 $\exp(\hat{\lambda}_{11}^{AC}) = \exp(2.05) = 7.8$이다.

따라서 〈표 6.6〉은 조건부오즈비와 주변오즈비의 추정값들이 모형에 따라 크게 달라지며 적합한 모형 선택의 중요성을 말하고 있다. 다음 절에서는 가장 적합한 모형 선택을 위한 방법들을 알아보자.

표 6.7 [프로그램 6.3]-ⓒ(모형 (AC, AM, CM))의 수행 결과 중 일부

①

```
                Criteria For Assessing Goodness Of Fit

Criterion             DF        Value    Value/DF

Deviance               1       0.3740      0.3740
Scaled Deviance        1       0.3740      0.3740
Pearson Chi-Square     1       0.4011      0.4011
Scaled Pearson X2      1       0.4011      0.4011
Log Likelihood             12010.6124
```

표 6.7 [프로그램 6.3]-ⓒ(모형 (AC, AM, CM))의 수행 결과 중 일부(계속)

② Analysis Of Parameter Estimates

Parameter			DF	Estimate	Standard Error	Wald 95% Confidence Limits		Chi-Square	Pr > ChiSq
Intercept			1	5.6334	0.0597	5.5164	5.7504	8903.96	<.0001
a	1		1	0.4877	0.0758	0.3392	0.6362	41.44	<.0001
a	2		0	0.0000	0.0000	0.0000	0.0000	.	.
c	1		1	-1.8867	0.1627	-2.2055	-1.5678	134.47	<.0001
c	2		0	0.0000	0.0000	0.0000	0.0000	.	.
m	1		1	-5.3090	0.4752	-6.2404	-4.3777	124.82	<.0001
m	2		0	0.0000	0.0000	0.0000	0.0000	.	.
a*c	1	1	1	2.0545	0.1741	1.7134	2.3957	139.32	<.0001
a*c	1	2	0	0.0000	0.0000	0.0000	0.0000	.	.
a*c	2	1	0	0.0000	0.0000	0.0000	0.0000	.	.
a*c	2	2	0	0.0000	0.0000	0.0000	0.0000	.	.
a*m	1	1	1	2.9860	0.4647	2.0753	3.8968	41.29	<.0001
a*m	1	2	0	0.0000	0.0000	0.0000	0.0000	.	.
a*m	2	1	0	0.0000	0.0000	0.0000	0.0000	.	.
a*m	2	2	0	0.0000	0.0000	0.0000	0.0000	.	.
c*m	1	1	1	2.8479	0.1638	2.5268	3.1690	302.14	<.0001
c*m	1	2	0	0.0000	0.0000	0.0000	0.0000	.	.
c*m	2	1	0	0.0000	0.0000	0.0000	0.0000	.	.
c*m	2	2	0	0.0000	0.0000	0.0000	0.0000	.	.
Scale			0	1.0000	0.0000	1.0000	1.0000		

6.3 로그선형모형의 적합도와 추정

대부분의 로그선형모형들은 반복계산을 사용하는 ML추정법인 뉴튼-랩슨 알고리즘(Newton-Raphson algorithm)에 의해 추정된다. 추정된 모형이 적합한지는 이원분할표의 경우 로그선형모형의 적합도(goodness-of-fit)를 나타내는 통계량으로 식 (6.4)의 피어슨(Pearson) 통계량 X^2과 우도비(likelihood-ratio)통계량 G^2을 사용하였다. 삼원분할표의 경우에는

표 6.8 〈표 6.4〉의 로그선형모형에 대한 적합도 검정

모형	자유도(df)	X^2	G^2	P-값
(A, C, M)	4	1411.39	1286.00	0.00
(AM, CM)	2	177.61	187.75	0.00
(AC, AM, CM)	1	0.401	0.37	0.54
(ACM)	0	0.00	0.00	·

$$X^2 = \sum \frac{(n_{ijk} - \hat{\mu}_{ijk})^2}{\hat{\mu}_{ijk}} \ , \ G^2 = 2\sum n_{ijk} \log\left(\frac{n_{ijk}}{\hat{\mu}_{ijk}}\right)$$

를 사용한다. 자유도는 (총 칸의 개수)-(추정할 모형의 모수 개수)이다. 따라서 포화모형(saturated model)의 자유도는 0이다. 즉, 자유도는 모형이 복잡할수록 줄어든다.

〈표 6.8〉은 〈표 6.4〉의 몇 가지 로그선형모형에 대한 적합도검정을 위한 내용이다. P-값을 제외하곤 이들은 [프로그램 6.3]의 PROC GENMOD 수행 결과에서 얻을 수 있다. 예를 들면 모형 (AM, CM)와 (AC, AM, CM)인 경우 〈표 6.4〉와 〈표 6.7〉의 ①에서 Pearson Chi-square와 Deviance로부터 얻을 수 있다. 다만, P-값은 PROC CATMOD를 이용하면 수행결과 중 Likelihood Ratio에서 P-값을 제공받을 수 있다. 모형 (AM, CM)의 경우 [프로그램 6.4]를 수행하면 된다. 다른 모형의 경우도 LOGLIN문의 모수만 수정하면 된다. 수행결과에서 Likelihood Ratio의 P-값은 쉽게 찾아볼 수 있으므로 생략하기로 한다. 〈표 6.8〉의 P-값에 따르자면 모형 (AC, AM, CM)의 P-값은 0.54로 유의수준 5%에서 현재 이 모형만이 적합함을 보여주고 있다.

프로그램 6.4 (AM, CM) **로그선형모형을 위한 PROC CATMOD**

```
PROC CATMOD DATA = drugs ;
      WEIGHT count ;
      MODEL  a*c*m = _response_ ;
      LOGLIN a c m a*m c*m ;
```

이번에는 각 칸의 잔차(residual)에 의해서 모형의 적합 정도를 살필 수 있다. 이를 위한 잔차에는 피어슨 잔차와 수정잔차가 있는데, 이미 2장과 4장에서 언급하였다. 여기서는 수정잔차를 이용한 예를 보이려 한다.

표 6.9 〈표 6.3〉의 두 가지 로그선형모형에 대한 수정잔차

알콜 (A)	담배 (C)	마리화나 (M)	관측도수	(AM, CM) 적합도수	(AM, CM) 수정잔차	(AC, AM, CM) 적합도수	(AC, AM, CM) 수정잔차
예	예	예	911	909.24	3.6955	910.38	0.6333
		아니오	538	438.84	12.8046	538.62	−0.6333
	아니오	예	44	45.76	−3.6955	44.62	−0.6333
		아니오	454	555.16	−12.8046	455.38	0.6333
아니오	예	예	3	4.76	−3.6955	3.62	−0.6333
		아니오	43	142.16	−12.8046	42.38	0.6333
	아니오	예	2	0.24	3.6955	1.38	0.6333
		아니오	279	179.84	12.8046	279.62	−0.6333

가정된 모형이 만족될 때 수정잔차는 근사적으로 표준정규분포를 따르며, 수정잔차의 절대값이 2나 3 이상인 칸은 모형의 적합도를 떨어뜨린다고 여겨진다.

〈표 6.9〉는 〈표 6.3〉에 대한 두 가지 모형 (AM, CM)과 (AC, AM, CM)의 수정잔차를 나타내고 있다. 이 수정잔차는 PROC GENMOD [프로그램 6.3]의 수행 결과인 〈표 6.4〉의 ② Observation Statistics에서 StReschi에 주어져 있다.

먼저, 모형 (AM, CM)은 〈표 6.6〉으로 부터 AC 조건부독립성을 만족하는 모형임을 알고 있다. 따라서 마리화나(M)의 각 수준에서의 부분 이원분할표에 대해 식 (2.11)의 수정잔차를 구하면 된다. 〈표 6.8〉에서 이 모형의 적합도검정을 위한 통계량 $X^2 = 177.61$은 사실상 서로 비중복적인 두 수정잔차의 제곱합 $(3.70)^2 + (12.80)^2 = 177.61$과 일치한다. 특히, 큰 수정잔차들 $(12.80, -12.80)$은 마리화나를 경험하지 아니한 학생들에게서 나타났다. 양(+)의 잔차는 알콜과 담배 둘 다를 경험했거나 또는 둘 다 경험하지 못한 경우에 해당된다. 이는 알콜과 담배의 경험이 서로 독립일 때 기대되는 것보다도 더 많은 학생들이 두 가지를 모두 경험하거나 어느 것도 경험하지 못했다는 것을 나타낸다. 이런 해석은 마리화나를 경험한 학생들의 경우에도 해당되지만 이 경우 관측도수와 적합도수 간의 차이는 그리 크지 않음을 알 수 있다.

이번에는 모형 (AC, AM, CM)의 경우 자유도가 1이므로 〈표 6.8〉의 카이제곱통계량은 하나의 비중복 잔차에 의해서 $X^2 = 0.401 = (0.6333)^2$으로 계산될 수 있다. 더군다나 X^2과 $G^2 (= 0.37)$ 통계량의 값이 작아 이들 잔차가 모형을 잘 적합시키고 있음을 보여주고 있다. 4장의 피어슨 잔차에 의해서도 유사한 해석을 할 수 있겠다.

끝으로 다른 로그선형모형을 비교함으로써 부분연관성(partial association)에 대한

검정을 말하기로 하자. 예를 들자면 모형 (AC, AM, CM)에서 H_o : 알콜 경험과 담배 경험 간에는 부분연관성이 없다는 귀무가설은 $H_o : \lambda^{AC} = 0$와 동일하다. 이 경우 AC 조건부독립성을 만족하는 더 단순한 모형 (AM, CM)이 성립($H_o : \lambda^{AC} = 0$이 성립)하는지를 검정하면 된다. 이를 위해서 모형 (AC, AM, CM)에서 $\lambda^{AC} = 0$을 검정하기 위한 검정통계량은

$$
\begin{aligned}
& G^2[(AM, CM) | (AC, AM, CM)] \\
& \quad = G^2(AM, CM) - G^2(AC, AM, CM) \qquad (6.12)
\end{aligned}
$$

이다. 여기서 G^2은 가정된 모형에 대한 적합도 검정통계량이다.

실제로 $G^2(AM, CM) = 187.75$는 자유도가 2이고 $G^2(AC, AM, CM) = 0.37$은 자유도가 1임을 〈표 6.8〉로부터 알고 있다. 따라서 $G^2[(AM, CM) | (AC, AM, CM)] = 187.38$은 자유도가 $2 - 1 = 1$이며 P-값이 0.001보다 훨씬 작게 되어 $\lambda^{AC} = 0$은 만족되지 못한다. 이는 AC 부분연관성이 존재하는 모형 (AC, AM, CM)이 타당함을 보여준다. 그리고 식 (6.12)는 실제로 대립가설을 H_1 : 모형 (AC, AM, CM)이 적합하다고 하면 우도비검정통계량(likelihood-ratio statistic) $-2(L_0 - L_1)$과 수리적으로 동일함을 쉽게 알 수 있다.

이와 같이 삼원분할표의 로그선형모형에서는 다양한 연관성이 잠재하고 있어 이원분할표보다 더 복잡하다.

6.4 사원분할표의 로그선형모형

삼원분할표에 대한 로그선형모형은 이원분할표보다 잠재된 연관성으로 인해 더 복잡함을 알 수 있었다. 이러한 개념은 다원분할표(multi-way contingency table)로 확장될 수 있고 이 절에서는 4개의 범주변수 W, X, Y와 Z에 의한 사원분할표에 대한 로그선형모형을 다루고자 한다. 다만, 모형의 해석상 3요인 교호작용 항이 없는 가장 단순한 동질적연관성모형 (WX, WY, WZ, XY, XZ, YZ)를 고려하자. 여기서 변수들의 각 쌍은 다른 두 변수의 수준들의 각 조합에서 같은 오즈비를 갖는 조건부연관성을 지니고 있다. 이와는 반대로 만약에 2요인 항 XY가 없는 모형 $(WX, WY, WZ,$

XZ, YZ)에서는 X와 Y는 W와 Z의 수준들의 각 조합에서 조건부독립을 만족하게 된다. 다음으로 4가지 가능한 3요인 교호작용 항 WXY, WXZ, WYZ 또는 XYZ중 하나를 가지는 다양한 모형을 고려할 수 있다. 포화모형의 경우는 이들 4가지 3요인 교호작용항과 4요인 교호작용항 $WXYZ$를 포함하고 있다.

보기 6.3

〈표 6.10〉은 범주변수로 성별(G), 사고위치(L), 안전벨트 착용(S)과 부상여부(I)에 의한 68,694 승객에 대한 사원분할표이다. 모형 (GI, GL, GS, IL, IS, LS)와 모형 (GLS, GI, IL, IS)의 적합 결과와 부상자 비율은 부상을 입은 승객의 비율을 보여주고 있다.

표 6.10 성별, 사고위치, 안전벨트 착용여부, 부상에 관한 분할표 및 모형 (GI, GL, GS, IL, IS, LS)와 (GLS, GI, IL, IS)의 적합 결과

성별	위치	벨트 착용	부상		(GI, GL, GS, IL, IS, LS)		(GLS, GI, IL, IS)		부상자 비율
			아니오	예	아니오	예	아니오	예	
여자	도시	아니오	7287	996	7166.4	993.0	7273.2	1009.8	0.12
		예	11587	759	11748.3	721.3	11632.6	713.4	0.06
	시골	아니오	3246	973	3353.8	988.8	3254.7	964.3	0.23
		예	6134	757	5985.5	781.9	6093.5	797.5	0.11
남자	도시	아니오	10381	812	10471.5	845.1	10358.9	834.1	0.07
		예	10969	380	10837.8	387.6	10959.2	389.8	0.03
	시골	아니오	6123	1084	6045.3	1038.1	6150.2	1056.8	0.15
		예	6693	513	6811.4	518.2	6697.6	508.4	0.07

〈표 6.11〉은 여러 가지 로그선형모형의 적합성 검정을 보여주고 있다. 특히, 1요인 항만을 포함하는 모형 (G, I, L, S), 2요인 항을 포함하는 모형 (GI, GL, GS, IL, IS, LS), 3요인 항을 포함하는 모형 (GIL, GIS, GLS, ILS)을 고려해 보자. 먼저 모형 (G, I, L, S)는 4 범주변수의 상호독립을 만족하는 모형으로 $G^2 = 2792.8$(자유도 1)과 P-값〈0.0001로 보아 모형은 매우 적합하지 못함을 알 수 있다. 모형 (GI, GL, GS, IL, IS, LS)의 경우는 $G^2 = 23.4$(자유도 5)로 다소 적합이 나아졌지만 여전히 P-값〈0.001로 적합하지 못하다. 모형 (GIL, GIS, GLS, ILS)는 $G^2 = 1.3$(자유도 11)과 P-값=0.25로 매우 잘 적합은 되었으나 해석상 꽤 복잡하다. 이는 모형

(GI, GL, GS, IL, IS, LS)보다도 더 복잡하나 모형 (GIL, GIS, GLS, ILS)보다는 단순한 연구모형이 있음을 말하고 있다. 이를 위해서 먼저 모형 (GI, GL, GS, IL, IS, LS)를 분석하기로 하자.

표 6.11 〈표 6.10〉의 다양한 로그선형모형에 대한 적합도 검정

모 형	G^2	자유도(df)	P-값
(G, I, L, S)	2792.8	11	<0.0001
(GI, GL, GS, IL, IS, LS)	23.4	5	<0.001
(GIL, GIS, GLS, ILS)	1.3	1	0.25
(GIL, GS, IS, LS)	18.6	4	0.001
(GIS, GL, IL, LS)	22.8	4	<0.001
(GLS, GI, IL, IS)	7.5	4	0.11
(ILS, GI, GL, GS)	20.6	4	<0.001

표 6.12 두 가지 로그선형모형에 대한 추정된 조건부 오즈비

오즈비	로그선형모형	
	(GI, GL, GS, IL, IS, LS)	(GLS, GI, IL, IS)
GI	0.58	0.58
IL	2.13	2.13
IS	0.44	0.44
$GL(S=$아니오$)$	1.23	1.33
$GL(S=$예$)$	1.23	1.17
$GS(L=$도시$)$	0.63	0.66
$GS(L=$시골$)$	0.63	0.58
$LS(G=$여자$)$	1.09	1.17
$LS(G=$남자$)$	1.09	1.03

모형 (GI, GL, GS, IL, IS, LS)는 3요인 교호작용항을 포함하고 있지 않아, 범주변수의 각 쌍에 대한 동질적조건부오즈비를 가정하고 있다. 실제로 이런 모형과 모형 (GLS, GI, IL, IS)에 대한 〈표 6.10〉의 적합값을 이용하여 계산된 오즈비가 〈표 6.11〉에 정리되어 있다. 예를 들자면, IS 오즈비는 도시에서 여성의 경우 (71664.4)(721.3)/(993.0)(11748.3) = 0.44로 계산되고 이로부터 로그오즈비는 $\log(0.44) = -0.814 = \hat{\lambda}_{11}^{IS}$이다. 즉, 안전벨트를 착용한 승객이 부상을 입지 않을 오즈는 착용하지 않은 승객에 대한 오즈의 반보다도 크다. 또한, 안전벨트를 착용한 남자

의 오즈비는 여자의 경우보다 0.63배이다. 끝으로 부상의 가능성은 도시보다 시골사고에서 남자보다 여자의 경우가 더 있을 것 같아 보인다.

모형이 특정한 3요인 항을 포함하고 있을 때 교호작용을 살펴보기 위해선 세 번째 변수의 각 수준에서 두 변수 간의 적합된 오즈비를 계산해야 한다. 〈표 6.12〉의 6번째 줄에 있는 $GS(L=\text{도시})$ 오즈비 0.66은 도시에서 사고 난 경우 (부상=아니오)의 4개(7273.2, 11632.6, 10358.9, 10959.2)와 (부상=예)의 4개(1009.8, 713.4, 834.1, 389.8)의 적합된 값을 참고하여 계산된 것으로 다음과 같다.

$$\begin{aligned} 0.66 &= (7273.2)(10959.2)/(11632.6)(10358.9) \\ &= (1009.8)(389.8)/(713.4)(834.1) \end{aligned}$$

또는 G와 S, 또는 L과 S의 연관성이 나머지 범주변수의 각 수준에 따라 다양하다. 다음으로 〈표 6.11〉에 따르면 3요인 항을 포함하는 모형 중 가장 적합이 잘된 모형 (GLS, GI, IL, IS)를 살펴보자. 먼저 이런 모형에서는 2요인 항 GL, GS, 그리고 LS를 해석하는 것은 적절하지 않다. 예를 들면, GLS 항이 있다면 L에 수준에 따라 GS 오즈비가 바뀌게 된다. 특히, I가 3요인 항에 포함되어 있지 않으므로, I와 각 변수 사이의 조건부오즈비는 나머지 두 범주변수의 수준 간의 각 조합에서 동일하다. 〈표 6.12〉에서 모형(GLS, GI, IL, IS)에 대하여 GI, IL, IS 연관성에 대한 적합된 오즈비를 제공하고 있다.

끝으로 3요인 항이 모형에서 적합한지를 알아보기 위해서 먼저 6.3절과 같이 〈표 6.11〉의 G^2 통계량을 이용하자. $G^2(GLS, GI, IL, IS)$=7.5(자유도=4)이고 $G^2(GI, GL, GS, IL, IS, LS)$=23.4(자유도=5)로부터 검정통계량은

$$\begin{aligned} & G^2[(GI, GL, GS, IL, IS, LS)|(GLS, GI, IL, IS)] \\ &\quad = G^2(GI, GL, GS, IL, IS, LS) - G^2(GLS, GI, IL, IS) \\ &\quad = 23.4 - 7.5 = 15.9 \end{aligned}$$

이다. 여기서 이 검정통계량의 자유도는 5−1=1이며 P−값=0.0001로 3요인 항이 있는 모형 (GLS, GI, IL, IS)이 더 적합함을 보여주고 있다. 그러나 〈표 6.12〉에 따르면 G, L, S 중 임의의 둘 간의 적합된 오즈비들이 3번째 변수 양 수준에서 대동소이하여 3요인 교호작용의 정도가 약함을 알 수 있다. 그러나 표본의 크기가 68694로 크므로 작은 표준오차를 제공하기 때문에 모형 (GLS, GI, IL, IS)은 유의하다. 다만, 두 모형에 대한 〈표 6.12〉의 적합된 오즈비를 비교해 보면 더 단순한 모형 $(GI, GL, GS,$

IL, IS, LS)이 실제로 적합해 보이며 해석하는 데 더 용이하다는 것이다. 따라서 앞서 살펴본 적합도검정 만으로는 모형을 선택하는 기준이 되질 못 한다.

표본이 큰 경우 칸도수 $\{n_i = np_i\}$와 적합값 $\{\hat{\mu}_i = n\hat{\pi}_i\}$을 가지는 임의의 분할표에 대해 다음과 같은 비유사성지수(dissimilarity index)를 이용하여 표본자료에 대한 모형적합의 정도를 평가하는 것이 바람직하다.

$$D = \sum |n_i - \hat{\mu}_i|/2n = \sum |p_i - \hat{\pi}_i|/2.$$

여기서 이 지수는 0과 1 사이에 있게 된다. 비록 모형이 완전하지 못하더라도 이 값이 작을수록 표본자료가 모형패턴을 잘 따르고 잘된 적합임을 나타낸다.

〈표 6.10〉으로 부터 모형 (GI, GL, GS, IL, IS, LS)의 경우 $D = 0.008$이고 모형 (GLS, GI, IL, IS)은 $D = 0.003$으로 이들 값은 매우 작다. 특히, 모형 (GI, GL, GS, IL, IS, LS)에 대한 상대적으로 큰 G^2 통계량은 이런 모형이 실제로 성립하지 않음을 보여주고 있으나 오히려 지수 D의 작은 값은 이런 모형이 상당히 적합함을 보여주고 있다.

6.5 로그선형모형과 로짓모형의 관계

지금까지 다루어 온 분할표에 대한 로그선형모형에서는 범주형 반응변수(response variable) 간의 연관성을 다루고 있다. 그 반면에 하나의 범주형 반응변수가 이항형이며 여러 설명변수(explanatory variable)에 의해서 설명되는 경우 로짓모형이 고려된다. 그런데 로그선형모형에서 어떤 범주형 변수가 이항형 반응변수이면 로짓모형을 고려할 수 있고, 여러 범주형 설명변수를 갖는 로짓모형은 로그선형모형과 대등하게 여겨진다. 여기서 이들 모형 간에 이와 같은 관계를 알아보기 위해 식 (6.9)에 주어진 삼원분할표의 동질적연관성모형(homogeneous association model)

$$\log \mu_{ijk} = \lambda + \lambda_i^X + \lambda_j^Y + \lambda_k^Z + \lambda_{ij}^{XY} + \lambda_{ik}^{XZ} + \lambda_{jk}^{YZ} \tag{6.13}$$

을 생각해 보자. 이 로그선형모형에서 Y를 이항형 반응변수로 하고 X와 Z를 설명변

수라 하자. 따라서 식 (6.13)에서 Y의 수준은 $j=1,2$가 되므로

$$\begin{aligned}\log(\mu_{i1k})-\log(\mu_{i2k}) &= (\lambda+\lambda_i^X+\lambda_1^Y+\lambda_k^Z+\lambda_{i1}^{XY}+\lambda_{ik}^{XZ}+\lambda_{1k}^{YZ}) \\ &\quad -(\lambda+\lambda_i^X+\lambda_2^Y+\lambda_k^Z+\lambda_{i2}^{XY}+\lambda_{ik}^{XZ}+\lambda_{2k}^{YZ}) \\ &= (\lambda_1^Y-\lambda_2^Y)+(\lambda_{i1}^{XY}-\lambda_{i2}^{XY})+(\lambda_{1k}^{YZ}-\lambda_{2k}^{YZ})\end{aligned}$$

이고,

$$\begin{aligned}\log(\mu_{i1k})-\log(\mu_{i2k}) &= \log\left(\frac{\mu_{i1k}}{\mu_{i2k}}\right) \\ &= \log\left[\frac{P(Y=1|X=i,Z=k)}{P(Y=2|X=i,Z=k)}\right] \\ &= \log\left[\frac{P(Y=1)}{1-P(Y=1)}\right] \\ &= \log[P(Y=1)] \qquad (6.14)\end{aligned}$$

가 된다. 식 (6.13)은 5장에서 살펴본 Y에 대한 로짓모형이며

$$\log[P(Y=1)]=\alpha+\beta_i^X+\beta_k^Z \qquad (6.15)$$

의 가법형태(additive form)를 이루고 있다.

〈표 6.13〉는 삼원분할표에서 Y를 이항 반응변수라 할 때 로그선형모형과 로짓모형의 관계를 보여준다. 허명회(1992, 8장)는 이들의 관계를 사례분석에서 PROC CATMOD 프로그램을 이용하여 비교 설명하고 있다. 덧붙여 참고문헌의 6장(로짓분석), 7장(분할표 Ⅰ-기초분석), 8장(분할표 Ⅱ-로그선형모형)은 다양한 예제와 PROC CATMOD 프로그램을 수록하여 읽는 이에게 그 내용이 쉽고 빠르게 전달되도록 쓰여 있다.

표 6.13 삼원분할표에서 Y를 이항 반응변수라 할 때 로그선형모형과 로짓모형의 관계

로그선형모형	로짓모형
(Y,XZ)	α
(XY,XZ)	$\alpha+\beta_i^X$
(YZ,XZ)	$\alpha+\beta_k^Z$
(XY,YZ,XZ)	$\alpha+\beta_i^X+\beta_k^Z$
(XYZ)	$\alpha+\beta_i^X+\beta_k^Z+\beta_{ik}^{XZ}$

6.6 R-코드

R-코드 6.1 SAS [프로그램 6.1] 내세의 믿음과 성별

```
data= read.csv('LOG_DATA1.CSV')

# Table
table = xtabs(COUNT~.,DATA)
table

mod = glm(COUNT~.,DATA,family = poisson())
summary(mod)
mod$fitted.values #fitted value
mod$deviance # deviance
```

R-코드 6.2 SAS [프로그램 6.2] 내세의 믿음과 성별

```
data= read.csv('LOG_DATA1.CSV')

# model
DATA$SEX = factor(DATA$SEX,levels = c(2,1))
DATA$BELIEF = factor(DATA$BELIEF,levels = c(2,1))
mod2 = glm(COUNT~SEX*BELIEF,DATA,family = poisson())
summary(mod2)
```

R-코드 6.3 SAS [프로그램 6.3~6.4] 알콜, 담배, 마리화나에 대한 경험

```
library(MASS)
table.8.3<-data.frame(expand.grid(
  marijuana=factor(c("Yes","No"),levels=c("No","Yes")),
  cigarette=factor(c("Yes","No"),levels=c("No","Yes")),
  alcohol=factor(c("Yes","No"),levels=c("No","Yes"))),
  count=c(911,538,44,456,3,43,2,279))
fitACM<-loglm(count~alcohol*cigarette*marijuana,data=table.8.3,param=T,fit=T) # ACM
fitAC.AM.CM<-update(fitACM, .~. - alcohol:cigarette:marijuana) # AC, AM, CM
```

```
fitAM.CM<-update(fitAC.AM.CM, .~. - alcohol:cigarette) # AM, CM
fitAC.M<-update(fitAC.AM.CM, .~. - alcohol:marijuana - cigarette:marijuana) # AC, M
fitA.C.M<-update(fitAC.M, .~. - alcohol:cigarette) # A, C, M

data.frame(table.8.3[,-4], ACM=c(aperm(fitted(fitACM))),
           AC.AM.CM=c(aperm(fitted(fitAC.AM.CM))), AM.CM=c(aperm(fitted(fitAM.CM))),
           AC.M=c(aperm(fitted(fitAC.M))), A.C.M=c(aperm(fitted(fitA.C.M))))

fit.array<-fitted(fitAC.AM.CM)
odds.ratio<-function(x) x[1,1]*x[2,2]/(x[2,1]*x[1,2])

apply(fit.array,1,odds.ratio) # CM (given level of A)

apply(fit.array,2, odds.ratio) # AM
apply(fit.array,3, odds.ratio)
sum.array<-function(array, perm=c(3,2,1)){
  res<-aperm(array,perm)
  colSums(res)
}

odds.ratio(sum.array(fit.array))
odds.ratio(sum.array(fit.array, perm=c(1,2,3)))
odds.ratio(sum.array(fit.array, perm=c(2,1,3)))

loglin(fitted(fitACM), margin=list(c(1,2), c(2,3), c(1,3)), param=T,fit=T)

options(contrasts=c("contr.treatment","contr.poly")) # dummy coding for factors
(fit.glm<-glm(count~.^2, data=table.8.3, family=poisson))
summary(fitAC.AM.CM)
anova(fitAC.M, fitAC.AM.CM, fitAM.CM, fitA.C.M)
fit.glm
summary(fit.glm, cor = F)

# 표 6.10

table.8.8<-data.frame(expand.grid(belt=c("No","Yes"), location=c("Urban","Rural"),gender=
c("Female","Male"), injury=c("No","Yes")),count=c(7287,11587,3246,6134,10381,10969,6123,
```

```
6693,996, 759, 973, 757, 812, 380, 1084, 513))

fitG.I.L.S<-loglm(count~., data=table.8.8, fit=T, param=T) # mutual independence
fitGI.GL.GS.IL.IS.LS<-update(fitG.I.L.S, .~.^2, data=table.8.8, fit=T, param=T) # all pairwise
associations
fitGIL.GIS.GLS.ILS<-update(fitG.I.L.S, .~.^3, data=table.8.8, fit=T, param=T) # all three-way
associations

anova(fitG.I.L.S, fitGI.GL.GS.IL.IS.LS, fitGIL.GIS.GLS.ILS)
(fitGI.IL.IS.GLS <- update(fitGI.GL.GS.IL.IS.LS, . ~ . + gender:location:belt))

fitted(fitGI.IL.IS.GLS) # output is from R

fit.array<-fitted(fitGI.IL.IS.GLS)
odds.ratio<-function(x) x[1,1]*x[2,2]/(x[2,1]*x[1,2])
apply(fit.array,c(1,4),odds.ratio) # GL S (same for I = yes or no - column)
apply(fit.array,c(2,4),odds.ratio) # GS L (same for I = yes or no - column)
apply(fit.array,c(3,4),odds.ratio) # LS G (same for I = yes or no - column)
apply(fit.array,c(1,2),odds.ratio) # GI (same for each combination of LS)
apply(fit.array,c(1,3),odds.ratio) # IL (same for each combination of GS)
apply(fit.array,c(2,3),odds.ratio) # IS (same for each combination of GL)

fit.loglinear <- glm(count ~ .^2 + gender:location:belt, data = table.8.8, family = poisson)
fit.logit <- glm(injury ~ gender + belt + location, data = table.8.8, family = binomial,
weight = count)
fit.loglinear$coefficients
fit.logit$coefficients
```

연습문제

1 다음은 어떤 대학원의 입학 지원자에 대한 자료이다. 이 자료는 6개의 학과에 대해서 지원자들의 성별과 입학 허가 여부에 따라 얻어진 분할표이다. 편의상 $A=$ 입학 허가 여부, $G=$ 성별, $D=$ 학과라 하자.

학과	남 입학 허가 여부 예	남 입학 허가 여부 아니오	여 입학 허가 여부 예	여 입학 허가 여부 아니오
1	512	313	89	19
2	353	207	17	8
3	120	205	202	391
4	138	279	131	244
5	53	138	94	299
6	22	351	24	317

(1) 로그선형모형 (AD, DG), (AD, AG, DG)가 적합한지를 알아보라.

(2) 모형 (AD, DG)의 잔차분석을 실시하라.

(3) 학과 1에 관한 자료를 제외하고 모형 (AD, DG)를 적합시켜보라.

(4) 반응변수를 A로 하는 로짓모형을 이용한 분석을 해보라.

2 다음은 안전벨트 착용 여부에 따른 고속도로상의 자동차사고에 관한 기록이다. 운전자의 안전벨트 착용 여부에 따라 사고 당시 차에서 이탈되었는지 그리고 사망했는지에 관한 분할표이다.

(1) 자료에 적합한 로그선형모형을 구하고 변수 간의 연관성 문제를 다루어라.

(2) 사망여부를 반응변수로 하는 로짓모형을 적합시켜라.

안전벨트	이탈	사망 예	사망 아니오
착용	예	14	1,105
	아니오	483	411,111
미착용	예	497	4,624
	아니오	1,008	157,342

3 3장의 〈표 3.1〉에서 세 범주변수를 $D=$ 피의자 인종, $V=$ 희생자 인종, $P=$ 사형판결이라 하자.

(1) 모형 (DV, DP, PV)의 적합을 위한 검정통계량 G^2와 P-값을 구하라.

(2) 적합값을 이용하여 V의 각 수준에서 D와 P 사이의 오즈비를 계산하라.

(3) 모형 (DV, PV)가 적합한지를 검정하고 잔차분석을 실시하라.

(4) DP 부분연관성을 검정하라.

4 〈표 3.3〉의 도시의 흡연과 폐암 연구에 관한 분할표에서

(1) 동질적연관성모형을 적합하라. 흡연과 폐암 간의 추정된 조건부오즈비를 구하라.

(2) 도시를 제어할 때 흡연과 폐암 간의 조건부독립성의 단순한 모형을 고려하고 이를 동질적연관성모형과 비교하라.

(3) 폐암여부를 반응변수로 하고 흡연과 도시의 효과를 포함하는 로짓모형을 적합하라. 흡연효과를 이용하여 흡연과 폐암의 조건부오즈비를 추정하라.

5 [보기 6.2]에는 미국의 모 고등학교 졸업생들을 대상으로 알콜, 담배, 마리화나를 접해 본 경험에 관한 삼원분할표 〈표 6.3〉에 대하여 로그선형모형을 이용하여 분석하였다. 여기서는 마리화나를 반응변수로 사용하여 로짓모형을 이용한 분석을 실시하고 로그선형모형분석과 유사한 결과임을 비교하라.

6 문제 3에서 $P=$ 사형판결를 반응변수로 고려하여 두 가지 로그선형모형의 동일한 결과를 제공할 로짓모형을 적합시켜라. 그리고 로그선형모형과 로짓모형의 모수추정 간의 관계를 설명하라.

7 다음 자료는 학업성취도가 자부심에 미치는 효과를 인종 및 성별에 따라 정리한 자료이다.

(1) 로그선형모형 분석을 실시하라.

(2) 자부심을 반응변수로 간주하고 나머지 변수들을 설명변수로 하여 로짓모형을 적합하여라.

(3) 적절한 로짓모형을 구축하여라.

성별	GPA 성적	백인		흑인	
		자부심 강	자부심 약	자부심 강	자부심 약
남	높음	15	9	17	10
	낮음	26	17	22	26
여	높음	13	22	22	32
	낮음	24	23	3	17

8 〈표 6.10〉에서 고려한 로그선형모형에 대하여

(1) 〈표 6.12〉에서 모형 (GI, GL, GS, IL, IS, LS)에 대한 추정된 오즈비가 부상에 대한 거의 대부분의 경우가 시골에서 안전벨트를 착용하지 않은 여성에 대한 사고임을 나타냄을 설명하라.

(2) 모형 (GLS, GI, IL, IS)을 적합시키고, 적합된 IS 조건부 오즈비가 0.44임을 보여라. 또한, $LS(G=\text{여자})$ 조건부 오즈비가 1.17이며 $LS(G=\text{남자})$ 조건부 오즈비가 1.03임을 보여라.

9 [보기 6.3]에서 살펴본 로그선형모형 (GLS, GI, IL, IS)로부터 π를 부상확률이라 하면, 로짓모형 $\text{logit}(\pi) = \alpha + \beta_g^G + \beta_l^L + \beta_s^S$와 동일함을 보여라.

10 다원분할표의 경우 로짓모형이 로그선형모형보다 더 적절한가? 언제 로그선형모형이 로짓모형보다 더 적절한가?

11 4개의 범주변수 W, X, Y, Z에 대해, X와 Y가 조건부 독립일 때 (WXZ, WYZ)가 가장 적합한 로그선형모형인지를 설명하라.

7장

로짓과 로그선형모형의 구축과 응용

6장에서는 분할표의 로그선형모형과 관련된 모형의 적합도검정을 알아보았다. 또한 로짓모형과 로그선형모형의 관련성도 언급하였다. 7장에서는 이들 두 모형에서 연관성과 조건부독립성을 나타내는 연관성그림(association graph)을 소개하려 한다. 특별히 6장에서는 모든 범주변수를 명목형으로 여겼는데 이들이 순서형인 경우에 적합한 순서 로그선형모형을 세우고 실제 응용을 보이려 한다. 끝으로 분할표에서 빈칸(empty cell)이 모수추정과 적합도 검정통계량에 미치는 영향에 관해서 설명하고 이를 극복하기 위한 방안을 다루려 한다.

7.1 연관성그림과 붕괴가능성

연관성그림

로그선형모형에서 연관성을 나타내는 그림을 소개하려 한다. 예를 들자면 네 범주를 나타내는 변수 W, X, Y, Z에 의한 사원분할표의 로그선형모형을 (WX, WY, WZ, YZ)로 가정하자. 이 모형에서는 XY와 XZ 연관성을 나타내는 항이 빠져 있어 네 변수 중 이들 두 변수를 각각 제외한 나머지 두 변수에 관해 조건부독립성이 가정되었다. 그러나 W와 X 사이의 연관성과 세 변수집합 $\{W, Y, Z\}$에서 임의의 두 변수 사이의 연관성은 존재한다고 가정한다. 이때 연관성그림(association graph)

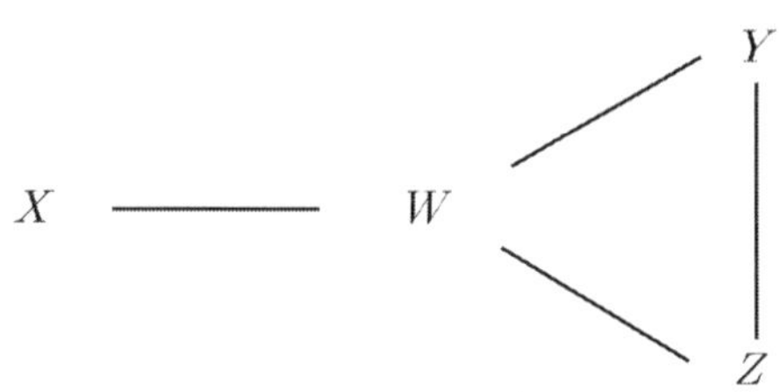

(7.1)

은 이 모형의 특징을 나타내고 있다. 그림에서 정점은 각 변수를 나타낸다. W와 X, W와 Y, W와 Z, Y와 Z를 연결하는 네 가장자리(edges)는 쌍별부분연관성(pairwise partial association)을 의미한다. X와 Y, X와 Z는 나머지 변수들에 관해 조건부독립이므로 가장자리로 연결되지 못하고 있다.

이 그림은 (WX, WYZ) 모형도 나타내고 있다. 즉, 동일한 쌍별연관성을 갖는 두 로그선형모형은 동일한 연관성그림을 가진다. 그리고 한 변수에서 다른 변수로 이어지는 일련의 가장자리를 경로(path)라 한다. (7.1)의 연관성그림에서 X에서 Y로 연결되는 어떤 경로도 W를 지나야 한다. 이때 W가 X와 Y를 분리(separate)한다고 하며, 두 변수집합 $\{W, Z\}$도 X와 Y를 분리하고 있다. 따라서 X와 Y는 W와 Z가 주어질 때 조건부독립을 하며 이 성질은 W만 주어진 경우에도 성립한다. 마찬가지로 X와 Z 역시 W만 주어지더라도 조건부독립을 하고 있다.

또 다른 예로 로그선형모형(WX, XY, YZ)의 연관성그림은

$$W \;——\; X \;——\; Y \;——\; Z$$

이다. W와 Z는 X, Y 또는 X 및 Y에 의해서 분리되어 W와 Z는 X, Y 또는 X 및 Y가 주어질 때 조건부독립이다. 마찬가지로 W와 Y도 X 또는 X 및 Z가 주어질 때 조건부독립을 하며 X와 Z도 Y 또는 Y 및 W가 주어질 때 조건부독립을 하고 있다.

붕괴가능성

부분분할표(partial table)에서 연관성을 부분연관성(6장에서는 조건부연관성이라 한다)이라 하는데, 이는 주변연관성(marginal association)과는 다를 수도 있다는 점을 이미 3장에서 살펴보았다. 삼원분할표에서 Z가 주어졌을 때 X와 Y가 조건부독립을 만족할 때 이들이 주변독립일 필요는 없다. 여기서는 부분분할표에서 모형의 오즈비가 주변분할표에서처럼 동일하게 되는 조건을 제시하려 한다. 이 조건을 붕괴가능조건(collapsibility condition)이라 하는데, 삼원분할표에서는 Z와 X 또는 Z와 Y가 조건부독립이면 XY 주변오즈비와 부분오즈비가 동일하게 된다.

예를 들면, 〈표 6.3〉의 알콜(A), 담배(C), 마리화나(M) 경험에 관한 분할표에서 M이 주어져 있을 때 A와 C의 조건부독립성을 만족하는 (AM, CM)의 연관성그림은

$$A \;——\; M \;——\; C$$

이다. 먼저 C에 관해 제어되는 AM 연관성을 고려해보자. C와 A가 조건부독립이므로 AM 부분오즈비는 C에 대해 붕괴되는 AM 주변오즈비와 같다. 실제로 (AM, CM) 모형의 경우 〈표 6.6〉에서 적합된 AM 주변오즈비와 부분오즈비가 61.9로 동일함을 알 수 있다. 유사한 방법으로 CM 연관성도 붕괴가능하다. 그러나

AC 연관성은 M이 A와 C에 조건부종속이기 때문에 붕괴가능조건이 만족되지 않는다. 비록 A와 C는 조건부독립이지만 A와 C는 주변적종속일 수도 있다. 〈표 6.6〉에서 적합된 AC의 주변오즈비 2.7은 부분오즈비 1.0과 다름을 보여주고 있다. (AC, AM, CM) 모형의 경우 두 오즈비가 일치하는 변수쌍이 없음을 〈표 6.6〉에서 확인할 수 있다. 즉, 어떤 붕괴가능조건도 성립하지 않는다.

이번에는 로짓모형에서 붕괴가능조건을 생각하기로 하자. 특별히 식 (6.14)의 로짓모형

$$\text{logit}(\pi) = \alpha + \beta_i^X + \beta_k^Z$$

는, 예를 들어, 제어변수 Z의 수준을 몇 군데 임상센터라 할 때, 처리변수(treatment variable) X와 이항반응변수 Y 사이의 연관성을 조사하는 임상실험에 적용될 수 있다. 여기서 π는 Y가 성공일 확률을 의미하며 처리효과는 각 임상센터마다 같다고 가정한다. 이 로짓모형은 6.5절에서 살펴본 바와 같이 (XY, XZ, YZ) 로그선형모형과 일치하기 때문에 임상센터를 나타내는 요인에 따라 분할표를 붕괴하면, 이때 추정된 처리효과는 다를 수도 있다. 즉, 이런 모형의 추정된 XY 오즈비는 XY 2×2 주변분할표에서의 표본오즈비와 다르다.

다음으로 임상센터의 효과가 없는 단순한 모형

$$\text{logit}(\pi) = \alpha + \beta_i^X$$

의 경우 각 처리에 따른 성공할 확률 π는 모든 센터에 대해 동일하다. 이 로짓모형은 (XY, XZ) 로그선형모형과 동일하며 이는 XY 연관성이 붕괴가능한 경우이다. 실제로 임상센터 효과를 무시할 수 있고, 완전모형과 비교해서 단순모형의 적합도가 떨어지지 않을 때, 즉, 임상센터효과가 교락효과(confounding effect)가 아닐 때는 분할표를 붕괴할 수 있으며 주변오즈비를 이용하여 처리효과를 추정할 수 있게 된다.

7.2 순서연관성 모형화

이 절에서는 이원분할표의 순서로그선형모형(ordinal log-linear model)에 대해 알

아보고자 한다. 가끔은 분할표에서 범주들이 순서화되어 있는 경우가 있다. 예를 들자면 부산시 내에 거주하는 30~40대 주부를 대상으로 학력과 5점척도(아주 그렇다, 조금 그렇다, 보통이다, 별로 그렇지않다, 전혀 그렇지 않다)로 된 유명상표 선호도에 대한 통계조사로부터 얻어진 분할표의 경우이다.

표 7.1 결혼 전 성관계와 10대의 피임 허용 간 분할표, 독립성모형의 적합값및 수정잔차

결혼 전 성관계	10대 피임 허용			
	매우 반대	반대	찬성	매우 찬성
매우 나쁘다	81 (42.4) 7.6	68 (51.2) 3.1	60 (86.4) −4.1	38 (67.0) −4.8
거의 나쁘다	24 (16.0) 2.3	26 (19.3) 1.8	29 (32.5) −0.8	14 (25.2) −2.8
조금 나쁘다	18 (30.0) −2.7	41 (36.3) 1.0	74 (61.2) 2.2	42 (47.4) −1.0
전혀 나쁘지 않다	36 (70.6) −6.1	57 (85.2) −4.6	161 (143.8) 2.4	157 (111.4) 6.8

보기 7.1

실제로 〈표 7.1〉은 결혼 전 성관계에 대해 4점척도(매우 나쁘다, 거의 나쁘다, 조금 나쁘다, 전혀 나쁘지 않다)로 조사했고, 동시에 14세와16세의 10대들이 사용할 수 있는 피임방법에 대해 4점척도(매우 반대, 반대, 찬성, 매우 찬성)로 조사한 결과로부터 얻은 분할표 자료이다.

프로그램 7.1 〈표 7.1〉을 위한 PROC GENMOD

```
DATA sex ;
INPUT premar birth count @@;
assoc = premar * birth ;
CARDS ;
1 1  81 1 2 68 1 3  60 1 4  38
```

```
2 1   24 2 2 26 2 3   29 2 4   14
3 1   18 3 2 41 3 3   74 3 4   42
4 1   36 4 2 57 4 3 161 4 4 157
;
PROC GENMOD ;
        CLASS premar birth ;
        MODEL count = premar birth /
                dist = poisson link = log obstats residual ;
```

이 자료에 대해 일반적인 독립성 로그선형모형을 적합시켜 얻은 추정값과 수정잔차도 함께 정리하여 두었다. 그리고 이들 결과를 얻기 위한 PROC GENMOD [프로그램 7.1]을 참고하기 바란다. 〈표 7.1〉의 적합값과 수정잔차는 PROC GENMOD 프로그램 결과 중 Pred와 StReschi에 있다.

〈표 7.1〉의 이원분할표의 독립성 로그선형모형은 식 (6.1)에 잘 나와 있으며 편의상 이 모형을 M이라 하자. 이 모형의 적합도 검정통계량의 자유도는 9이고 $X^2(M) = 128.7$, $G^2(M) = 127.7$을 갖게 되고, 이 모형은 잘 적합되지 못하므로(P값 < 0.001) 식 (6.5)의 포화모형을 고려할 수 있지만, 이것은 별로 유용하지 못하다. 〈표 7.1〉을 보면 두 반응이 가장 부정적인 (매우 나쁘다, 매우 반대)칸과 가장 긍정적인 (전혀 나쁘지 않다, 매우 찬성)칸의 잔차는 각각 7.6과 6.8로 매우 크며 실제 이들 칸의 관측도수 81, 157은 각각 독립성모형의 적합된 값 42.4, 111.4보다 훨씬 큼을 알 수 있다.

반면, 가장 긍정과 가장 부정적 반응으로 이루어진 칸의 경우 관측도수 38, 36은 적합값 67.0, 70.6보다 훨씬 작다. 일반적으로 순서변수(ordinal variable)에 의한 분할표의 모서리칸에서 독립성을 크게 이탈함을 알 수 있다. 실제로 〈표 7.3〉의 이런 경향은 긍정적 방향에서 모형의 적합도(독립성에 대한)가 떨어짐을 보여주고 있다. 즉, 10대에게 임신조절을 허용해야 한다고 좀 더 강하게 느끼는 사람들은 결혼 전 성경험에 대해서도 관대한 입장을 보이고 있다. 독립성모형이 대부분의 자료에 잘 적합되는 간단한 모형이지만 순서변수에 의한 분할표 모형에서는 이들 변수의 부정적 또는 긍정적 연관성 경향을 나타내는 항이 더 추가되며, 이러한 모형은 독립성모형보다 더 복잡하지만 포화모형에 비해 단순하다. 이와 같은 모형을 순서로그선형모형이라 한다.

선형 × 선형 연관성모형

$I \times J$ 이원분할표에서 두 범주는 $u_1 \leqq u_2 \leqq \cdots \leqq u_I$ 와 $v_1 \leqq v_2 \leqq \cdots \leqq v_J$ 인 범주점수 $\{u_i\}$와 $\{v_j\}$를 각각 갖는다고 하자. 이들 점수를 반영하는 모형은

$$\log \mu_{ij} = \lambda + \lambda_i^X + \lambda_j^Y + \beta\, u_i\, v_j \tag{7.2}$$

이다. 여기서 $\beta = 0$라면 식 (6.1)의 독립성모형이 된다. $\beta u_i v_j$를 독립성이탈항이라 하는데, X의 고정된 수준에서 Y점수 또는 Y의 고정된 수준에서 X점수의 선형형태가 된다. 예를 들어, j번째 열에서 이탈항은 기울기 βv_j 를 가지며 X의 점수 u_i 에 의한 (기울기)×(X의 점수) 형태를 갖는 X의 선형함수이다. 이런 성질 때문에 모형 (7.2)를 선형×선형 연관성모형(linear-by-linear association model)이라 하며 간단히 $L \times L$ 모형으로 표현한다. 실제 모형 (7.2)에서 β는 연관성의 방향과 정도를 나타내는 연관성모수로 다음과 같은 경향을 가진다.

- $\beta > 0$: X가 증가하면 Y가 증가하는 경향이 있다. 분할표에서 X와 Y의 순위가 모두 높거나 낮은 칸의 기대도수는 가정된 독립성모형의 기대값보다 훨씬 크다.
- $\beta < 0$: X가 증가하면 Y가 감소하는 경향이 있다. X의 순위가 높고 Y의 순위가 낮거나, X의 순위가 낮고 Y의 순위가 높은 칸에서 기대도수는 상대적으로 크게 된다.

$L \times L$ 모형에서 짝진 범주들에 대한 오즈비를 이용하여 연관성을 이야기하자. 특별히 행범주 a와 c, 열범주 b와 d에 따라 이루어지는 칸은 이원분할표를 구성한다. 이 경우 오즈비는

$$\frac{\mu_{ab}\,\mu_{cd}}{\mu_{ad}\,\mu_{cb}} = \exp[\beta(u_c - u_a)(v_d - v_b)] \tag{7.3}$$

이다. $|\beta|$가 증가하면 연관성은 높아진다.

실제로 행과 열범주의 점수는 일반적으로 $\{u_i = i\}$와 $\{v_j = j\}$로 단순하게 행과 열을 가리키는 수를 나타낸다. 이 점수는 이웃하는 행과 열범주의 점수들의 각 쌍 간에 등간격 1씩을 갖는다. 이웃하는 행과 이웃하는 열에 의해 계산되는 오즈비를 국소오즈비(local odds ratio)라 한다. 따라서 1간격 점수들의 경우 모든 국소오즈비는 동일하게 $\exp(\beta)$가 된다. 등간격의 행과 열범주 점수의 어느 조합도 균등국소오즈비

(uniform local odds ratio)를 가지는데 모형에서 이런 특별한 경우를 균등연관성(uniform association)이라 한다. 지금까지 언급한 $L \times L$ 모형에 대해서 예제를 통해 알아보자.

보기 7.2

〈표 7.1〉의 결혼 전 성관계와 10대의 임신조절허용에 관한 분할표를 $L \times L$ 연관성모형을 적용시켜 정리한 결과가 〈표 7.2〉이다. 여기서는 행범주점수 $\{1, 2, 3, 4\}$와 열범주점수 $\{1, 2, 3, 4\}$를 사용하였다.

표 7.2 〈표 7.1〉의 분할표에 대한 $L \times L$ 연관성모형의 적합값

결혼 전 성관계	10대 임신조절			
	매우 반대	반대	찬성	매우 찬성
매우 나쁘다	81 (80.9)	68 (67.7)	60 (69.4)	38 (29.1)
거의 나쁘다	24 (20.8)	26 (23.1)	29 (31.5)	14 (17.6)
조금 나쁘다	18 (24.4)	41 (36.2)	74 (65.7)	42 (48.8)
전혀 나쁘지 않다	36 (33.0)	57 (65.1)	161 (157.4)	157 (155.5)

프로그램 7.2 〈표 7.2〉의 $L \times L$ 모형을 위한 PROC GENMOD

```
PROC GENMOD DATA = sex ;
    CLASS premar birth ;
    MODEL count = premar birth assoc /
          dist = poisson link = log obstats residual ;
```

이 모형의 적합도 검정통계량은 자유도가 8이고 $X^2(L \times L) = 11.5$, $G^2(L \times L) = 11.5$이므로 독립성모형의 검정통계량 $X^2(M) = 128.7$, $G^2(M) = 127.7$과 비교할 때 모형의 적합도가 대단히 좋아졌음을 알 수 있다. 특히, 〈표 7.1〉의 결과와 비교해 볼 때 (매우 나쁘다, 매우 반대), (매우 나쁘다, 매우 찬성), (전혀 나쁘지않다, 매우 반대), (전혀 나쁘지않다, 매우 찬성)칸에서 관측도수와 적합값의 차이가 눈에 띄게 작아졌음을 알 수 있다. 이들검정통계량과 적합값은 PROC GENMOD [프로그램 7.2]의 수행 결과인 〈표 7.3〉의 ①과 ③의 Pred에서 각각 제공받고 있다. 이 프로그램에서 사용하는 자료 (DATA = sex)는 [프로그램 7.1]의 SAS자료 SEX이다. 이미 이 자료에서 식 (7.2)의 $L \times L$ 연관성모형에 관련된 독립성이탈항 $\beta u_i v_j$ 를 나타내는 연산문 『assoc = premar * birth ;』을 고려해 두었다. 따라서 [프로그램 7.2]의 MODEL문에는 『assoc』 변수가 추가되어 있는 것이다.

연관성모수 β 의 추정값 $\hat{\beta} = 0.286$은 점근표준오차 $ASE = 0.0282$를 가지며 [프로그램 7.2]의 수행 결과인 〈표 7.3〉의 ② Analysis of Parameter Estimates의 ASSOC에 나타나 있다. 이 값으로 미루어 볼 때 10대의 임신조절 허용에 대해 매우 호의적인 반응을 보이는 사람들은 역시 결혼 전 성경험에 대해서도 더 관대한 경향을 보임을 알 수 있다. 추정된 국소오즈비 $\exp(\hat{\beta}) = \exp(0.286) = 1.33$은 연관성 정도가 약함을 의미한다. 이에 반하여 식 (7.3)은 비국소오즈비(nonlocal odds ratio)로 생각할 수 있는데, 실제 앞서 살펴본 4개의 칸 (매우 나쁘다, 매우 반대), (매우 나쁘다, 매우 찬성), (전혀 나쁘지 않다, 매우 반대), (전혀 나쁘지 않다, 매우 찬성)에 대한 이 오즈비의 추정값은 $a = 1$, $c = 4$이며 $b = 1$, $d = 4$인

$$\begin{aligned} &\exp[\hat{\beta}(u_4 - u_1)(v_4 - v_1)] \\ &\quad = \exp[0.286(4-1)(4-1)] = \exp(2.57) = 13.1 \end{aligned}$$

이다. 이 값은 〈표 7.2〉의 1행, 4행 그리고 1열과 4열로 이루어지는 이원분할표의 적합된 오즈비(80.9)(155.5) / (29.1)(33.0) = 13.1을 직접 계산해서도 얻을 수 있다. 이 오즈비 13.1은 10대의 임신조절 허용을 매우 찬성하는 사람의 경우 결혼 전 성경험이 매우 나쁘다에 비해 전혀 나쁘지 않다라고 응답한 오즈가 10대 임신조절 허용에 매우 반대하는 사람에 대한 오즈(= 33.0 / 80.9)의 약 13배가 된다는 점이다.

표 7.3 [프로그램 7.2]의 수행 결과 중 일부

① Criteria For Assessing Goodness Of Fit

Criterion	DF	Value	Value/DF
Deviance	8	11.5337	1.4417

표 7.3 [프로그램 7.2]의 수행 결과 중 일부(계속)

Scaled Deviance	8	11.5337	1.4417
Pearson Chi-Square	8	11.5085	1.4386
Scaled Pearson X2	8	11.5085	1.4386
Log Likelihood	.	3041.7446	.

② Analysis Of Parameter Estimates

Parameter		DF	Estimate	Std Err	ChiSquare	Pr>Chi
INTERCEPT		1	0.4735	0.4339	1.1909	0.2751
PREMAR	1	1	1.7537	0.2343	56.0138	<.0001
PREMAR	2	1	0.1077	0.1988	0.2935	0.5880
PREMAR	3	1	-0.0163	0.1264	0.0167	0.8972
PREMAR	4	0	0.0000	0.0000	.	.
BIRTH	1	1	1.8797	0.2491	56.9386	<.0001
BIRTH	2	1	1.4156	0.1996	50.2871	<.0001
BIRTH	3	1	1.1551	0.1291	80.0676	<.0001
BIRTH	4	0	0.0000	0.0000	.	.
ASSOC		1	0.2858	0.0282	102.4626	<.0001
SCALE		0	1.0000	0.0000	.	.

NOTE: The scale parameter was held fixed.

③ Observation Statistics(일부)

count	Pred	Xbeta	Std	HessWgt	Lower
	Reschi	Resdev	StResdev	StReschi	Reslik
81	80.856575	4.3926769	0.0981162	80.856575	66.711187
	0.0159502	0.0159455	0.0338722	0.0338822	0.03388
68	67.654059	4.2144074	0.0903496	67.654059	56.674562
	0.0420586	0.0420229	0.0628021	0.0628555	0.0628316
			……생 략……		
157	155.53326	5.0468596	0.0724399	155.53326	134.94671
	0.1176094	0.1174252	0.2738738	0.2743033	0.2742244

범주점수 간 간격이 동일한 두 범주점수 집합, 예를 들면 $\{u_1 = 1, u_2 = 2,$

$u_3 = 3, u_4 = 4\}$ 와 $\{u_1 = -1.5, u_2 = -0.5, u_3 = 0.5, u_4 = 1.5\}$에 대해 β의 추정값과 적합도는 동일하다. 반면에 등간격 범주점수를 갖는 두 집합은 동일한 적합도를 갖지만 β의 추정치는 달라진다. 예를 들어, 행범주의 점수가 $\{2, 4, 6, 8\}$이고 열범주점수 $\{v_j = j\}$에 대한 적합도 검정통계량은 $G^2(L \times L) = 11.5$로 앞의 경우와 같으나 $\hat{\beta} = 0.286/2 = 0.143$이 된다. 또한, 식 (7.3)의 오즈비는 $\exp[0.143(8-2)(4-1)] = \exp(2.57) = 13.1$로 변화가 없다.

독립성에 대한 순서검정

선형×선형 연관성모형에서 독립성검정을 위한 귀무가설은 $H_0 : \beta = 0$이다. 이를 위한 우도비검정통계량은

$$G^2(M|L \times L) = G^2(M) - G^2(L \times L) \tag{7.4}$$

이다. 여기서 자유도는 1이고 $G^2(M)$와 $G^2(L \times L)$는 독립성모형(M)과 $L \times L$ 모형을 위한 적합도 검정통계량임을 알고 있다. 실제로 〈표 7.1〉에서 $G^2(M) = 127.7$이고 〈표 7.2〉에서 $G^2(L \times L) = 11.5$이므로 $G^2(M|L \times L) = 127.7 - 11.5 = 116.2$이다. 이때 P-값은 0.0001보다 작으므로 매우 강한 연관성이 있음을 나타낸다.

이 귀무가설에 대한 또 다른 검정통계량인 왈드 통계량(Wald statistic) $z^2 = (\hat{\beta}/ASE)^2 = (0.286/0.0282)^2$는 자유도 1인 카이제곱통계량이 된다. 그리고 2.5절의 순서자료(ordinal data)에 대한 독립성검정 상관통계량은 보통 지금까지 다룬 우도비통계량 및 왈드 통계량과 유사하다.

7.3 조건부독립성검정

이 절에서는 삼원분할표의 조건부독립성검정 방법들에 대해 알아보고 우도비검정으로 로그선형모형이나 로짓모형을 비교하려 한다. 또한 일반화된 코크란-맨틀-핸첼 통계량도 사용하려 한다.

6장 3절에서 두 로그선형모형을 비교하여 부분연관성(partial association)을 검정하는 법을 언급하였다. 이는 식 (6.11)의 적합도 검정통계량 G^2의 차가 우도비검정통계량 $-2(L_0 - L_1)$과 수리적으로 일치하므로 이를 검정통계량으로 하는 검정법이다. 여기서 이를 다시 정리하기로 하자.

조건부독립성검정

XY 조건부독립성의 귀무가설을 검정하기 위해 먼저 XY 조건부독립모형 (XZ, YZ)과 XY 연관성을 포함하는 모형 (XY, XZ, YZ)의 적합도 검정통계량 $G^2(XZ, YZ)$과 $G^2(XY, XZ, YZ)$을 각각 구한다. 그리고 이들의 차를 이용하여 검정통계량

$$G^2[(XZ, YZ) \mid (XY, XZ, YZ)] = G^2(XZ, YZ) - G^2(XY, XZ, YZ)$$

을 구한다. 이 검정통계량은 (XY, XZ, YZ) 모형에서 H_0 : 모든 $\lambda_{ij}^{XY} = 0$을 검정하기 위한 것이다. 만약 H_0이 기각되지 않으면, XY 조건부독립성의 귀무가설이 채택되어 조건부독립모형 (XZ, YZ)이 만족된다.

만약, Y가 이항변수이면 $Y=1$일 확률 π에 대해 로짓모형

$$\text{logit}(\pi) = \alpha + \beta_i^X + \beta_k^Z$$

는 로그선형모형 (XY, XZ, YZ)과 일치함을 6.4절에서 보여주었다. 여기서 XY 조건부독립성의 귀무가설은 H_0 : 모든 $\beta_i^X = 0$이다. 이때 우도비검정통계량은 삼원분할표의 축소로짓모형 $\text{logit}(\pi) = \alpha + \beta_k^Z$와 완전모형에 대한 적합도 검정통계량 G^2값들의 차가 된다.

특별히 $2 \times 2 \times K$ 분할표에서 조건부독립성검정을 위해 로그선형모형 또는 로짓모형을 비교하는 과정은 3장의 코크란-맨틀-핸첼(CMH) 검정과 동일한 목적을 나타낸다. 일반적으로 각 부분분할표의 XY 오즈비가 비슷할 때 CMH 검정은 잘 적용된다.

보기 7.3

〈표 7.4〉는 직업만족도(S)와 월수입(I)의 관계를 성별(G)에 따라 정리한 분할표이다. 모형 (IS, GI, GS)에 대해 조건부독립모형(GI, GS)를 비교하여 IS 조건부독립성

가정을 검정하도록 하자. 이를 위한 PROC GENMOD [프로그램 7.3]을 참고하기 바란다.

표 7.4 성별에 따른 직업만족도와 수입의 분할표

성별	수입	직업만족도			
		매우 불만족	약간 만족	대개 만족	매우 만족
여자	150만 원 이하	1	3	11	2
	150만 원–400만 원	2	3	17	3
	400만 원–600만 원	0	1	8	5
	600만 원 이상	0	2	4	2
남자	150만 원 이하	1	1	2	1
	150만 원–400만 원	0	3	5	1
	400만 원–600만 원	0	0	7	3
	600만 원 이상	0	1	9	6

프로그램 수행 결과로부터 각 모형의 적합도 검정통계량 $G^2(GI, GS) = 19.4$는 자유도가 18이며, $G^2(IS, GI, GS) = 7.1$는 자유도가 9임을 얻을 수 있다. 이 들로부터 자유도가 $18-9=9$인 우도비검정통계량 $G^2[(GI, GS)|(IS, GI, GS)] = 19.4 - 7.1 = 12.3$을 계산할 수 있다. 이 검정통계량에 대한 P−값은 0.20으로 IS 연관성이 없다(H_0 : 모든 $\lambda_{ij}^{IS} = 0$을 기각하지 못함)라는 결론을 맺는다. 이는 연관성항이 없는 IS 조건부독립모형이 만족됨을 의미한다. 사실 자유도가 18인 $G^2(GI, GS) = 19.4$는 포화모형에 대해 IS 조건부독립성을 직접 검정하기 위한 적합도 검정통계량으로 0.37의 P−값을 가지며 이는 조건부독립성을 가정한 현재 (GI, GS) 모형이 적합함을 나타낸다. 그러나 이 검정방법은 검정력이 낮은 경우가 가끔 있는 것이 단점이다.

앞의 검정에서 수입과 직업만족도에 관한 범주를 명목형으로 다루었지만, 이 변수들은 실제로 순서를 갖는 순서형범주이다. 7.2절에서 순서형범주를 가진 이원분할표에 대한 순서로그선형모형을 알아보았다. 〈표 7.4〉 수입과 직업만족도가 순서형범주를 갖는 삼원분할표이므로 이원분할표의 순서로그선형모형의 확장이 필요하다.

프로그램 7.3 **〈표 7.4〉에서 IS 조건부독립성검정을 위한 PROC GENMOD**

```
DATA job ;
INPUT gender $ income satisf count @@ ;
```

```
        assoc=income*satisf ;
CARDS ;
F  1  1  1  F  1  2  3  F  1  3  11  F  1  4  2
F  2  1  2  F  2  2  3  F  2  3  17  F  2  4  3
F  3  1  0  F  3  2  1  F  3  3  8   F  3  4  5
F  4  1  0  F  4  2  2  F  4  3  4   F  4  4  2
M  1  1  1  M  1  2  1  M  1  3  2   M  1  4  1
M  2  1  0  M  2  2  3  M  2  3  5   M  2  4  1
M  3  1  0  M  3  2  0  M  3  3  7   M  3  4  3
M  4  1  0  M  4  2  1  M  4  3  9   M  4  4  6
;

/* Model (GI, GS) */
PROC GENMOD DATA = job ;
      CLASS gender income satisf ;
      MODEL count = gender income satisf gender*income
                       gender*satisf / dist = poisson link = log ;
 /* Model (IS, GI, GS) */
PROC GENMOD DATA = job ;
      CLASS gender income satisf ;
      MODEL count = gender income satisf gender*income
                       gender*satisf income*satisf /
                       dist = poisson link = log ;
```

삼원분할표의 독립성순서검정

만약, 세 범주변수 X, Y, Z 중 X와 Y가 순서형이라면 삼원분할표를 위한 순서로그선형모형은

$$\log\mu_{ijk} = \lambda + \lambda_i^X + \lambda_j^Y + \lambda_k^Z + \beta u_i v_j + \lambda_{ik}^{XZ} + \lambda_{jk}^{YZ} \tag{7.5}$$

이다. 모형 (7.5)에는 일반적으로 (XY, XZ, YZ) 모형에서 XY 연관성에 관련된 항 λ_{ij}^{XY} 대신에 선형×선형($L \times L$)항 $\beta u_i v_j$이 고려되어 있다. 이 모형을 동질적 선형×선형 연관성모형(homogeneous linear-by-linear association model)이라 한다.

즉, 동질적 $L \times L$ 모형이라 할 수 있다. 특히 모형 (7.4)에서 $\beta = 0$이면 (XZ, YZ)인 조건부독립모형이 되므로 $H_0 : \beta = 0$을 검정하는 조건부독립성검정을 필요로 한다. 이를 위한 방법은 7.2절의 독립성순서검정에서 언급하였는데 간단히 요약하기로 하자.

방법 1) 우도비검정통계량 이용하기

1. 동질적(Homogeneous) $L \times L$ 모형과 조건부독립(Conditional Independence) 모형 (XZ, YZ)의 적합도 검정통계량 $G^2(H : L \times L) = G^2(C : I)$를 계산
2. 우도비검정통계량 $G^2(C : I | H : L \times L) = G^2(C : I) - G^2(H : L \times L)$는 자유도 1인 카이제곱통계량이다.

방법 2) 왈드 통계량 이용하기

1. $\hat{\beta}$과 ASE를 구한다.
2. 왈드 통계량 $z^2 = (\hat{\beta} / ASE)^2$은 자유도 1인 카이제곱통계량이다.

보기 7.4

실제 〈표 7.4〉에서 수입과 직업만족도 범주의 점수는 $\{1,2,3,4\}$이다. 이때 동질적 $L \times L$ 모형의 적합성검정(또는 조건부독립성검정)을 위해 PROC GENMOD [프로그램 7.4]를 고려하자. MODEL문에 『assoc』는 $L \times L$항 $\beta u_i v_j$를 의미하며 이미 [프로그램 7.3]에서 연산하여 두었다. [프로그램 7.4]의 수행 결과 Deviance와 Analysis of Parameter Estimates의ASSOC로부터 조건부독립성검정을 위한 자유도가 17인 $G^2(H : L \times L) = 12.3$, $\hat{\beta} = 0.3878$과 $ASE = 0.1547$을 얻을 수 있다.

먼저 조건부독립성검정의 방법 1)에 따르면, $G^2(C : I) = G^2(GI, GS) = 19.4$는 자유도가 18이며 [프로그램 7.3]에서 구할 수 있다. 따라서 $G^2(C : I | H : L \times L) = 19.4 - 12.3 = 7.1$는 자유도가 $18 - 17 = 1$이며 P-값 0.01을 갖는다. 이는 유의수준 5%에서 모형 (7.5)의 동질적 $L \times L$ 모형이 적합함을 의미한다 .

방법 2)에 따르면 왈드 통계량 $z^2 = (0.3878/0.1547)^2 = 6.3$은 자유도가 1이며 P-값으로 0.01을 가져 연관성이 매우 높음을 나타내고 있다. $\hat{\beta}$=0.3878로 미루어볼 때 수입이 높은 사람들이 직업만족도가 높음을 알 수 있다.

프로그램 7.4 〈표 7.3〉의 동질적 $L\times L$ 모형을 위한 PROC GENMOD

```
/* Homogeneous LxL Model */

PROC GENMOD DATA=job ;
     CLASS gender income satisf ;
     MODEL count=gender income satisf gender*income
               gender*satisf assoc
               / dist=poisson link=log obstats ;
```

일반화 코크란-맨틀-핸첼 검정

3장에서는 $2\times2\times K$ 분할표의 조건부독립성을 검정하기 위한 코크란-맨틀-핸첼(CMH) 검정법을 소개하고 있다. 여기서는 이 검정법을 일반화한 것으로 $I\times J\times K$ 분할표에서 조건부독립성검정을 위한 일반화 CMH 검정법을 언급하려 한다. 일반화 CMH 검정법은 세 범주변수 X, Y, Z 중 X와 Y의 종류(명목형 또는 순서형)에 따라 세 가지로 나누어진다. 이 검정법에 관련된 통계량에 관한 공식은 Agresti(1990, 8장)에 나와 있는데 복잡하므로 여기서는 생략하기로 한다. 그 대신에 이들 통계량은 PROC FREQ 프로그램([프로그램 7.5]를 참고)에서 간단히 제공받을 수 있다. 먼저 이들 통계량에 대한 성질을 정리하여 보자. 통계량의 이름은 대립가설의 형태를 띠고 있음이 특이하다.

1. X와 Y가 순서형범주변수: 비영상관(nonzero correlation)통계량

1) 2장의 이원분할표에 대한 상관통계량을 일반화한 것으로 자유도 1인 근사적 카이제곱분포를 따른다.
2) 순서로그선형모형 (7.5)에서 조건부독립성 ($\beta=0$)을 검정하기 위한 점수통계량이다.
3) 대표본에서 우도비통계량과 왈드 통계량은 대동소이한 결과를 준다.

2. X는 명목형이고 Y는 순서형범주변수: 행평균점수차(row mean scores differ)통계량

1) 명목형변수 X의 특정한 하나의 행에서 모든 대상(subject)의 반응은 순서형변수 Y의 점수들의 평균에 의해서 요약되고 이 행 방향의 평균정보를 K개의 계층에

걸쳐 평균을 낸 통계량이다.

2) 대표본에서 자유도 $(I-1)$인 카이제곱분포를 따른다.

3) 행평균의 차가 각 부분분할표에서 유사할 때 검정력은 높다.

3. X와 Y가 명목형범주 변수: 일반연관성(general association)통계량

1) 로그선형모형 (XY, XZ, YZ)의 XY 조건부독립성검정을 위한 점수통계량이다.

2) 대표본에서 자유도 $(I-1)(J-1)$인 카이제곱분포를 따른다.

3) $K=1$인 경우 피어슨의 카이제곱통계량 $nX^2/(n-1)$과 유사하다.

보기 7.5

성별에 따른 직업만족도와 수입의 분할표 〈표 7.4〉의 일반화 CMH 검정통계량은 〈표 7.5〉에 정리해 두었다. 이는 PROC FREQ [프로그램 7.5]의 수행 결과 중 일부이다.

프로그램 7.5 〈표 7.5〉의 일반화 CMH 통계량을 위한 PROC FREQ

```
PROC FREQ DATA = job ;
     WEIGHT count ;
     TABLES gender*income*satisf / cmh ;
```

표 7.5 [프로그램 7.5]의 수행 결과 중 일반화 CMH 통계량 부분

Cochran-Mantel-Haenszel Statistics (Based on Table Scores)

Statistic	Alternative Hypothesis	DF	Value	Prob
1	Nonzero Correlation	1	6.623	0.010
2	Row Mean Scores Differ	3	9.226	0.026
3	General Association	9	10.200	0.335

〈표 7.5〉에서 먼저 통계량(statistic) 1은 $X=I$(수입)와 $Y=S$(직업만족도)를 순서형으로 여겼을 때 자유도가 1인 비영상관통계량값 6.623의 P−값은 0.01이다. 이는 앞서 살펴본 연관성이 있는 동질적 $L\times L$ 모형이 만족되는 우도비나 왈드 검정법과 동일한 결과를 얻음을 알 수 있다.

통계량 2는 $X = I$(수입)를 명목형, $Y = S$(직업만족도)를 순서형으로 했을 때 수입의 네 수준에서 평균 직업만족도의 차이를 다루는 검정통계량이다. 예를 들면, $Y = S$(직업만족도)의 점수가 $\{1,2,3,4\}$라 하면 수입의 네 수준에서 평균 직업만족도는 여자의 경우는 $(2.82, 2.84, 3.29, 3.00)$이고 남자의 경우는 $(2.60, 2.78, 3.30, 3.31)$이 계산된다. 특별히 남자의 경우 수입의 수준 150만 원 이하에서 5명의 대상의 직업만족도 점수의 평균인 평균 직업만족도는 $[1(1)+2(1)+3(2)+4(1)]/5 = 2.60$임을 확인할 수 있다. 평균의 형태는 각 성별로 수입이 증가할수록 대략 증가하고 있다. 따라서 이 CMH 통계량값 9.2는 참 행평균점수를 검정하며 이때 자유도는 3, P-값은 0.026이다.

통계량 3은 $X = I$(수입)와 $Y = S$(직업만족도)를 모두 명목형으로 여길 때 IS 조건부연관성이 없다는 가설을 검정하기 위한 CMH 통계량이다. 자유도가 9인 통계량 10.2의 P값은 0.34로 IS 조건부연관성을 인정치 않는다. 이는 직업만족도와 수입을 순서형으로 다루지 않은 데서 온 결과라 여겨진다.

7.4 희박자료의 영향

분할표에서 도수가 적은 칸이 많을 때 이를 희박하다(sparse)라고 한다. 실제 희박한 분할표는 표본의 크기가 작을 때 또는 표본은 크나 칸의 수가 많을 때 종종 생긴다. 따라서 희박성(sparseness)은 여러 범주를 가진 분류변수들의 수가 많은 분할표에서는 흔히 있는 일이다.

희박한 분할표에는 대개 도수가 하나도 없는 빈칸(empty cell)이 있게 되는데, 빈칸에는 표집 영(sampling zero)과 구조적 영(structural zero) 두 종류가 있다. 전자의 표집 영의 예는 〈표 7.3〉의 직업만족도에서 찾아볼 수 있다. 이는 비록 칸이 비어있다 해도 이론적으로 관측치가 있거나 표본이 충분히 큰 경우 도수가 있을 수 있다. 이와 반대로 빈칸에 관측치가 있는 것이 이론적으로 불가능한 경우를 후자의 구조적 영의 경우라 하겠다. 예를 들면 최근 5년간 통계대학 범주형자료공학과에 근무하는 교수들을 현재직위(조교수, 부교수, 교수)와 5년 전의 직위에 따라 교차 분류하여 만든 3×3 분할표가 있다고 하자. 교수들의 직위는 강등될 수가 없기 때문에 분할표의 세 군데 빈칸(5년 전 교수가 현재 조교수나 부교수인 경우, 5년 전 부교수가 현재 조교수인 경우)이 구조적 영을 갖는다. 이런 구조적 영을 가진 분할표를 불완비분할표(incomplete table)라 한다. 표집 영은 관측된 자료가 되어 우도함수와 모형적합 과정에 기여한다. 그 반면에 구조적 영은 관측개체도 아니고 따라서 자료가 되지 못한다. 특히 표집 영은 로그선형모형과 로짓모형의 ML 추정치의 존재성에 영향을 줄 수 있다. 예를 들면 어느 XY 주변합이 영일 때 로그선형모형(XY, XZ, YZ)나 (XY, XZ)의 $\left\{\hat{\lambda}_{ij}^{XY}\right\}$ 가운데 무한추정치(infinite estimate)가 있을 수 있다. 또한, 로짓모형에서도 Y에서 X의 효과를 위한 $\left\{\hat{\beta}_i{}^X\right\}$ 가운데 무한추정치가 생길 수 있다는 점이다. 수리적으로 모수추정치가 무한대 값을 가진다면 모수가 무한대로 접근함에 따라 우도함수가 계속 증가하게 된다. 이는 ML 적합값도 어떤 칸에서는 0이 되고 어떤 추정된 오즈비는 무한대 (∞)이거나 0이 될 것이다. 따라서 빈칸과 희박한 분할표는 오즈비추정량을 심각하게 편향(bias)시키며 적합도 검정통계량의 불충분한 카이제곱근사를 일으킨다. 이런 추정의 편향문제는 분석 전에 빈칸을 작은 상수(10^{-8} 이나 0.5)로 채워주면 된다. 이와 같은 예는 2장의 포화모형에서 표본오즈비추정량을 구할 때 각 칸에 0.5를 추가하여 편향을 줄인 것에서 찾아볼 수 있다. PROC CATMOD 프로그램에서는 이런 빈칸 문제를 위한 ADCELL 옵션이 있음을 참고하기 바란다(SAS Institute, 1990, Chapter 17).

지금까지 언급한 모수추정치와 적합도 검정통계량을 구하는 데 미치는 빈칸의 효과를 알아보기 위해선 다양한 크기의 상수(0.00001,0.0001,0.01,0.1)를 빈칸에 추가하여 분석을 반복해 보는 민감도분석(sensitivity analysis)이 있다. 또한, 영향력 있는 관측치가 있다면 이를 제거하거나 다른 칸에 옮겨 자료의 작은 변화에 결과가 얼마나 변하는지를 알아볼 수 있다. 그러나 빈칸에 의해서 분할표의 여러 가지 분석내용이 영향을 받지 않고 안정적일 수도 있고 어떤 경우에는 아주 불안정하게 영향을 줄 수도 있다 한다. 따라서 경우에 따라서 모형을 추정할 때 빈칸을 가진 자료의 일부를 제거하거나 자료의 다른 일부와 합치는 것이 현명한 일이다. 비록 빈칸이 아니더라도 칸의 도수가 아주 작은 경우 적합도 검정통계량의 카이제곱근사가 정확하지 못한 경우가 생긴다. 이때는 대개 도수가 작은 칸의 범주를 다른 범주와 합치게 된다. 여기서 주목할 점은 범주들을 합친 후 분할표상 정보손실이 많거나 합치는 과정이 자연스럽지 않으면 이런 방법은 통상 바람직하지 못하다. 그 대신에 2장의 2×2 분할표를 위한 피셔의 정확검정(exact test)과 $I\times J$분할표를 위한 정확검정이 있다. 이런 분석은 PROC FREQ에서 EXACT 옵션에 의해서 가능함도 2장에서 보여주었다.

지금까지 희박한 분할표의 전형적이며 일반적인 분석방향을 언급하였다. 특별히 Bishop 외 2인.(1975, Chapter 12)과 Agresti(1990, 13장)은 희박한 분할표에서 빈칸에 적당한 상수를 추가하여 ML 추정치를 구하는 대신에 베이즈방법(Bayesian method)을 사용하는 접근방법을 다루고 있다.

7.5 R-코드

R-코드 7.1 SAS [프로그램 7.1] 결혼 전 성관계와 피임

```
library(gmodels)
library(descr)
# Data
DATA = read.csv('LOG_DATA3.CSV')
DATA
DATA$PRE = factor(DATA$PRE)
DATA$BIR = factor(DATA$BIR)

# Table
table=xtabs(COUNT ~  PRE +  BIR , data=DATA)
table

# model
MOD = glm(COUNT~PRE+BIR,DATA,family = poisson())
summary(MOD)

# 표 7.1
CrossTable(table,expected=TRUE,prop.r=FALSE,prop.c=FALSE,prop.t=FALSE,prop.chisq=FALSE,
asresid=TRUE)
```

R-코드 7.2 SAS [프로그램 7.2] 결혼 전 성관계와 피임

```
DATA = read.csv('LOG_DATA3.CSV')
DATA$ASSOC = DATA$PRE*DATA$BIR
```

```
DATA$PRE = factor(DATA$PRE, levels = c(4,1,2,3))
DATA$BIR = factor(DATA$BIR, levels = c(4,1,2,3))

# model
mod = glm(COUNT~PRE + BIR + ASSOC, DATA, family = poisson())
mod$fitted.values
summary(mod)
```

R-코드 7.3 SAS [프로그램 7.3] 성별에 따른 직업만족도와 월수입

```
data = read.table("tab_7_3.txt",header = T)
# (IS,GI,GS), (GI,GS)모형 비교
data$gender = factor(data$gender, levels = c(2,1))
mod1 = glm(count~ gender +income + satisf + gender*income + gender*satisf,data,family
= poisson())
summary(mod1)

mod2 = glm(count~ gender +income + satisf + gender*income +
gender*satisf+income*satisf,data,family = poisson())
summary(mod2)

mod1$deviance -mod2$deviance
```

R-코드 7.4 SAS [프로그램 7.4] 성별에 따른 직업만족도와 월수입

```
data = read.table("tab_7_3.txt",header = T)

data$gender = factor(data$gender, levels = c(2,1))
data$assoc = data$income*data$satisf

# model
mod3 = glm(count~ gender +income + satisf + gender*income + gender*satisf+assoc
,data,family = poisson())

summary(mod3)
```

R-코드 7.5 SAS [프로그램 7.5] 성별에 따른 직업만족도와 월수입

```
library(vcdExtra)

DATA = read.csv('LOG_DATA4.csv')
DATA$ASSOC = DATA$I*DATA$S
DATA$G = factor(DATA$G)
DATA$I = factor(DATA$I)
DATA$S = factor(DATA$S)

Table = xtabs(COUNT~I+S+G,DATA)
CMHtest(Table, overall=T)
```

연습문제

❶ 로그선형모형(WXZ, WYZ)의 연관성그림을 그려라. 이 모형에서 조건부독립인 변수들을 찾아라.

❷ 모형 (WX, YZ)에 대해 집합 $A=\{W,X\}, B=\{\varnothing\}$이고 $C=\{Y,Z\}$로 7.1절의 붕괴가능조건을 적용하여 WX 부분연관성과 WX 주변연관성이 동일한지를 설명하라. 단, Y와 Z에 따라 붕괴된다.

❸ 10대(14세-16세)의 결혼 전 성관계 허용과 종교집회 참여도에 따른 분할표이다.

종교집회 참여도	10대 임신조절			
	매우 반대	반대	찬성	매우 찬성
한 번도 없다	49	49	19	9
일 년에 한 번 밑으로	31	27	11	11
일 년에 한 번 또는 두 번	46	55	25	8
일 년에 여러 번	34	37	19	7
한 달에 한 번	21	22	14	16
한 달에 두 번 내지는 세 번	26	36	16	16
거의 매주	8	16	15	11
매주	32	65	57	61
한주에 여러 번	4	17	16	20

(1) 독립성모형을 적합시키고 잔차분석을 통해 독립성이 이탈되는 칸이 있는지를 확인하라.

(2) 등간격점수를 이용하여 선형×선형연관성모형을 적합시켜라. 연관성 문제와 관련된 국소오즈비와 비국소오즈비를 살펴보라.

❹ 다음 자료는 생활수준과 정치성향의 관계를 성별에 따라 분할한 여론조사 결과이다. 편의상 $G=$성별, $L=$생활수준, $I=$정치성향이라 하자.

성별	생활수준	정치성향				
		매우 민주적	약간 민주적	중도	약간 보수적	매우 보수적
여	하	44	47	118	23	32
	상	18	28	86	39	48
남	하	36	34	53	18	23
	상	12	18	62	45	51

(1) 일반적인 로그선형모형 (LI, GL, GI)에 대해 조건부독립모형 (GL, GI)와 비교하여 LI 조건부독립성검정을 하여라.

(2) 생활수준과 정치성향은 순서형범주이다. 순서로그선형모형을 적합시켜보라.

5 (1) 〈표 7.1〉의 결혼 전 성관계와 10대 임신조절 허용의 분할표에서 점수 $\{1, 2, 4, 5\}$를 사용한 선형×선형 연관성모형을 적합시켜라.

(2) (2행, 3행) 그리고 (2열, 3열)에서 추정한 로그국소오즈비는 (1행, 2행) 그리고 (1열, 2열)의 로그국소오즈비 추정치의 4배가 됨을 보여라.

6 6장의 연습문제 1은 어떤 대학원 입학 지원자 자료에 대한 로그선형모형분석이다.

(1) 모형 (AD, AG, DG)를 적합시켜라. 적합된 값을 이용하여 AG 조건부오즈비와 AG 주변오즈비를 추정하라. 이들의 차이점을 설명하라.

(2) $G^2[(AD, DG)|(AD, AG, DG)]$를 사용하여 A와 G의 조건부독립성을 검정하는 것이 적절한가?

(3) 모형 (AD, DG)의 잔차분석이 학과 1이 나머지 학과와 다름을 보여주었다. 여기서는 학과 1을 제외하고 모형 (AD, DG)와 모형 (AD, AG, DG)를 적합 시키고 AG 조건부독립성을 검정하고 해석하라.

7 이원분할표의 행과 열 주변합이 양수이나 몇몇 칸은 비어있다고 가성하자. 이 경우 식 (6.1)의 독립성의 로그선형모형의 적합값이 모두 양수임을 보여라.

8 〈표 6.3〉은 미국 모 고등학교 졸업생의 알콜, 담배, 마리화나를 접해본 경험에 관한 삼원분할표이다. 로그선형모형 (AC, AM, CM)의 행렬표현식을 나타내라. M을 반응변수라 하면 대응되는 로짓모형의 행렬표현식을 나타내라.

9 모형 (XZ, YZ)에 대한 적합값 $\{\hat{\mu}_{ijk} = n_{i+k}n_{+jk}/n_{++k}\}$이 있다.

(1) 이 값이 동일한 XZ와 YZ 주변합을 가짐을 보여라.

(2) $2\times2\times K$ 분할표에서 $\hat{\theta}_{XY(k)} = 1$임을 보여라.

(3) 〈표 6.3〉에 대한 모형 (AM, CM)의 적합에 대해 이러한 결과를 보여라.

10 삼원분할표에서 연관성그림이 다음과 같이 주어졌다.

$$X \text{ —— } Z \qquad\qquad Y$$

(1) 대응되는 로그선형모형을 세워라.

(2) Y가 이항반응변수라면, 대응되는 로짓모형을 세워라.

(3) 변수들의 어떤 쌍들이 그들의 조건부연관성과 같은 주변연관성을 가지는가?

8장

다범주 로짓모형

반응변수가 세 범주 이상을 갖는 다범주 로짓모형(multicategory logit models)을 소개하려 한다. 특히 반응변수가 명목형(nominal)과 순서형(ordinal)을 따를 경우 이 들에 대한 로짓모형을 다루려 한다. 또한, 이들 모형에서는 설명변수가 연속형이 일반적이나 범주형인 경우 가변수로 처리하는 예도 생각할 수 있다.

8.1 명목형 반응의 로짓모형

기준범주 로짓모형

명목형 반응변수 Y가 범주 $1, 2, \cdots, J$를 갖는다고 하자. 이에 대응되는 반응확률을 $\{\pi_1, \cdots, \pi_J\}$라 하면 $\sum_j \pi_j = 1$을 만족한다. n 명의 관측치를 J개의 범주에 할당시키는 표본모형은 다항분포(multinomial distribution)를 따른다. $J=2$인 경우는 1장의 이항분포에 해당된다. 이때 예측변수(predictor variable) x를 가진 기준범주 로짓모형(baseline-category logits model)은

$$\log\left(\frac{\pi_j}{\pi_J}\right) = \alpha_j + \beta_j x, \quad j = 1, \cdots, J-1 \tag{8.1}$$

이다. 여기서 $\log(\pi_j / \pi_J)$는 기준범주로짓(baseline-category logits)이라 하는데 임의로 마지막 J번째 범주를 기준으로 잡고 나머지 반응범주 각각을 고려한 것이다. 만약에 $J=3$이라면 식 (8.1)의 로짓모형은 $\log(\pi_1/\pi_3)$와 $\log(\pi_2/\pi_3)$를 고려한 것이다. $J=2$인 경우는 $\log(\pi_1/\pi_2) = \text{logit}(\pi_1)$이 되어 이는 이항반응변수에 대한 로짓모형과 일치함을 알 수 있다.

임의의 한 쌍의 범주 a와 b에 대해

$$\begin{aligned}\log\left(\frac{\pi_a}{\pi_b}\right) &= \log\left(\frac{\pi_a/\pi_J}{\pi_b/\pi_J}\right) = \log\left(\frac{\pi_a}{\pi_J}\right) - \log\left(\frac{\pi_b}{\pi_J}\right) \\ &= (\alpha_a + \beta_a x) - (\alpha_b + \beta_b x) \\ &= (\alpha_a - \alpha_b) + (\beta_a - \beta_b) x \end{aligned} \tag{8.2}$$

이다. 식 (8.2)는 절편모수 $(\alpha_a - \alpha_b)$와 기울기모수 $(\beta_a - \beta_b)$를 갖는 로짓방정식 (logit equation)이 된다.

모형 (8.1)의 일반화로짓모형을 다항로짓모형(multinomial logit model)이라고 하는데, Agresti(1990, Chapter 9)와 허명회(1992, 6장)를 참고하기 바란다.

보기 8.1

〈표 8.1〉은 어느 호수에 서식하는 악어의 크기와 주된 먹이(F=물고기, I=무척추동물, O=기타)에 관한 자료이다.

표 8.1 악어의 길이와 주된 먹이에 관한 자료(단위: 미터)

1.24	I	1.30	I	1.30	I	1.32	F	1.32	F	1.40	F	1.42	I	1.42	F
1.45	I	1.45	O	1.47	I	1.47	F	1.50	I	1.52	I	1.55	I	1.60	I
1.63	I	1.65	O	1.65	I	1.65	F	1.65	F	1.68	F	1.70	I	1.73	O
1.78	I	1.78	I	1.78	O	1.80	I	1.80	F	1.85	F	1.88	I	1.93	I
1.98	I	2.03	F	2.03	F	2.16	F	2.26	F	2.31	F	2.31	F	2.36	F
2.36	F	2.39	F	2.41	F	2.44	F	2.46	F	2.56	O	2.67	F	2.72	I
2.79	F	2.84	F	3.25	O	3.28	O	3.33	F	3.56	F	3.58	F	3.66	F
3.68	O	3.71	F	3.89	F										

참고: F=물고기, I=무척추동물, O=기타

주된 먹이는 59마리 악어를 잡아 그들의 위에서 발견된 내용물 중 가장 많이 차지하는 것을 크게 세 가지로 분류한 것이다. 먼저 〈표 8.1〉의 자료에서 Y=주된 먹이를 반응변수로, X=악어의 길이를 예측변수로 하는 로짓모형 (8.1)을 생각하기로 하자. 이 로짓모형을 분석하기 위한 PROC CATMOD [프로그램 8.1]이 제공되고 있다. 이 프로그램에서는 자동(default)으로 제일 마지막 반응범주(이 예에서는 O=기타)가 기준범주로 처리된다. 특히, DIRECT문은 예측변수 『length』가 양적변수로 처리되도록 지정하며 『pred = prob』 옵션은 모형 (8.1)의 반응확률의 ML 추정값과 표준오차를 제공한다. 〈표 8.2〉는 [프로그램 8.1]의 수행 결과 중 모형의 적합과 추정에 관련된 부분이다.

프로그램 8.1 〈표 8.1〉의 로짓모형을 위한 PROC CATMOD

```
DATA gator ;
```

```
INPUT length food $ @@ ;
CARDS ;
1.24 I   1.30 I   1.30 I   1.32 F   1.32 F   1.40 F   1.42 I   1.42 F
                                        ·········생      략················
2.79 F   2.84 F   3.25 O   3.28 O   3.33 F   3.56 F   3.58 F   3.66 F
3.68 O   3.71 F   3.89 F
;
PROC CATMOD ;
       RESPONSE logits ;
       DIRECT length ;
       MODEL food = length / pred = prob ;
```

〈표 8.2〉의 ② ANALYSIS OF MAXIMUM-LIKELIHOOD ESTIMATES로부터 식 (8.1)의 로짓모형을 추정하면 다음과 같다.

$$\log\left(\frac{\hat{\pi}_1}{\hat{\pi}_3}\right) = 1.618 - 0.110\,x$$

와

$$\log\left(\frac{\hat{\pi}_2}{\hat{\pi}_3}\right) = 5.697 - 2.465\,x\,.$$

식 (8.2)에 의해서

$$\log\left(\frac{\hat{\pi}_1}{\hat{\pi}_2}\right) = (1.618 - 5.697) + [-0.110 - (-2.465)]\,x$$
$$= -4.079 + 2.354\,x$$

표 8.2 [프로그램 8.1]의 수행결과 중 모형적합과 추정부분

```
①     MAXIMUM-LIKELIHOOD ANALYSIS-OF-VARIANCE TABLE

  Source                    DF     Chi-Square        Pr > ChiSq
  ----------------------------------------------------------------------------------
```

표 8.2 [프로그램 8.1]의 수행결과 중 모형적합과 추정부분(계속)

INTERCEPT	2	10.71	0.0047
LENGTH	2	8.94	0.0115
LIKELIHOOD RATIO	86	75.11	0.7929

② ANALYSIS OF MAXIMUM-LIKELIHOOD ESTIMATES

Effect	Parameter	Estimate	Standard Error	Chi-Square	Pr > ChiSq
INTERCEPT	1	1.6177	1.3073	1.53	0.2159
	2	5.6974	1.7937	10.09	0.0015
LENGTH	3	-0.1101	0.5171	0.05	0.8314
	4	-2.4654	0.8996	7.51	0.0061

이때 무척추동물보다 물고기를 주된 먹이로 할 오즈는 악어 길이가 1 미터 증가함에 따라 $\exp(2.354) = 10.5$배 증가한다.

주된 먹이를 나타내는 반응변수 Y와 악어의 길이를 나타내는 예측변수 X와의 독립성은 모형(8.1)에서 기울기모수 β_j에 대한 유의성검정은 $H_0 : \beta_j = 0,\ j = 1, 2$을 통해 이루어진다. 이를 위한 카이제곱검정통계량은 〈표 8.2〉의 결과 ① 에서 LENGTH에 대한 Chi-Square로 나타난다. 자유도가 2인 검정통계량 8.94 는 $P-$값 0.01을 가지므로 악어 길이의 영향이 매우 있음을 보여준다. 한편 모형의 적합성은 〈표 8.2〉의 결과 ① 에서 통계량 LIKELIHOOD RATIO로부터 알 수 있는데, 여기서는 자유도가 86인 75.11 로서 $P-$값이 0.7929이므로 로짓모형은 적절하다.

다음으로 반응확률

$$\pi_j = \frac{\exp(\alpha_j + \beta_j x)}{\sum_h \exp(\alpha_h + \beta_h x)},\ j = 1, \cdots, J-1 \tag{8.3}$$

에 의해서 다범주 로짓모형을 나타낼 수 있다. 여기서 특정한 범주를 기준으로 하려면 그 범주와 관련된 모수(α와 β)를 0으로 하면 된다. 실제 이 예제에서 주된 먹이와 관련된 범주 $3 = O$(기타), $1 = F$(물고기), $2 = I$(무척추동물)에 대한 식 (8.3)의 추정반

응확률은 각각

$$\hat{\pi}_1 = \frac{\exp(1.618 - 0.110\, x\,)}{\exp(1.618 - 0.110\, x\,) + \exp(5.697 - 2.465\, x\,) + 1}$$

$$\hat{\pi}_2 = \frac{\exp(5.697 - 2.465\, x\,)}{\exp(1.618 - 0.110\, x\,) + \exp(5.697 - 2.465\, x\,) + 1}$$

$$\hat{\pi}_3 = \frac{1}{\exp(1.618 - 0.110\, x\,) + \exp(5.697 - 2.465\, x\,) + 1}$$

로 계산이 된다. 여기서 분자와 분모의 1은 $\exp(\hat{\alpha}_3 + \hat{\beta}_3 x\,)$인데, 범주 3이 기준이므로 이와 관련된 추정모수 $\hat{\alpha}_3 = \hat{\beta}_3 = 0$이기 때문이다. 이제 남아 있는 일은 〈표 8.1〉의 59마리 악어의 길이($= x$) 전부에 대해서 앞서 계산된 추정반응확률값을 구하는 일이다. 예를 들면, 길이 $x = 1.24$미터의 악어에 대해 주된 먹이가 기타(O)인 경우의 추정확률은

$$\hat{\pi}_3 = \frac{1}{\exp[1.618 - 0.110(1.24)] + \exp[5.697 - 2.465(1.24)] + 1}$$
$$= 0.052$$

이다. 나머지 추정확률을 구하는 수고를 [프로그램 8.1]의 MODEL문에서 옵션 『pred = prob』을 사용하여 덜기로 하자. 〈표 8.3〉에 그 계산의 일부가 정리되어 있다. 이

표 8.3 [프로그램 8.1]의 수행 결과 중 추정반응확률 부분

Maximum Likelihood Predicted Values for Probabilities

length	food	Observed Probability	Observed Standard Error	Predicted Probability	Predicted Standard Error	Residual
1.24	F	0	0	0.2265	0.0919	-0.227
	I	1	0	0.722	0.1062	0.278
	O	0	0	0.0515	0.0361	-0.052
		……… 생		략 ………		
3.89	F	1	0	0.763	0.1536	0.237
	I	0	0	0.0047	0.0081	-0.005
	O	0	0	0.2323	0.1536	-0.232

표로부터 앞서 구한 $\hat{\pi}_3 = 0.052$는 LENGTH가1.24, FOOD가 O인 Predicted Probability의 값임을 알 수 있다.

지금까지 모형(8.1)처럼 명목형 반응의 로짓모형에 대해 살펴보았다. 이때의 설명변수 x는 연속형이었다. 만약에 설명변수 x가 범주형이거나 범주형과 연속형이 함께 있는 경우의 로짓모형을 생각하기로 하자. 범주형 설명변수는 0과 1을 가지는 가변수(dummy variable)로 처리할 수 있겠다.

참고로 일반적으로 로짓모형과 관련된 PROC CATMOD 프로그램의 결과는 [보기 8.1]에서 살펴본 것처럼 크게 다음의 세 부분으로 이루어진다.

1. MAXIMUM-LIKELIHOOD ANALYSIS-OF-VARIANCE TABLE: 로짓모형의 적합성검정을 제공한다.
2. ANALYSIS OF MAXIMUM-LIKELIHOOD ESTIMATES: 모수들의 추정과 검정을 다룬다.
3. MAXIMUM-LIKELIHOOD PREDICTED VALUES FOR RESPONSE FUNCTIONS AND PROBABILITIES: 추정반응확률(프로그램의 MODEL문에서 옵션『pred = prob』가 제공함)과 로짓모형의 적합값(프로그램의 MODEL문에서 옵션『pred = freq』가 제공함)

보기 8.2

〈표 8.4〉에는 인종(백인, 흑인)과 성별(남, 여)에 따라 내세에 대한 확신의 정도(한다, 미결이다, 안 한다)에 따른 분할표이다.

이때 Y =내세의 확신 정도를 반응변수로 하고 설명변수로 X_1 =성별과 X_2 =인종으로 생각하자. 그러면 내세의 확신 정도 중 "안 한다"를 기준범주로 하는 다음의 로짓모형을 생각할 수 있다.

$$\log\left(\frac{\pi_j}{\pi_3}\right) = \alpha_j + \beta_j^G x_1 + \beta_j^R x_2 \ , \ j = 1, 2 . \qquad (8.4)$$

여기서 $x_1 = 1$ (여자)와 0 (남자)이고 $x_2 = 1$ (백인)과 0 (흑인)인 가변수이다. 그리고 G와 R은 성별과 인종에 관한 모수를 나타내고 있다.

표 8.4 인종과 성별에 따른 내세 믿음의 정도에 관한 분할표

인종	성별	내세 믿음		
		한다	미결이다	안 한다
백인	여자	371 (372.8)	49 (49.2)	74 (72.1)
	남자	250 (248.2)	45 (44.8)	71 (72.9)
흑인	여자	64 (62.2)	9 (8.8)	15 (16.9)
	남자	25 (26.8)	5 (5.2)	13 (11.1)

참고: ( )안은 로짓모형의 적합값

먼저, 〈표 8.4〉에 관련된 로짓모형 (8.4)를 분석하기 위한 PROC CATMOD [프로그램 8.2]를 제공한다.

프로그램 8.2 〈표 8.4〉의 로짓모형을 위한 PROC CATMOD

```
DATA life ;
  INPUT race gender belief $ count @@ ;
  CARDS ;
  1 1 Y 371 1 1 U 49 1 1 N 74
  1 0 Y 250 1 0 U 45 1 0 N 71
  0 1 Y  64 0 1 U  9 0 1 N 15
  0 0 Y  25 0 0 U  5 0 0 N 13
  ;
  PROC CATMOD order = data ;
        DIRECT race gender ;
        WEIGHT count ;
        RESPONSE logits ;
        MODEL belief = race gender / pred = prob ;
```

[프로그램 8.2]의 결과로부터 로짓모형의 적합도 검정통계량은 자유도가 2이고 $G^2 = 0.85$는 $P-$값이 0.6525로 모형이 적합함을 나다내고 있다. 확인해보기 바란다. 실제 〈표 8.4〉의 ( )안의 적합값도 이를 잘 대변한다고 여겨진다. 〈표 8.5〉는 모수추

정과 ( )안에 표준오차를 정리하고 있다. 인종을 제어할 때 여자의 경우 내세 믿음을 "안 한다" 보다는 "한다"라는 추정오즈는 남자의 경우보다 exp(0.419) = 1.5배 된다. 즉, 여성이 남성보다 약 50% 이상 더 내세를 확신한다고 말할 수 있다. 이번에는 성별을 제어하면 백인의 경우 추정오즈는 흑인의 경우보다 exp(0.342) = 1.4배가 된다. 이는 백인이 흑인보다 약 40% 이상 더 내세를 확신한다고 볼 수 있다.

다음으로 모형 (8.4) 성별의 효과를 검정하기 위한 귀무가설로 $H_0 : \beta_j^G = 0$, $j = 1, 2$를 생각할 수 있다. 이를 위한 검정통계량은 자유도가 2이고 그 값이 7.21로 P-값이 0.03이다. 그러므로 성별의 효과에 대한 유의성은 입증된다. 이와는 반대로 인종의 효과는 검정통계량 2.08의 P값이 0.353이므로 유의하지 못함을 알 수 있다. 〈표 8.6〉에는 세 반응범주의 추정확률을 정리해 두었다.

백인 여자($x_1 = x_2 = 1$)인 경우 반응 1인 "한다"의 추정확률 0.76은 〈표 8.5〉로부터 $\hat{\pi}_1 = \exp[0.883 + 0.419(1) + 0.342(1)] / \{\exp[0.883 + 0.419(1) + 0.342(1)] + \exp[-0.758 + 0.105(1) + 0.271(1)] + 1\}$로 계산될 수 있다. 또한, 이 값은 〈표 8.4〉의 ( ) 안의 적합값으로부터 직접 $372.8/(372.8 + 49.2 + 72.1) = 0.76$으로 계산되기도 한다.

표 8.5 〈표 8.4〉의 로짓모형에 대한 모수추정

모수	로짓을 위한 확신범주	
	(한다 / 안 한다)	(미결이다 / 안 한다)
절편	0.883 (0.243)	− 0.758 (0.361)
성별(여자=1)	0.419 (0.171)	0.105 (0.246)
인종(백인=1)	0.342 (0.237)	0.271 (0.354)

참고: ( )안은 표준오차

표 8.6 〈표 8.7〉 반응범주의 추정확률 요약

인종	성별	내세 믿음		
		한다	미결이다	안 한다
백인	여자	0.76	0.10	0.15
	남자	0.68	0.12	0.20
흑인	여자	0.71	0.10	0.19
	남자	0.62	0.12	0.26

끝으로 로짓모형 (8.4)의 모든 계수가 0이라는 귀무가설 $H_0 : \beta_{j1} = 0$이고 $\beta_{j2} = 0$,

$j=1,2$를 검정하기 위해서는 이 귀무가설을 만족하는 모형을 적합시켜야 한다. 이를 PROC CATMOD에서는 PROC GENMOD와는 달리 MODEL문에서 설명변수를 제거하는 방법으로 모형을 적합시키지 못한다. 즉, [프로그램 8.2]의 MODEL문에서 설명변수(race, gender)를 모두 제거하였다면, 원래 삼원분할표가 붕괴되어 belief만으로 이루어진 일원분할표에 대한 모형 적합이 이루어진다. 이를 방지하기 위해 필요한 것이 POPULATION문이다(Allison, 1991, p. 126). [프로그램 8.3]을 이용하여 〈표 8.8〉을 얻을 수 있다.

표 8.7 [프로그램 8.2]의 수행 결과 중 반응범주의 추정확률

Maximum Likelihood Predicted Values for Probabilities

			--------Observed-------		-------Predicted-------		
				Standard		Standard	
race	gender	belief	Probabilit	Error	Probability	Error	Residual
1	1	Y	0.751	0.0195	0.7546	0.0188	-0.004
		U	0.0992	0.0134	0.0996	0.0131	-37E-5
		N	0.1498	0.0161	0.1459	0.0153	0.0039
1	0	Y	0.6831	0.0243	0.6783	0.0235	0.0048
		U	0.123	0.0172	0.1224	0.0166	0.0005
		N	0.194	0.0207	0.1993	0.0201	-0.005
0	1	Y	0.7273	0.0475	0.7074	0.0403	0.0199
		U	0.1023	0.0323	0.1002	0.0264	0.0021
		N	0.1705	0.0401	0.1925	0.0346	-0.022
0	0	Y	0.5814	0.0752	0.6222	0.0492	-0.041
		U	0.1163	0.0489	0.1206	0.0331	-0.004
		N	0.3023	0.07	0.2573	0.0456	0.045

〈표 8.8〉로부터 설명변수가 없는 모형에 대한 적합도 검정통계량값은 9.60(자유도 6)이다. 실제 이 검정통계량값의 유의확률 P-값 0.1427은 현재 가정된 모형이 타당함을 보여 주고 있다. 실제로 이 검정통계량값 9.60으로부터 앞서 언급한 [프로그램

8.2]의 수행 결과에서 얻어진 두 설명변수가 있는 로짓모형에 대한 적합도 검정통계량 값 0.85(자유도 2)를 빼면 자유도가 4(=6−2)인 8.75를 얻게 된다. 이 경우 P−값은 0.07로 귀무가설 $H_0 : \beta_{j1} = 0$ 이고 $\beta_{j2} = 0$, $j = 1, 2$를 기각하지 못한다.

프로그램 8.3 귀무가설 모형을 적합하기 위한 PROC CATMOD

```
PROC CATMOD DATA=life order = data ;
      DIRECT race gender ;
      WEIGHT count ;
      POPULATION race gender ;
      MODEL belief = / pred = prob ;
```

표 8.8 [프로그램 8.3]의 수행 결과 중 모형적합부분

Maximum Likelihood Analysis of Variance

Source	DF	Chi-Square	Pr > ChiSq
Intercept	2	525.69	<.0001
Likelihood Ratio	6	9.60	0.1427

8.2 순서형 반응의 로짓모형

지금까지 반응변수가 명목형인 로짓모형을 살펴보았다. 이 절에서는 순서형 반응변수에 대한 로짓모형을 알아보자. 먼저 범주 $1, \cdots, J$를 갖는 반응변수 Y가 범주 j 이하에 해당할 확률은

$$P(Y \leqq j) = \pi_1 + \cdots + \pi_j \ , \ j = 1, \cdots, J$$

이다. 이를 j 번째 누적확률(cumulative probability)이라 하는데, 이들은 $P(Y \leqq 1) \leqq P(Y \leqq 2) \leqq \cdots \leqq P(Y \leqq J) = 1$인 순서적 성질을 갖는다.

처음 $J-1$개의 누적확률의 로짓은

$$\text{logit}[P(Y \leqq j)] = \log\left(\frac{P(Y \leqq j)}{1-P(Y \leqq j)}\right)$$
$$= \log\left(\frac{\pi_1 + \cdots + \pi_j}{\pi_{j+1} + \cdots + \pi_J}\right), \ j = 1, \cdots, J-1 \qquad (8.5)$$

이 된다. 이를 누적로짓(cumulative logits)이라 한다.

일반적으로 순서형 로짓모형은 $J-1$개의 누적로짓 모두에 대한 구조(structure)를 동시에 제공한다. 예를 들면, $J=3$인 경우 로짓모형은 $\log[\pi_1/(\pi_2+\pi_3)]$와 $\log[(\pi_1+\pi_2)/\pi_3]$ 모두를 포함하고 있는 구조이다.

비례오즈 로짓모형

특별히 식 (8.5)의 누적로짓은 예측변수 X에 대해 다음과 같은 모형

$$\text{logit}[P(Y \leqq j)] = \alpha_j + \beta x, \ j=1, \cdots, J-1 \qquad (8.6)$$

으로 생각할 수 있다. 이 모형은 일반 로짓모형과는 달리 X의 효과를 $\beta(=\beta_1 = \cdots = \beta_{J-1})$로 동일하게 가정하고 있다. 또한 X가 두 값 x_1과 x_2일 때 오즈비

$$\frac{P(Y \leqq j \mid X = x_2)/P(Y > j \mid X = x_2)}{P(Y \leqq j \mid X = x_1)/P(Y > j \mid X = x_1)}$$

는 누적확률과 그것들의 여집합(complement)을 이용하고 있다. 이 오즈비의 로그는

$$\log\left(\frac{P(Y \leqq j \mid X = x_2)}{P(Y > j \mid X = x_2)}\right) - \log\left(\frac{P(Y \leqq j \mid X = x_1)}{P(Y > j \mid X = x_1)}\right)$$
$$= \text{logit}[P(Y \leqq j \mid X = x_2)] - \text{logit}[P(Y \leqq j \mid X = x_1)]$$
$$= \beta(x_2 - x_1), \ j = 1, \cdots, J-1$$

이 됨을 알 수 있다. 즉, X의 두 값 사이의 차에 비례하여 β는 $j=1,\cdots J-1$에 대해 동일한 비례상수가 된다. 이로 인하여 모형 (8.6)을 비례오즈 로짓모형(proportional odds logit models)이라 한다. 특히, $\beta=0$이면 X와 Y가 통계적독립성을 만족한다.

표 8.9 정치성향과 정당가입의 여론조사

정당가입	정치성향					총계
	매우 민주적	약간 민주적	중도	약간 보수적	매우 보수적	
민주당	80 (78.4)	81 (83.2)	171 (168.2)	41 (49.1)	55 (49.1)	428
공화당	30 (31.8)	46 (44.0)	148 (151.7)	84 (75.5)	99 (104.0)	407

참고: ( )안은 비례오즈 로짓모형에 대한 적합값

보기 8.3

〈표 8.7〉은 미국의 정치성향과 정당가입에 관한 여론조사의 예이다. 정치성향은 5점 순위척도 1.매우 민주적, 2.약간 민주적, 3.중도, 4.약간 보수적, 5.매우 보수적으로 구성되어 있다. 정당가입에 대한 변수 X는 가변수로 처리하여 민주당이면 $x=1$로, 공화당이면 $x=0$으로 한다. 이 자료에서는 5점 순위척도의 정치성향을 순위반응변수로 갖는 식 (8.6)의 비례오즈모형을 생각할 수 있다. 이 모형의 분석을 위한 PROC LOGISTIC [프로그램 8.3]과 수행 결과 중 필요한 일부분을 정리한 〈표 8.8〉을 참고하기 바란다.

〈표 8.10〉의 ③으로부터 모형 (8.6)의 β에 대한 ML추정치는 $\hat{\beta}=0.9745$ ($ASE=0.129$)임을 알 수 있다. 따라서 어느 특정한 범주 j에 대해서 가입한 정당이 민주당이다의 반응이 보수적인 정치성향보다는 민주적인 성향에 속할(이를 $Y \leq j$라 표현할 수 있다) 경향은 공화당이라는 반응에 비해 추정오즈비 $\exp(0.9745)=2.65$배 높다. 실제 관심은 가입한 정당이 민주당이라는 반응이 민주적인 정치성향에 속할 누적확률은

$$P(Y \leq j) = \frac{\exp(\alpha_j + \beta x)}{1+\exp(\alpha_j+\beta x)}$$

이다. 예를 들어, $j=1$ (매우 민주적)에 대해서 가입한 정당이 민주당일 때 $\hat{\alpha}_1=-2.469$이고 $\hat{\beta}=0.9745$이며 $x=1$이므로 추정누적확률은

$$\frac{\exp[-2.4690+0.9745(1)]}{1+\exp[-2.4690+0.9745(1)]}=0.18$$

이다. 이 값은 〈표 8.9〉에서 가입한 정당이 민주당의 경우에 대한 적합값으로부터 직

접 계산한 $78.4/428 = 0.18$과 같다.

한편, 비례오즈모형의 적합도는 [프로그램 8.4]의 수행 결과인 〈표 8.10〉의 ①에서 통계량 Chi-Square로 나타난다. 이 통계량의 값은 자유도가 3인 3.9106이고 P-값이 0.2713으로 가정된 비례오즈모형이 적절함을 의미한다. 또한, 정치성향과 정당가입의 독립성문제는 $H_0 : \beta = 0$에 대한 검정을 통해 다루어진다. 이 검정을 위한 검정통계량은 〈표 8.10〉에서 ②의 Likelihood Ratio에 나와 있으며 실제 이 값은 자유도가 1인 58.645로 P-값은 $< .001$을 제공한다. 이는 정치성향과 정당가입은 매우 연관성이 높음을 나타낸다.

프로그램 8.4 〈표 8.9〉의 비례오즈 로짓모형을 위한 PROC LOGISTIC

```
DATA ideology ;
INPUT party  ideology  count @@ ;
CARDS ;
1 1 80   1 2 81   1 3 171   1 4 41   1 5 55
0 1 30   0 2 46   0 3 148   0 4 84   0 5 99
;
PROC LOGISTIC data = ideology ;
      WEIGHT count ;
      MODEL ideology  =  party ;
```

표 8.10 [프로그램 8.4]의 수행 결과 중 일부

① Score Test for the Proportional Odds Assumption

Chi-Square	DF	Pr > ChiSq
3.9106	3	0.2713

② Testing Global Null Hypothesis: BETA=0

Test	Chi-Square	DF	Pr > ChiSq
Likelihood Ratio	58.6451	1	<.0001
Score	57.2448	1	<.0001
Wald	57.0182	1	<.0001

표 8.10 [프로그램 8.4]의 수행 결과 중 일부(계속)

③ Analysis of Maximum Likelihood Estimates

Parameter	DF	Estimate	Standard Error	Chi-Square	Pr > ChiSq
Intercept	1	-2.4690	0.1318	350.8122	<.0001
Intercept2	1	-1.4745	0.1091	182.7151	<.0001
Intercept3	1	0.2371	0.0948	6.2497	0.0124
Intercept4	1	1.0695	0.1046	104.6082	<.0001
party	1	0.9745	0.1291	57.0182	<.0001

보기 8.4

〈표 8.11〉은 정신장애의 정도와 이와 관련된 설명변수로 사회경제적 지위와 지난 3년 동안 경험한 중요한 사건(자녀출생, 이혼, 가족 내의 죽음, 새 직업 등)의 수를 조사한 자료이다(Agresti, 1990, p. 325). 여기서 Y=정신장애의 정도(1=중증, 2=보통, 3=경증, 4=약간)를 순서형 반응변수로, X_1=중요한 사건수와 X_2=사회경제적 지위(1=높음, 0=낮음)를 설명변수로 하는 다음과 같은 로짓모형을 생각할 수 있다.

$$\text{logit}[P(Y \leq j)] = \alpha_j + \beta_1 x_1 + \beta_2 x_2\,,\ j = 1\,,\ \cdots\,,3 \qquad (8.7)$$

이런 모형의 분석을 이한 PROC LOGISTIC [프로그램 8.5]와 수행 결과 중 필요한 부분을 정리한 〈표 8.12〉를 참고 바란다.

프로그램 8.5 〈표 8.11〉의 비례오즈 로짓모형을 위한 PROC LOGISTIC

```
DATA mental;
INPUT mental ses life@@;
CARDS;
4 1 1 4 1 9 4 1 4 4 1 3 4 0 2
4 1 0 4 0 1 4 1 3 4 1 3 4 1 7
4 0 1 4 0 2 3 1 5 3 0 6 3 1 3
3 0 1 3 1 8 3 1 2 3 0 5 3 1 5
3 1 9 3 0 3 3 1 3 3 1 1 2 0 0
```

```
2 1 4 2 0 3 2 0 9 2 1 6 2 0 4
2 0 3 1 1 8 1 1 2 1 1 7 1 0 5
1 0 4 1 0 4 1 1 8 1 0 8 1 0 9
;
PROC LOGISTIC;
     MODEL mental = life ses ;
     OUTPUT OUT = probs PRED = p;
PROC PRINT DATA = probs(obs=10);
```

표 8.11 사회경제적 지위 및 중요한 사건수와 정신장애 정도

대상	정신장애	사회경제적 지위	사건 수	대상	정신장애	사회경제적 지위	사건 수
1	4	1	1	21	3	1	9
2	4	1	9	22	3	0	3
3	4	1	4	23	3	1	3
4	4	1	3	24	3	1	1
5	4	0	2	25	2	0	0
6	4	1	0	26	2	1	4
7	4	0	1	27	2	0	3
8	4	1	3	28	2	0	9
9	4	1	3	29	2	1	6
10	4	1	7	30	2	0	4
11	4	0	1	31	2	0	3
12	4	0	2	32	1	1	8
13	3	1	5	33	1	1	2
14	3	0	6	34	1	1	7
15	3	1	3	35	1	0	5
16	3	0	1	36	1	0	4
17	3	1	8	37	1	0	4
18	3	1	2	38	1	1	8
19	3	0	5	39	1	0	8
20	3	1	5	40	1	0	9

먼저 비례오즈 로짓모형 (8.7)의 적합도는 〈표 8.12〉 ①에서 통계량 Chi-Square로 나타난다. 이 통계량의 값은 자유도가 4인 2.326이고 P-값이 0.676으로 가정된 모형이 적절함을 의미한다. 〈표 8.12〉의 ②로부터 모형 (8.7)의 β_1과 β_2에 대한 ML추정치

표 8.12 [프로그램 8.5]의 수행 결과 중 일부

① Score Test for the Proportional Odds Assumption

Chi-Square	DF	Pr > ChiSq
2.3255	4	0.6761

② Analysis of Maximum Likelihood Estimates

Parameter	DF	Estimate	Error	Chi-Square	Pr > ChiSq
Intercept	1	-2.2095	0.7171	9.4932	0.0021
Intercept2	1	-1.2129	0.6511	3.4700	0.0625
Intercept3	1	0.2818	0.6231	0.2045	0.6511
life	1	0.3189	0.1194	7.1294	0.0076
ses	1	-1.1111	0.6143	3.2719	0.0705

③ Odds Ratio Estimates

	Point	95% Wald	
Effect	Estimate	Confidence	Limits
life	1.376	1.089	1.738
ses	0.329	0.099	1.097

④ Association of Predicted Probabilities and Observed Responses

Obs	mental	ses	life	_LEVEL_	p
1	4	1	1	1	0.04735
2	4	1	1	2	0.11866
3	4	1	1	3	0.37508
4	4	1	9	1	0.38921
5	4	1	9	2	0.63319
6	4	1	9	3	0.88499
7	4	1	4	1	0.11455
8	4	1	4	2	0.25951
9	4	1	4	3	0.60973
10	4	1	3	1	0.08596

는 각각 $\hat{\beta}_1 = 0.319\,(ASE = 0.119)$와 $\hat{\beta}_2 = -1.111\,(ASE = 0.614)$임을 알 수 있다.

따라서 정신장애의 정도가 어느 특정한 범주 j에 대해서 삶의 사건이 많을수록 정신장애 반응이 정상보다는 비정상에 속할(이를 $Y \leq j$ 라 표현할 수 있다) 경향이 삶의 사건이 적은 반응에 비해 추정오즈비는 $\exp(0.319) = 1.376$배 높다. 반대로 사회경제적 지위가 높은 경우 정신장애 반응이 정상보다는 비정상에 속할 경향이 사회경제적 지위가 낮은 경우 반응에 비해 추정오즈비는 $\exp(-1.111)=0.329$배 낮게 된다. 이러한 추정 오즈비는 〈표 8.12〉의 ③에서 제공된다. 한편, [프로그램 8.5]의 MODEL 문 다음에 OUTPUT문과 PROC PRINT문에 의해서 〈표 8.12〉 ④를 제공받을 수 있다. 이는 〈표 8.11〉의 원자료에서 10명의 대상에 대한 모형에서 누적추정확률을 제공하고 있다. 처음 세 개의 P-값이 원자료 첫 번째 대상에 대한 것이다. 이를 보면 정신장애가 1 이하일 누적확률은 $P(Y \leqq 1)=0.047$이고 정신장애가 2 이하일 경우는 $P(Y \leqq 2)=0.119$이다. 따라서 정신장애가 2인 경우의 추정확률은 $P(Y=2)=P(Y \leqq 2)-P(Y \leqq 1)$ 관계로부터 $0.119-0.047=0.072$임을 알 수 있다. 정신장애가 3 이하일 누적확률은 $P(Y \leqq 3)=0.375$이므로 정신장애가 4보다 작은 확률은 $P(Y \leqq 4)=1-0.375=0.625$이다.

8.3 순서반응 짝진범주 로짓모형

이 절에서는 순서형 반응에 대한 이웃하고 있는 범주의 짝을 이용한 로짓모형을 다루기로 한다. 이는 8.1절의 명목형 반응의 기준범주 로짓처럼 생각될 수 있다.

이웃범주 로짓모형

순서형 반응범주 $1, \cdots, J$에서 이웃하고 있는 범주 j와 $j+1$ 짝에 대한 일반적인 이웃범주 로짓모형(adjacent-categories logits models)은 다음과 같다.

$$\log\left(\frac{\pi_j}{\pi_{j+1}}\right) = \alpha_j + \beta_j x\ ,\ j=1, \cdots, J-1 \tag{8.8}$$

여기서 모형의 단순성을 위하여 모형 (8.8) 대신에 $\beta_j = \beta$로 동일하게 가정하는

$$\log\left(\frac{\pi_j}{\pi_{j+1}}\right) = \alpha_j + \beta x\ ,\ j=1, \cdots, J-1 \tag{8.9}$$

를 고려하자.

이웃범주 로짓모형 (8.9)로부터 다음을 계산할 수 있다.

$$\log\left(\frac{\pi_j}{\pi_J}\right) = \log\left(\frac{\pi_j}{\pi_{j+1}}\right) + \log\left(\frac{\pi_{j+1}}{\pi_{j+2}}\right) + \cdots + \log\left(\frac{\pi_{J-1}}{\pi_J}\right)$$
$$= (\alpha_j + \beta x) + (\alpha_{j+1} + \beta x) + \cdots + (\alpha_{J-1} + \beta x)$$
$$= (\alpha_j + \alpha_{j+1} + \cdots + \alpha_{J-1}) + (J-j)\beta x, \quad j = 1, \cdots, J-1$$

즉, 이웃범주 로짓모형은 절편 $\alpha_j^* = (\alpha_j + \alpha_{j+1} + \cdots + \alpha_{J-1})$와 기울기 계수로 $\beta_j = (J-j)\beta$를 가지는 기준범주 로짓모형과 일치함을 알 수 있다.

보기 8.5

미국의 정치성향과 정당가입에 관한 여론조사 자료 〈표 8.9〉에 대해 [보기 8.3]의 비례오즈 로짓모형 대신에 이웃범주 로짓모형 (8.8)을 고려하여 보자. 여기서 정당가입에 대한 변수 X는 [보기 8.3]과 같이 민주당이면 $x = 1$로, 공화당이면 $x = 0$으로 하자.

특히, PROC LOGISTIC을 이용하는 비례오즈 로짓모형과는 달리 이웃범주 로짓모형은 ALOGIT이라는 옵션과 더불어 PROC CATMOD를 이용한다. [프로그램 8.6]과 〈표 8.13〉을 참고하기 바란다.

먼저 이웃범주 로짓모형의 적합도는 〈표 8.13〉의 ①에서 잔차(Residual)에 대한 통계량 Chi-Square로 나타난다. 이 통계량의 값은 자유도가 3인 5.38이고 P-값이 0.1459로 가정된 모형이 적절함을 의미한다. 또한, 정치성향과 정당가입의 독립성문제는 $H_0 : \beta = 0$에 대한 검정을 통해 다루어진다. 이 검정을 위한 검정통계량은 〈표 8.13〉의 ②에서 party에 대한 통계량 Chi-Square로 나타난다. 실제로 이 값은 자유도가 1인 52.63으로 P-값은 <.0001을 제공한다. 이는 정치성향과 정당가입은 매우 연관성이 높음을 나타낸다. 이들 검정은 Agresti(1996, p.217)의 우도비검정과 대동소이한 결과를 보여주고 있다.

〈표 8.13〉의 ②로부터 모형 (8.8)의 절편과 계수의 추정을 제공받는다. β에 대한 WLS 추정치는 $\hat{\beta} = -0.432(ASE = 0.06)$임을 알 수 있다. 따라서 정당가입이 공화당인 경우 정치성향이 반응범주 $j+1$ 대신에 j에 속할 추정된 오즈는 민주당인 경우보다 exp(−0.432)=0.649로 낮다. 이것은 〈표 8.9〉의 이웃 두 열로 짝 진 범주로 구성되는 4가지 2×2분할표 각각에 대한 추정된 오즈비에 해당한다.

프로그램 8.6 〈표 8.9〉에 대해 이웃범주 로짓모형을 위한 PROC CATMOD

```
DATA ideology ;
INPUT party ideology count @@ ;
CARDS ;
1 1 80  1 2 81  1 3 171  1 4 41  1 5 55
0 1 30  0 2 46  0 3 148  0 4 84  0 5 99
;
PROC CATMOD ;
     WEIGHT count ;
     DIRECT party;
     RESPONSE ALOGITS;
     MODEL ideology = _RESPONSE_ party;
```

표 8.13 [프로그램 8.9]의 수행 결과 중 일부

① Analysis of Variance

Source	DF	Chi-Square	Pr > ChiSq
Intercept	1	45.99	<.0001
RESPONSE	3	174.46	<.0001
party	1	52.63	<.0001
Residual	3	5.38	0.1459

② Analysis of Weighted Least Squares Estimates

Effect	Parameter	Estimate	Standard Error	Chi-Square	Pr > ChiSq
Intercept	1	0.3113	0.0459	45.99	<.0001
RESPONSE	2	0.1256	0.1169	1.15	0.2827
	3	0.8597	0.1096	61.50	<.0001
	4	-1.0274	0.1110	85.69	<.0001
party	5	-0.4318	0.0595	52.63	<.0001

너군다나 $a<b$인 임의 두 열로 이루어진 짝에 대한 추정된 오즈비는 $\exp[\hat{\beta}(b-a)]$이다. 예를 들면, 정당가입이 공화당인 경우 정치성향이 매우 보수적(5)인 것 대신에

매우 민주적(1)이라는 추정된 오즈는 정당가입이 민주당인 사람보다 exp[−0.432 (5−1)]=(0.649)^4=0.177배 적다. 즉, 공화당인 사람들이 민주당인 사람보다 덜 민주적이라는 점을 보여주고 있다.

연속비 로짓모형

순서형 반응의 경우 지금까지 설명한 비례오즈나 이웃범주 로짓모형이 일반적이다. 이 절에서는 순서형 반응이 단계적으로 연속적인 진행과정상 발생하는 경우에 적합한 연속비 로짓모형(continuation-ratio logits model)을 설명하고자 한다.

먼저 π_j를 반응범주 j에 할당할 확률이라 하고 각 범주와 그 범주보다 높은 반응 또는 낮은 반응을 보이는 범주를 묶어서 만든 다음과 같은 연속비 로짓을 각각 정의할 수 있다.

$$\log\left(\frac{\pi_j}{\pi_{j+1}+\cdots+\pi_J}\right),\quad j=1,\ldots,J-1 \tag{8.10}$$

또는

$$\log\left(\frac{\pi_{j+1}}{\pi_1+\cdots+\pi_j}\right),\quad j=1,\ldots,J-1$$

ρ_j를 j 또는 그 이상의 반응범주가 주어져 있을 때 반응범주 j에 속할 확률이라 하면 다음과 같이 정의된다.

$$\rho_j=\frac{\pi_j}{\pi_j+\cdots+\pi_J},\quad j=1,\ldots,J-1$$

그러면 식 (8.10)의 연속비 로짓은 ρ_j의 일상적인 로짓

$$\log\left(\frac{\pi_j}{\pi_{j+1}+\cdots+\pi_J}\right)=\log\left(\frac{\rho_j}{1-\rho_j}\right),\quad j=1,\ldots,J-1$$

이 됨을 알 수 있다. 따라서 설명변수 X에 대해 일반적인 연속비 로짓모형은 다음과 같다.

$$\log\left(\frac{\rho_j}{1-\rho_j}\right) = \alpha_j + \beta_j x \ , \ j=1, \cdots, J-1 \tag{8.11}$$

모형 (8.11)의 추정은 왼편의 $\text{logit}(\rho_j)$ 관점에서 $J-1$개의 이항 로짓모형으로 분리되어 이루어진다. 이에 대한 자세한 이론적 논의는 Agresti(1990, p. 319)에서 살펴볼 수 있다.

보기 8.6

〈표 8.14〉는 다섯 가지 농도(0은 대조그룹) 각각에서 임신한 쥐에 독극물 실험한 자료이다. 임신 초기 쥐에게 각각의 농도에서 10일간 독극물을 투여하여 이틀 뒤에 그들의 자궁에 있는 태아들의 반응 정도(사망, 기형, 정상)를 조사하였다. 이들 반응은 사망에서부터 정상까지 순서화된 것이다. 독극물의 농도에 대한 변수로 X를 고려하면 이 자료에 대한 연속비 로짓모형 (8.11)을 고려하자.

표 8.14 독성물질에 노출된 쥐의 태아에 대한 반응

농도(mg/kg)	반응		
	사망	기형	정상
0	15	1	281
62.5	17	0	225
125	22	7	283
250	38	59	202
500	144	132	9

모형 (8.11)의 추정을 위해 두 가지 선형 로짓모형을 생각할 수 있다. 하나는 $j=1$인 경우 〈표 8.14〉에서 사망이라는 반응범주와 기형과 정상을 결합한 것으로 태아의 사망확률에 대한 로짓모형이다. 나머지는 $j=2$인 경우 기형과 정상 반응범주에 대한 로짓모형이다. 이는 태아가 살아 있다는 조건 아래에 태아가 기형일 조건부 확률에 대한 모형이다. 따라서 원자료를 분리하여 각각의 모형을 추정하기 위한 자료를 따로 마련하고 PROC CATMOD에서도 이 들 두 모형의 추정을 각각 분리하여 처리하여야 한다. 이러한 과정이 [프로그램 8.7]에 잘 나타나 있고 수행 결과인 〈표 8.15〉를 참고하기 바란다.

〈표 8.15〉의 ①과 ②는 이들 두 모형에 대한 적합도와 모수들의 추정에 대한 결과

를 보여 주고 있다. 먼저 두 모형의 적합도에 대한 우도비통계량 5.78과 6.60은 자유도가 모두 3이고 P-값은 각각 0.123과 0.1087로 현재 가정된 모형이 타당함을 보여 주고 있다. 계수에 대한 추정치로는 $\hat{\beta}_1$=0.0064(ASE=0.0004)과 $\hat{\beta}_2$=0.0174(ASE=0.0012)임을 확인 할 수 있다. 특히, 이들 추정치가 양수이므로 독극물 농도 수준의 증가에 따라 사망 또는 기형과 같이 바람직하지 않은 결과가 나타남을 의미한다. 즉, 태아가 살아 있다는 조건 아래 정상이 아닌 기형일 추정된 오즈는 독극물 농도의 수준이 100단위 증가할 때 exp(100×0.0174)=5.7배나 된다.

프로그램 8.7 〈표 8.14〉의 연속비 로짓모형을 위한 PROC CATMOD

```
DATA toxicity;
INPUT con resp count@@;
CARDS;
   0 1  15     0 2   1     0 3  281
62.5 1  17  62.5 2   0  62.5 3  225
 125 1  22   125 2   7   125 3  283
 250 1  38   250 2  59   250 3  202
 500 1 144   500 2 132   500 3    9
 ;
 DATA first;
      SET toxicity;
      advance = resp GE 2;
 DATA second;
      SET toxicity;
      IF resp = 1 THEN DELETE;
      advance = resp EQ 3;
 PROC CATMOD DATA = first;
      WEIGHT count;
      DIRECT con;
      MODEL advance = con;
 PROC CATMOD DATA = second;
      WEIGHT count;
      DIRECT con;
      MODEL advance = con ;
```

표 8.15 [프로그램 8.7]의 수행 결과 중 일부

① Maximum Likelihood Analysis of Variance

Source	DF	Chi-Square	Pr > ChiSq
Intercept	1	424.52	<.0001
con	1	216.00	<.0001
Likelihood Ratio	3	5.78	0.1230

Analysis of Maximum Likelihood Estimates

Effect	Parameter	Estimate	Standard Error	Chi-Square	Pr > ChiSq
Intercept	1	-3.2479	0.1576	424.52	<.0001
con	2	0.00639	0.000435	216.00	<.0001

② Maximum Likelihood Analysis of Variance

Source	DF	Chi-Square	Pr > ChiSq
Intercept	1	294.52	<.0001
con	1	200.42	<.0001
Likelihood Ratio	3	6.06	0.1087

Analysis of Maximum Likelihood Estimates

Effect	Parameter	Estimate	Error	Square	Pr > ChiSq
Intercept	1	-5.7019	0.3322	294.52	<.0001
con	2	0.0174	0.00123	200.42	<.0001

8.4 R-코드

R-코드 8.1 SAS [프로그램 8.1] 악어의 크기와 먹이

```
data = read.csv("alligator.csv")
data$FOOD = factor(data$FOOD, levels = c("O", "I", "F"),
                    labels = c("Etc", "invertebrate", "Fish"))

# Baseline-Category logit model
library(nnet)
mod = multinom(formula = FOOD~LENGTH, data)
summary(mod)

cbind(data$LENGTH, mod$fitted.values) ## Predicted Probability

# Significance Test
mod1 = multinom(formula = FOOD~1, data)
mod2 = multinom(formula = FOOD~LENGTH+0, data)
anova(mod1, mod)
anova(mod2, mod)
```

R-코드 8.2 SAS [프로그램 8.2] 인종과 성별에 따른 내세의 믿음

```
data = data.frame(matrix(c(1, 1, 1, 371, 1, 1, 2, 49, 1, 1, 3, 74,
                           1, 0, 1, 250, 1, 0, 2, 45, 1, 0, 3, 71,
                           0, 1, 1, 64, 0, 1, 2, 9, 0, 1, 3, 15,
                           0, 0, 1, 25, 0, 0, 2, 5, 0, 0, 3, 13),
                         ncol=4, byrow=T))
colnames(data) = c("race", "gender", "belief", "count")
data$race = factor(data$race, levels = c(0,1),
                   labels = c("white","black"))
data$gender = factor(data$gender, levels = c(0,1),
                     labels = c("man", "woman"))
data$belief = factor(data$belief, levels=c(3,1,2),
                     labels = c("no", "yes", "undecided"))

# Baseline-Category logit model
```

```
library(nnet)
mod = multinom(formula=belief~race + gender, data,weights=count)
summary(mod)
unique(mod$fitted.values) ## Predicted Probability
```

R-코드 8.3 SAS [프로그램 8.3] 인종과 성별에 따른 내세의 믿음

```
data = data.frame(matrix(c(1, 1, 1, 371, 1, 1, 2, 49, 1, 1, 3, 74,
                           1, 0, 1, 250, 1, 0, 2, 45, 1, 0, 3, 71,
                           0, 1, 1, 64, 0, 1, 2, 9, 0, 1, 3, 15,
                           0, 0, 1, 25, 0, 0, 2, 5, 0, 0, 3, 13),
                       ncol=4, byrow=T))
colnames(data) = c("race", "gender", "belief", "count")
data$race = factor(data$race, levels = c(0,1),
                   labels = c("white","black"))
data$gender = factor(data$gender, levels = c(0,1),
                     labels = c("man", "woman"))
data$belief = factor(data$belief, levels=c(3,1,2),
                     labels = c("no", "yes", "undecided"))

# Baseline-Category logit model
library(nnet)
mod = multinom(formula=belief~1, data,weights=count)
summary(mod)
```

R-코드 8.4 SAS [프로그램 8.4] 정치성향과 정당가입

```
data = data.frame(matrix(c(1, 1, 80, 1, 2, 81,
                           1, 3, 171, 1, 4, 41,
                           1, 5, 55, 0, 1, 30,
                           0, 2, 46, 0, 3, 148,
                           0, 4, 84, 0, 5, 99), ncol=3, byrow=T))
colnames(data) = c("party", "ideology", "count")
data$party = factor(data$party, levels=c(0,1),
                    labels=c("republic", "democratic"))
data$ideology = factor(data$ideology, levels = c(1, 2, 3, 4, 5))
```

```
# Proportianl Odds Logit Model(method1)
library(MASS)
mod = polr(formula=ideology~party, data,weights=count)
summary(mod)

# Significance Test
mod1 = polr(formula=ideology~1, data,weights=count)
anova(mod1,mod)
 Proportianl Odds Logit Model(method2)
library(ordinal)
mod = clm(formula = ideology~party,data = data,weights = count)
summary(mod)

# Test for the Proportional Odds Assumption
nominal_test(mod)
# Significance Test
mod1 = clm(formula = ideology~1,data = data,weights = count)
anova(mod1,mod)
```

R-코드 8.5 SAS [프로그램 8.5] 정신장애 정도와 사회경제적 지위와 3년 동안 경험한 중요한 사건

```
data = data.frame(matrix(c(4, 1, 1, 4, 1, 9, 4, 1, 4,
                           4, 1, 3, 4, 0, 2, 4, 1, 0,
                           4, 0, 1, 4, 1, 3, 4, 1, 3,
                           4, 1, 7, 4, 0, 1, 4, 0, 2,
                           3, 1, 5, 3, 0, 6, 3, 1, 3,
                           3, 0, 1, 3, 1, 8, 3, 1, 2,
                           3, 0, 5, 3, 1, 5, 3, 1, 9,
                           3, 0, 3, 3, 1, 3, 3, 1, 1,
                           2, 0, 0, 2, 1, 4, 2, 0, 3,
                           2, 0, 9, 2, 1, 6, 2, 0, 4,
                           2, 0, 3, 1, 1, 8, 1, 1, 2,
                           1, 1, 7, 1, 0, 5, 1, 0, 4,
                           1, 0, 4, 1, 1, 8, 1, 0, 8,
                           1, 0, 9), ncol=3, byrow=T))
```

```
colnames(data) = c("mental", "ses", "life")
data$ses = factor(data$ses, labels = c("high", "low"))

# Proportianl Odds Logit Model(method1)
library(MASS)
mod = polr(formula=factor(mental)~life + ses, data)
summary(mod)

mod$fitted.values ## Predicted Probability

## Odds Ratio Estimates
exp(mod$coefficients)^-1
exp(confint(mod))^-1

# Proportianl Odds Logit Model(method2)
library(ordinal)
mod = clm(formula = factor(mental)~life + ses,data = data)
summary(mod)

## Test for the Proportional Odds Assumption
nominal_test(mod)

## Significance Test
mod1 = clm(formula = factor(mental)~1,data = data)
anova(mod1,mod)
```

R-코드 8.6 SAS [프로그램 8.6] 정치성향과 정당가입

```
data = data.frame(matrix(c(1, 1, 80, 1, 2, 81,
                           1, 3, 171, 1, 4, 41,
                           1, 5, 55, 0, 1, 30,
                           0, 2, 46, 0, 3, 148,
                           0, 4, 84, 0, 5, 99), ncol=3, byrow=T))
colnames(data) = c("party", "ideology", "count")
data$party = factor(data$party, levels=c(0,1),
                    labels=c("republic", "democratic"))
data$ideology = factor(data$ideology, levels = c(1, 2, 3, 4, 5),
```

```
                labels = c("one","two","three","four","five"))

# Adjacent-Categories Logit Model
library(brglm2)
mod = bracl(ideology~party, weights = count, data,
           parallel = T, type = "ML")
summary(mod)


## Significance Test
mod1 = bracl(ideology~1, weights = count, data,
            parallel = T, type = "ML")
anova(mod1,mod,test="LRT")
```

R-코드 8.7 SAS [프로그램 8.7] 독성물질에 노출된 주의 태아에 대한 반응

```
data = data.frame(matrix(c(0, 1, 15, 0, 2, 1, 0, 3, 281,
                          62.5, 1, 17, 62.5, 2, 0, 62.5, 3, 225,
                          125, 1, 22, 125, 2, 7, 125, 3, 283,
                          250, 1, 38, 250, 2, 59, 250, 3, 202,
                          500, 1, 144, 500, 2, 132, 500, 3, 9),
                        ncol=3, byrow=T))
colnames(data) = c("con", "resp", "count")
data$resp = factor(data$resp, levels = c(1,2,3),
                  labels = c("death", "deformity", "normal"))

# Continuation-Ratio Logit Model

# live vs non_live
first = data
first$advance = first$resp >= 2
tab = xtabs(count~con+advance,first)
first = addmargins(tab)[-6,c(1,3)]
first = data.frame(matrix(first,ncol=2))
colnames(first) = c("non_live","sum")
first$con = c(0, 62.5, 125, 250, 500)
```

```
mod = glm(non_live/sum~con, first, family=binomial, weights = sum)
summary(mod)

# Significance Test
mod1 = glm(non_live/sum~1, first, family=binomial, weights = sum)
mod2 = glm(non_live/sum~con+0, first, family=binomial, weights = sum)
anova(mod1,mod,test="LRT")
anova(mod2,mod,test="LRT")


# normal vs deformity
second = data[which(data$resp != 1),]
second$advance = second$resp == 3
tab = xtabs(count~con+advance,second)
second = addmargins(tab)[-6,c(1,3)]
second = data.frame(matrix(second,ncol=2))
colnames(second) = c("deformity","sum")
second$con = c(0, 62.5, 125, 250, 500)

mod = glm(deformity/sum~con, second, family=binomial, weights = sum)
summary(mod)
```

연습문제

❶ [보기 8.1]에서 다음의 문제를 살펴보라.

(1) 적합모형을 이용하여 오즈비를 계산하고 주된 먹이가 "무척추동물" 또는 "기타"가 되는 데 미치는 악어의 길이의 추정효과를 구하라.

(2) 길이가 3.9미터인 악어가 "무척추동물"을 먹이로 할 추정확률을 구하라.

(3) 결과인 "무척추동물"과 "기타"가 동일하게 유사하게 되는 길이를 찾아라.

❷ 다음은 네 군데 호수지역에서 잡힌 악어의 크기(단위: 미터)와 주된 먹이에 관한 자료이다.

호수	크기	주된 먹이				
		물고기	무척추동물	파충류	새	기타
A	≦ 2.3	23	4	2	2	8
	> 2.3	7	0	1	3	5
B	≦ 2.3	5	11	1	0	3
	> 2.3	13	8	6	1	0
C	≦ 2.3	5	11	2	1	5
	> 2.3	8	7	6	3	5
D	≦ 2.3	16	19	1	2	3
	> 2.3	17	1	0	1	3

(1) 주된 먹이를 반응변수로 하고 호수와 악어의 크기를 설명변수로 하는 로짓모형을 적합시켜라.

(2) 이 로짓모형과 대응하는 로그선형모형을 찾아라.

(3) 네 군데 호수지역에서 크기에 따라 주된 먹이가 물고기일 때 추정확률을 구하여 보고 이를 해석하라.

❸ 어느 지역 호수에 서식하는 악어의 크기(단위 : 미터)와 주된 먹이(F =물고기, I =무척추동물, O =기타)에 관한 자료이다. 63마리 악어에 대해 그들의 위에서

발견된 내용물을 성별에 따라 세 가지로 분류한 것이다.

(1) 악어의 길이가 1.83보다 작은 것을 "준성숙", 1.83보다 큰 것을 "성숙"으로 분류하고 주된 먹이에 대하여 성별과 길이의 효과를 나타내는 로짓모형을 적합시키고 해석하라.

(2) 악어 길이를 (1)에서처럼 이항적으로 나타내지 말고 연속형으로 하여 주된 먹이에 대하여 성별과 길이의 효과를 나타내는 로짓모형을 적합시키고 해석하라.

(3) (1)과 (2)의 결과를 비교하라.

수컷				암컷			
길이	먹이	길이	먹이	길이	먹이	길이	먹이
1.30	*I*	1.80	*F*	1.24	*I*	2.56	*O*
1.32	*F*	1.85	*F*	1.30	*I*	2.67	*F*
1.32	*F*	1.93	*I*	1.45	*I*	2.72	*I*
1.40	*F*	1.93	*F*	1.45	*O*	2.79	*F*
1.42	*I*	1.98	*I*	1.55	*I*	2.84	*F*
1.42	*F*	2.03	*F*	1.60	*I*		
1.47	*I*	2.03	*F*	1.60	*I*		
1.47	*F*	2.31	*F*	1.65	*F*		
1.50	*I*	2.36	*F*	1.78	*I*		
1.52	*I*	2.46	*F*	1.78	*O*		
1.63	*I*	3.25	*O*	1.80	*I*		
1.65	*O*	3.28	*O*	1.88	*I*		
1.65	*O*	3.33	*F*	2.16	*F*		
1.65	*I*	3.56	*F*	2.26	*F*		
1.65	*F*	3.58	*F*	2.31	*F*		
1.68	*F*	3.66	*F*	2.36	*F*		
1.70	*I*	3.68	*O*	2.39	*F*		
1.73	*O*	3.71	*F*	2.41	*F*		
1.78	*F*	3.89	*F*	2.44	*F*		
1.78	*O*						

4 [보기 8.2]에서 다음의 문제를 살펴보라.

(1) 적합모형을 이용하여 흑인 여자의 경우 반응이 "안 한다" 일 경우의 추정확률을 구하라.

(2) 성별을 제어할 때 내세에 대한 인종의 효과가 없는 로짓모형을 적합시켜라.

(3) 이 로짓모형과 동일한 로그선형모형을 찾아라.

(4) 문제 (2)에서 반응범주의 각 짝에 대한 추정오즈비를 구하여 모형에서 성별의 효과를 살펴보라.

(5) 문제 (2)에서 세운 모형이 성별에 대해 붕괴되는 인종과 내세확인이 주변독립함을 나타내고 있는지를 살펴보라.

5 다음은 여성의 유방암진단사진을 통한 검사 시기와 이 검사가 유방암을 얼마나 잘 진단해낼 수 있을지에 대한 세 가지 태도를 조사한 자료이다. 세 가지 태도를 반응변수로 하는 세 범주 로짓모형을 적합시키고 그 결과를 해석하라.

검사 시기	유방암 진단		
	전혀 아니다	다소 그렇다	매우 그렇다
없다	13	77	144
1년 이내	1	12	91
1년 전에	4	16	54

6 다음은 여성들의 유방자기진단 빈도와 나이에 관한 조사 자료이다.

나이	유방자기진단 빈도		
	매달	수시로	안 한다
45 미만	91	90	51
45–49	150	200	155
50 이상	109	198	172

(1) 비례오즈모형을 세우고 모형의 적합성을 살펴보라.

(2) 나이와 유방자기진단 빈도 간의 연관성을 알아보라.

7 다음의 자료는 직업 만족도와 월수입의 관계를 성별에 따라 정리한 분할표이다.

성별	수입(만 원)	직업 만족도			
		매우 불만족	약간 만족	만족	매우 만족
여자	150 이하	1	3	11	2
	150-400	2	3	17	3
	400-600	0	1	8	5
	600 이상	0	2	4	2
남자	150 이하	1	1	2	1
	150-400	0	3	5	1
	400-600	0	0	7	3
	600 이상	0	1	9	6

(1) 직업 만족도를 순서형으로 고려하여 연속비 로짓모형을 적합하라.

(2) 모형의 적합성을 검정하라.

8 저체중 신생아와 산모의 흡연 여부에 따른 분할표이다.

신생아 체중(kg)	흡연 여부	
	아니오	예
3.5 이상	35	11
3.1-3.4	29	17
2.6-3.0	22	16
2.5 이하	29	30

(1) 신생아 체중을 반응범주로 하고 범주점수를 0, 1, 2, 3으로 주어 이웃범주 로짓모형을 적합하고 해석하라.

(2) 비례오즈 로짓모형과 연속비 로짓모형을 적합시켜라.

(3) 이들 세 가지 모형의 해석 결과를 비교하여라.

9 7장 [연습문제 3]에서 10대 임신조절 허용과 종교집회 참여도에 따른 분할표를 임신조절에 대한 의견을 반응변수로 하고 분석하라.

10 다음은 〈표 6.1〉의 성별, 사고위치, 안전벨트착용여부, 부상에 대한 사원분할표를 확장한 자료이다. 반응변수인 부상 정도는 5점 척도로 (1) 부상 없음, (2) 부

상이나 병원으로 이송되지 않음, (3) 부상이며 병원으로 이송되었으나 입원하지 않음, (4) 부상이며 병원에 입원, (5) 부상이고 사망으로 나누어졌다. 이에 적절한 분석을 하여라.

성별	위치	벨트 착용	부상 정도				
			1	2	3	4	5
여자	도시	아니오	7287	175	720	91	10
		예	11587	126	577	48	8
	시골	아니오	3246	73	710	159	31
		예	6134	94	564	82	17
남자	도시	아니오	10381	136	566	96	14
		예	10969	83	259	37	1
	시골	아니오	6123	141	710	188	45
		예	6693	74	353	74	12

9장

대응짝자료의 모형

9.1 대응짝자료의 주변동질성

9.2 대응짝자료의 CMH 검정

9.3 정방분할표를 위한 대칭성과 준대칭성모형

9.4 정방분할표의 주변동질성검정

9.5 브래들리-테리 모형

9.6 R-코드

동일한 대상에 대해 두 번의 조사(내용은 두 번 모두 같을 수도 있고 다를 수도 있다)에 의해서 만들어지는 자료를 대응짝자료라 한다. 이 자료에서는 조사간의 종속성문제가 있는데 이는 주변동질성검정을 통하여 다룰 수 있다. 이를 위한 몇 가지 검정방법을 소개한다. 다음으로 로짓모형에서 주변동질성문제와 관련된 대칭성, 준대칭성 그리고 순서준대칭성모형을 다루고, 주변동질성검정을 위한 우도비검정방법 등을 소개한다. 끝으로 짝진 선호 자료에 대한 로짓모형으로 브래들리-테리 모형을 다룬다.

9.1 대응짝자료의 주변동질성

〈표 9.1〉은 선거권이 있는 1,600명을 대상으로 대통령의 국정운영에 대해 두 번에 걸쳐 여론조사한 결과이다. 1차 조사에서 944명이 "잘한다"라고 인정하였고 같은 표본 1,600명에 대해 6개월 뒤 2차 조사에서는 880명이 "잘한다"라고 인정하였다. 〈표 9.1〉의 행은 1차 조사의 결과, 열은 2차 조사의 결과를 보여주고 있다. 이와 같이 두 번에 걸친 조사가 동일한 대상에 대해 이루어질 때 대응짝(matched pairs)을 이루었다고 한다. 특히, 이런 형태의 자료는 동일한 분류범주를 갖는 이원분할표를 구성하며 행과 열의 수가 같은 정방형(square)을 이룬다.

일반적으로 〈표 9.1〉과 같은 대응짝자료를 가진 정방이원분할표는 특성상 두 번의 조사가 서로 종속(dependent)되어 있다. 이러한 자료의 종속성 문제를 다루는 방법에는 몇 가지가 있는데, 먼저 이 절에서는 주변동질성검정방법을 통해 다루려 한다.

이를 위해 〈표 9.1〉로부터 두 조사에서 대통령의 국정운영에 대해 "잘한다"라고 인정하는 확률을 비교해 보자.

표 9.1 대통령의 국정운영에 관한 여론조사

1차 조사	2차 조사		총계
	잘한다	못한다	
잘한다	794	150	944
못한다	86	570	656
총계	880	720	1600

n_{ij}를 1차 조사에서 i 번째 반응과 2차 조사에서 j 번째 반응을 보인 대상의 수라 하자. 〈표 9.1〉에서 $n_{1+} = n_{11} + n_{12} = 944$는 1차 조사에서, $n_{+1} = n_{11} + n_{21} = 880$은 2차 조사에서 각각 "잘한다"라고 인정하는 수이다. 따라서 각각의 조사에서 "잘한다"라고 인정할 비율은 $944/1600 = 0.59$와 $880/1600 = 0.55$로 대동소이하여 주변비율이 서로 관련이 있다. 이는 주변동질성(marginal homogeneity)검정을 통해서 다루어져야 할 부분이다. π_{ij}를 한 대상이 1차 조사에서 i 번째 반응과 2차 조사에서 j 번째 반응을 보일 확률이라 하자. 두 번의 조사에서 "잘한다"라고 인정할 확률은 각각 π_{1+}와 π_{+1}이 된다. 이 둘이 같을 때 주변동질성이 존재하며

$$\pi_{1+} - \pi_{+1} = (\pi_{11} + \pi_{12}) - (\pi_{11} + \pi_{21}) = \pi_{12} - \pi_{2} = 0$$

의 관계를 갖는다. 따라서 이원분할표에서 주변동질성이 존재하면, $\pi_{12} = \pi_{21}$이 되며 이를 이원분할표의 대칭성(symmetry)이라 한다.

맥니마 검정

이제 본격적으로 귀무가설 $H_0 : \pi_{1+} = \pi_{+1}$(또는 $H_0 : \pi_{12} = \pi_{21}$)의 검정인 주변동질성검정을 다루기로 하자. 대응짝을 가진 정방이원분할표에서 귀무가설이 만족될 때 n_{12}와 n_{21}에 대응하는 칸은 같은 기대도수를 갖는다고 생각한다. 즉, $n^* = n_{12} + n_{21}$이라 하면 귀무가설이 옳을 때 n_{12}와 n_{21}은 n^* 번 시행에서 성공할 확률이 $1/2$인 이항분포 $B(n^*, 1/2)$의 "성공"과 "실패"의 횟수가 될 것이다. 이 검정을 위한 P-값은 대립가설의 형태에 따라 달라지며 이항분포의 꼬리확률(tail probability)로부터 구할 수 있다.

예를 들면, 〈표 9.1〉에서 $n_{12} = 150$이고 $n_{21} = 86$이므로 $n^* = 150 + 86 = 236$이 된다. 이때 귀무가설하에 고려될 분포는 $B(236, 1/2)$이다. 먼저 단측대립가설 $H_1 : \pi_{1+} > \pi_{+1}$(또는 $H_1 : \pi_{12} > \pi_{21}$)에 대해 P-값은 0.00002가 된다. 이번에는 양측대립가설 $H_1 : \pi_{1+} \neq \pi_{+1}$에 대한 P-값은 2×0.00002로 단측 P-값의 2배가 된다.

일반적으로 $n^* > 10$이면 이항분포 $B(n^*, 1/2)$은 근사적으로 정규분포 $N(n^*/2, n^*(1/2)(1/2))$를 따른다. 표준정규검정통계량

$$z = \frac{n_{12} - n^*/2}{[n^*(1/2)(1/2)]^{1/2}} = \frac{n_{12} - n_{21}}{(n_{12} + n_{21})^{1/2}} \tag{9.1}$$

의 제곱은 자유도 1인 카이제곱통계량이 된다. 따라서 이 카이제곱통계량을 사용하는 검정을 맥니마 검정(McNemar's test)이라 한다.

〈표 9.1〉의 경우 $z = (150-86)/(150+86)^{1/2} = 4.166$로 카이제곱통계량은 $(4.166)^2 = 17.356$이 계산된다. 이때 P-값은 0.001보다 훨씬 작아서 단측대립가설 $H_1 : \pi_{1+} > \pi_{+1}$을 채택하게 된다. 즉, 1차 여론조사에서 대통령의 국정운영을 "잘한다"라고 인정할 확률이 더 높다는 사실을 매우 강하게 지지한다.

지금까지 〈표 9.1〉에 대한 맥니마 검정의 수치적 연산은 간단하여 직접 계산할 수도 있지만, PROC FREQ [프로그램 9.1]의 AGREE 옵션이 그 결과를 제공하고 있음을 참고하기 바란다. 〈표 9.2〉는 프로그램 수행 결과 중 맥니마 검정에 관한 부분이다.

프로그램 9.1 〈표 9.1〉의 맥니마 검정을 위한 PROC FREQ

```
DATA approval ;
INPUT survey1 survey2 count @@ ;
CARDS ;
1 1 794 1 0 150
0 1  86 0 0 570
;
PROC FREQ ORDER = data ;
      WEIGHT count ;
      TABLES survey1 * survey2 / agree ;
```

표 9.2 [프로그램 9.1]의 수행 결과 중 맥니마 검정 부분

```
        Statistics for Table of survey1 by survey2

                    McNemar's Test

              ---------------------------------
              Statistic (S)      17.3559
              DF                       1
              Pr > S              <.0001
```

9.2 대응짝자료의 CMH 검정

〈표 9.1〉의 대응짝자료를 이항반응을 가지는 n개의 2×2 부분분할표로 나누어 나타내어보자. 먼저 두 번의 여론조사에서 "잘한다"로 분류된 $n_{11}=794$명의 대상자 각자는 1행과 2행에서 $(1,0)$과 $(1,0)$을 가진 2×2 부분분할표 〈표 9.3〉으로 표현이 가능하다. $n_{12}=150$명은 1행과 2행에서 $(1,0)$과 $(0,1)$을 가지며 $n_{21}=86$명은 $(0,1)$과 $(1,0)$을, $n_{22}=570$명은 $(0,1)$을 각각의 행에 가지게 된다. 따라서 이러한 2×2 부분분할표는 총 $n=1{,}600$명의 각 대상별로 있게 되어 $2\times2\times1600$인 삼원분할표 형태로 〈표 9.1〉의 대응짝자료를 재구성할 수 있다.

표 9.3 〈표 9.1〉의 대상 n_{11}명에 대한 부분분할표

여론조사	반응	
	잘한다	못한다
1차	1	0
2차	1	0

여기서 주목할 사실은 9.1절에서 살펴본 〈표 9.1〉의 대응짝자료에 대한 주변동질성 검정이 이 절에서 재구성한 $2\times2\times1600$ 분할표의 조건부독립성검정과 일치한다는 점이다. 일반적으로 $2\times2\times K$ 분할표의 조건부독립성검정은 3.2절의 코크란-맨틀-핸첼(CMH) 통계량을 이용한다는 것은 잘 알고 있다. 사실상 CMH 통계량은 자유도 1인 카이제곱검정의 통계량으로 이는 맥니마 검정을 위한 식 (9.1)의 제곱인 카이제곱통계량 $(n_{12}-n_{21})^2/(n_{12}+n_{21})$과 대수적으로 일치한다. 다시 말해서 맥니마 검정은 n개 대응짝의 이항반응에 적용된 CMH 검정의 특수한 경우로 볼 수 있다.

지금까지 대응짝자료의 분석방법으로 맥니마 검정과 CMH 검정을 살펴보았다. 이 외에도 Agresti(2007, Chapter 8)에는 로짓모형을 이용하는 접근방법을 다루고 있다.

9.3 정방분할표를 위한 대칭성과 준대칭성모형

지금까지 다룬 이항반응범주의 대응짝자료의 주변동질성 문제를 다항반응범주 형태의

대응짝자료에서도 다루려 한다. I개 다항범주로 구성된 $I \times I$ 분할표에서 칸 (i, j)의 확률 $\{\pi_{ij}\}$가

$$\pi_{i+} = \pi_{+i}, \quad i = 1, \cdots, I \tag{9.2}$$

이면 주변동질성(marginal homogeneity)을 만족한다. 특히,

$$\pi_{ij} = \pi_{ji} \tag{9.3}$$

이면 정방분할표에서 확률은 대칭성(symmetry)을 갖는다. 이 경우 주변동질성 또한 만족된다. 일반적으로 $I = 2$이면 식 (9.3)의 대칭성과 식 (9.2)의 주변동질성은 동일한 개념이 됨을 9.1절을 통해 이미 알고 있다. 그러나 $I > 2$일 때는 대칭성이 만족되지 않아도 주변동질성이 일어날 수 있다.

대칭성모형

이젠 식 (9.3)의 대칭성을 만족하는 로짓모형을 살펴보기로 하자. 모든 $\pi_{ij} > 0$에 대해 기대도수 $\{\mu_{ij} = n\,\pi_{ij}\}$의 로짓모형은

$$\log(\pi_{ij}/\pi_{ji}) = 0 \tag{9.4}$$

이다. 특히, 모형 (9.4)에서는 $\log\mu_{ij} = \log\mu_{ji}$가 만족되며 따라서 $\mu_{ij} = \mu_{ji}$가 성립한다.

대칭성을 만족하는 모형의 최대우도 적합은 모든 i와 j에 대해서 $\mu_{ij} = \mu_{ji}$를 만족하는

$$\hat{\mu}_{ij} + \hat{\mu}_{ji} = n_{ij} + n_{ji}$$

이다. 이로부터 해는 $\hat{\mu}_{ij} = \hat{\mu}_{ji}$와 $\hat{\mu}_{ii} = n_{ii}$를 만족하는

$$\hat{\mu}_{ij} = \frac{n_{ij} + n_{ji}}{2}$$

이다. 카이제곱 적합도검정을 위한 검정통계량은 자유도 $I(I-1)/2$인

$$X^2 = \sum_{i<j} \frac{(n_{ij} - n_{ji})^2}{n_{ij} + n_{ji}} \tag{9.5}$$

이다. 식 (9.5)는 $I=2$일 때 식 (9.1)의 제곱인 맥니마 검정을 위한 카이제곱통계량과 일치한다. 모형의 적합정도를 살필 수 있는 표준화잔차는 $\{r_{ij}=(n_{ij}-n_{ji})/(n_{ij}+n_{ji})^{1/2}\}$이다.

보기 9.1

〈표 9.4〉는 다섯 가지 커피에 대한 소비자 선호도조사를 정리한 자료이다. 조사는 541명의 동일한 소비자를 대상으로 1차와 2차 구매를 통해 이루어졌다. 자료를 잠시 살펴보면 주 대각에 있는 칸의 도수가 상대적으로 많아서 대부분의 소비자들이 그들의 취향에 맞는 커피를 꾸준히 선택하고 있음을 알 수 있다.

〈표 9.4〉에 대한 대칭성을 만족하는 로그선형모형을 분석하기 위해 PROC GENMOD [프로그램 9.2]을 이용하기로 하자. 이 프로그램에서는 모형 (9.4)의 대칭성을 나타내고 있는데 INPUT문의 "symm"이 칸$(1,2)$와 $(2,1)$에 동일한 값 2를 가지며 칸$(1,3)$과 $(3,1)$에는 3을 갖도록 하면 된다. 나머지 칸도 대칭성을 만족하도록 임의의 값을 배정하면 된다.

표 9.4 커피구매의 소비자 선택

1차 구매	2차 구매					총계
	맥심	쵸이스	상카	네스카페	맥스웰	
맥심	93 (93.0)	17 (13.0)	44 (30.5)	7 (6.5)	10 (10.0)	171
쵸이스	9 (13.0)	46 (46.0)	11 (11.0)	0 (2.0)	9 (6.5)	75
상카	17 (30.5)	11 (11.0)	155 (155.0)	9 (9.0)	12 (12.0)	204
네스카페	6 (6.5)	4 (2.0)	9 (9.0)	15 (15.0)	2 (2.0)	36
맥스웰	10 (10.0)	4 (6.5)	12 (12.0)	2 (2.0)	27 (27.0)	55
총계	135	82	231	33	60	541

참고: ( )안은 모형의 적합값

프로그램 9.2 〈표 9.4〉의 대칭성을 가진 로그선형모형을 위한 PROC GENMOD

```
DATA coffee ;
INPUT first second symm count @@ ;
CARDS ;
1 1 1 93    1 2 2 17    1 3  3  44    1 4  4   7    1 5  5  10
2 1 2  9    2 2 6 46    2 3  7  11    2 4  8   0    2 5  9   9
3 1 3 17    3 2 7 11    3 3 10 155    3 4 11   9    3 5 12  12
4 1 4  6    4 2 8  4    4 3 11   9    4 4 13  15    4 5 14   2
5 1 5 10    5 2 9  4    5 3 12  12    5 4 14   2    5 5 15  27
;
PROC GENMOD ;
      CLASS symm ;
      MODEL   count = symm / dist=poisson link=log obstats residuals ;
```

[프로그램 9.2]의 수행 결과는 전형적 로그선형모형에 관한 SAS프로그램 수행 결과와 동일하므로 생략하기로 한다. 먼저 수행 결과 중 Criteria For Assessing Goodness Of Fit의 Deviance와 Pearson Chi-Square에서 모형의 적합도 검정통계량 $G^2 = 22.47$과 $X^2 = 20.41$을 각각 찾아볼 수 있다. 이때 자유도는 $10 = 5(5-1)/2$이며 P-값은 0.01과 0.025 사이에 있게 되어 유의수준 5%에서 모형이 적합하지 않음을 보여준다. 특히, 칸 $(1,3)$과 $(3,1)$의 도수 $n_{13} = 44$와 $n_{31} = 17$의 차이가 모형의 적합성에 큰 영향을 미치며 실제 수정잔차는 $(44-17)/(44+17)^{1/2} = 3.457$이다. 이는 1차 구매에서 맥심을 산 소비자가 2차 구매에서 상카를 구입하는 경우가 그 반대의 경우보다 더 많다는 점이다. 이 외에는 모형이 매우 잘 적합 되고 있음을 〈표 9.4〉의 적합값을 통해서도 알 수 있다. 적합값과 수정잔차는 [프로그램 9.2]의 수행 결과 중 Observation Statistics의 Pred와 StReschi에서 나와 있음을 참고 바란다.

준대칭성모형

지금까지 살펴본 대칭성을 만족하는 모형은 매우 단순하여 주변분포(marginal distribution)가 실질적으로 다를 때 적합하지 못하다. 이는 대응짝자료의 정방분할표에서는 주변분포를 비교하는 것이 흥미로운 일이 되기도 한다. 이를 위해 모형 (9.4)에서 주변이질성(marginal heterogeneity)을 제공하는 다음과 같은 준대칭성모형(quasi-symmetry model)을 생각할 수 있겠다.

$$\log(\pi_{ij}/\pi_{ji}) = \beta_i - \beta_j \tag{9.6}$$

모형 (9.6)은 모든 i 와 j 에 대해 성립하고, 모형 (9.4)의 대칭모형은 모든 $\beta_i = 0$에 대해 모형 (9.6)의 특수한 경우이다. 일반적으로 $\hat{\beta}_i$의 값이 클수록 상대적으로 많은 관측치가 열 i보다는 행 i에 속하게 된다. 모형 (9.6)을 적합하기 위해선 뉴튼-랩슨이나 반복법에 의해 구해지고(Agresti, 1990, pp. 354-355), 독립된 이항변인으로 짝진 칸 도수 (n_{ij}, n_{ji})로 각각 분리하여 처리하고 주 대각 도수는 무시한다.

프로그램 9.3 〈표 9.5〉의 준대칭성로그선형모형을 위한 PROC GENMOD

```
PROC GENMOD data = coffee ;
      CLASS first second symm ;
      MODEL count = first second symm / dist = poisson link = log
                                                         obstats residuals ;
```

보기 9.2

〈표 9.5〉의 커피구매의 소비자선택 자료에 대해 준대칭성모형을 적용하기 위한 PROC GENMOD [프로그램 9.3]을 참고하기 바란다. 프로그램 수행 결과로부터 준대칭성모형의 적합도검정을 위한 $G^2 = 9.97$와 $X^2 = 8.53$은 자유도 6을 가진다. 이들의 P-값은 0.10과 0.25 사이에 있어 준대칭성모형이 적합함을 나타낸다.

순서준대칭성모형

대칭성모형과 준대칭성모형은 명목형(nominal)범주인 경우의 정방분할표를 다루고 있다. 그러나 범주가 순서화되어 있는 정방분할표의 분석은 준대칭성모형의 변형된 순서준대칭성모형(ordinal quasi-symmetry model)

$$\log(\pi_{ij}/\pi_{ji}) = \beta(u_j - u_i) \tag{9.7}$$

여기서 $\{u_j\}$는 정방분할표의 행과 열범주 점수로 $u_1 \leq u_2 \leq \cdots \leq u_I$ 순서를 갖는다. 이는 $\{\beta_i\}$가 선형성을 가지는 경우 준대칭성모형 (9.6)의 특수한 경우이며, $\beta = 0$이면 대칭성모형 (9.4)를 만족한다. 특히, 모형 (9.7)은 로짓모형 $\text{logit}(\pi) = \alpha + \beta \text{x}$의 특수한 경우로 여기서 $\alpha = 0$이고 $x = u_j - u_i$이며 π는 칸 (i, j) 또는 (j, i)의 반응이 주어졌을 때 칸 (i, j)의 조건부확률이다. $|\beta|$의 값이 커질수록 π_{ij}와 π_{ji}의 차와 주변분포 간의 차이는 커진다. 특정한 열범주에서의 반응이 행범주의 반응보다 x 단위 높을 확률은 그 반대의 경우의 확률보다 $\exp(x\beta)$배가 된다는 점이다. 이 순서형준대칭모형의 응용을 보기를 통해 살펴보고 모형의 적합도검정 등 복잡한 계산은 PROC GENMOD로 넘긴다.

표 9.5 혼전과 혼외 성관계에 대한 분할표

혼전 성관계	혼외 성관계				총계
	1	2	3	4	
1	144 (144)	2 (1.90)	0 (0.28)	0 (0.02)	146
2	33 (33.10)	4 (4)	2 (0.87)	0 (0.10)	39
3	84 (83.72)	14 (15.13)	6 (6)	1 (1.41)	105
4	126 (125.98)	29 (28.90)	25 24.59)	5 (5)	185
총계	387	49	33	6	475

참고: ( )안은 순서준대칭성모형의 적합값

보기 9.3

〈표 9.5〉는 남녀가 혼전 성관계를 갖는 일과 결혼 상대자보다는 다른 사람과 혼외 성관계를 맺고 있는 사람에 대해 통계조사한 자료이다. 반응범주는 4점 척도로 1 = 매우 나쁘다, 2 = 나쁘다, 3 = 나쁘지 않다, 4 = 전혀 나쁘지 않다로 구성되어 있다.

우선 이 자료에 대해 ⓐ 대칭성모형, ⓑ 준대칭성모형, ⓒ 순서준대칭성모형의 적합성을 서로 비교해 보자. 이를 위한 PROC GENMOD [프로그램 9.4]를 참고하기 바란다. 특별히 〈표 9.6〉에는 이 프로그램의 ⓒ 순서준대칭성모형 /* Ordinal Quasi-Symmetry Model */의 수행 결과 중 일부를 정리해 두었다. 여기서 결과 ①

은 적합도 검정통계량을 보여주고 있다. 그리고 결과 ③의 pred에서는 〈표 9.5〉의 순서대칭성모형의 적합값을 제공한다. 특히, 순서준대칭성모형의 적합값을 얻기 위해 『 obstats residuals 』 옵션을 사용하였다.

프로그램 9.4 **〈표 9.5〉의 대칭성모형, 준대칭성모형, 순서준대칭성모형을 위한 PROC GENMOD**

```
DATA sex ;
INPUT  premar  extramar  symm  count @@ ;
CARDS ;
1 1 1  144   1 2 2   2   1 3 3   0   1 4  4  0
2 1 2   33   2 2 5   4   2 3 6   2   2 4  7  0
3 1 3   84   3 2 6  14   3 3 8   6   3 4  9  1
4 1 4  126   4 2 7  29   4 3 9  25   4 4 10  5
;
ⓐ /* Symmetry Model */
  PROC GENMOD ;
       CLASS symm ;
       MODEL   count = symm / dist = poisson  link = log ;

ⓑ /* Quasi-Symmetry Model */
  PROC GENMOD ;
       CLASS premar extramar symm ;
       MODEL count = symm  extramar  premar
                     / dist = poisson  link=log ;

ⓒ /* Ordinal Quasi-Symmetry Model */
  PROC GENMOD ;
       CLASS symm ;
       MODEL count = symm  extramar  premar / dist = poisson
                     link = log  obstats  residuals ;
```

표 9.6 [프로그램 9.4] ⓒ /* Ordinal Quasi-Symmetry Model */의 수행 결과 중 일부

① Criteria For Assessing Goodness Of Fit

Criterion	DF	Value	Value/DF

표 9.6 [프로그램 9.4] ⓒ /* Ordinal Quasi-Symmetry Model */의 수행 결과 중 일부(계속)

Deviance	5	2.0972	0.4194
Scaled Deviance	5	2.0972	0.4194
Pearson Chi-Square	5	2.0844	0.4169
Scaled Pearson X2	5	2.0844	0.4169
Log Likelihood	.	1578.7352	.

② Analysis Of Parameter Estimates(일부)

Parameter	DF	Estimate	Std Err	ChiSquare	Pr>Chisq
INTERCEPT	1	13.0357	1.7405	56.0941	<.0001
SYMM 1	1	-5.2093	1.3411	15.0890	<.0001
SYMM 2	1	-6.6797	1.3278	25.3086	<.0001
SYMM 3	1	-5.7516	1.3403	18.4147	<.0001
SYMM 4	1	-5.3430	1.3412	15.8702	<.0001
SYMM 5	1	-5.9363	1.0758	30.4485	<.0001
SYMM 6	1	-4.6058	0.9654	22.7635	<.0001
SYMM 7	1	-3.9586	0.9681	16.7207	<.0001
SYMM 8	1	-2.6742	0.7372	13.1583	0.0003
SYMM 9	1	-1.2638	0.6298	4.0271	0.0448
SYMM 10	0	0.0000	0.0000	.	.
EXTRAMAR	1	-2.8566	0.4205	46.1444	<.0001
PREMAR	0	0.0000	0.0000	.	.
SCALE	0	1.0000	0.0000	.	.

NOTE: The scale parameter was held fixed.

③ Observation Statistics (일부)

count	symm	Pred	Xbeta	Std	HessWgt	Lowe
	Reschi	Resdev	StResdev	StReschi	Reslik	
144	1	144	4.9698133	0.0833333	144	122.3007
	-1.18E-14	-8.33E-9	-0.028323	-4.027E-8	-4.112E-8	
2	2	1.9020086	0.6429105	0.4320984	1.9020086	0.815473
	0.0710529	0.0704555	0.0877357	0.0884795	0.0880005	

표 9.6 [프로그램 9.4] ⓒ /* Ordinal Quasi-Symmetry Model */의 수행 결과 중 일부(계속)

.........생 략.........

25	9	24.587081	3.2022212	0.1974431	24.587081	16.69718
		0.0832743	0.0830428	0.4076259	0.4087621	0.408715
5	10	5	1.6094379	0.4472136	5	.081139
		-2.38E-15	0	0	-2.044E-8	-2.044E-8

[프로그램 9.4]의 수행 결과로부터 각 모형의 적합도검정과 관련된 정보를 요약하자면 〈표 9.7〉과 같다. 이에 따르자면 준대칭성과 순서준대칭성모형이 잘 적합되고 있음을 보여주고 있다. 순서준대칭모형 (9.7)에서 β의 ML추정치는 〈표 9.6〉의 결과 ②에서 Parameter EXTRAMAR의 Estimate로부터 제공받을 수 있다. 따라서 $\hat{\beta}=-2.857$로 식 (9.7)의 $\log(\pi_{ij}/\pi_{ji})=-2.857(u_j-u_i)$를 만족하게 된다. 예를 들면, 칸 $(2,1)$의 경우 $\log(\pi_{21}/\pi_{12})=-2.857(1-2)=2.857$로 혼전 성관계를 가지는 것의 반응이 "2＝나쁘다"이고 혼외 성관계를 가지는 것의 반응이 "1＝매우 나쁘다"일 칸의 추정확률은 그 반대의 경우(칸 $(1,2)$)에 비해 $\exp(2.857)=17.4$배 정도 된다는 것이다.

표 9.7 〈표 9.5〉에 대한 세 가지 모형의 적합도검정

모형	G^2	X^2	자유도	P–값
대칭성	402.20	297.61	6	< 0.001
준대칭성	1.36	0.87	3	> 0.250
순서준대칭성	2.19	2.08	5	> 0.250

9.4 정방분할표의 주변동질성검정

지금까지 정방분할표를 위한 모형 세 가지를 살펴보았다. 특히, 9.3절의 준대칭성모형(quasi-symmetry model) (9.5)는 모든 $\beta_i=0$이면, 주변동질성(marginal homogeneity)을 만족

하는 대칭성모형(symmetry model) (9.4)가 된다. 따라서 주변동질성검정을 위한 귀무가설과 대립가설은

$$H_0 : \text{대칭성}(S)\text{모형이 적합하다. 대 } H_1 : \text{준대칭성}(QS)\text{모형이 적합하다.}$$

로 세울 수 있다. 이를 위한 우도비검정은 두 모형의 적합도검정통계량 $G^2(S)$와 $G^2(QS)$의 차인

$$G^2(S|QS) = G^2(S) - G^2(QS) \tag{9.8}$$

을 이용한다. $I \times I$ 분할표의 경우 식 (9.8)의 검정통계량은 자유도를 $I-1 = (I(I-1)/2 - (I-1)(I-2)/2)$을 가진다.

예를 들면, 〈표 9.4〉 커피구매의 소비자선택의 경우 5×5 분할표로 이미 [보기 9.1]과 [보기 9.2]에서 모형의 적합도 검정통계량 $G^2(S) = 22.47$, 자유도 10, $G^2(QS) = 9.97$, 자유도 6임을 이미 알고 있다. 따라서 식 (9.8)의 동질성검정을 위한 우도비검정통계량은 $G^2(S|QS) = 22.47 - 9.97 = 12.5$, 자유도 $10 - 6 = 4$가 계산된다. 이때 P-값은 0.01과 0.025 사이에 있어 유의수준 5%에서 주변동질성을 만족하는 대칭성모형이 적합하지 못하게 된다. 즉, 주변동질성이 만족되지 않는다. 또한, 〈표 9.4〉의 실제 다섯 가지 커피(맥심, 쵸이스, 상카, 네스카페, 맥스웰)의 1차 구매에서는 $(171, 75, 204, 36, 55)/541 = (0.316, 0.139, 0.377, 0.067, 0.102)$이며 2차 구매에서는 $(135, 82, 231, 33, 60)/541 = (0.250, 0.152, 0.427, 0.061, 0.111)$이다. 여기서는 9.1절의 2×2 분할표의 주변동질성검정을 위한 맥니마 검정법을 이용하여 이러한 주변비율의 임의의 대응(행, 열)짝을 비교할 수 있다. 이를 위해 2×2 분할표가 필요한데, 특별히 관심 있는 한 범주에 대해 나머지 범주를 결합하여 만들 수 있겠다. 예를 들어, 1차와 2차 구매를 통해 맥심을 선택할 비율을 비교하기 위해서 (맥심, 나머지)를 행과 열범주로 가지는 〈표 9.8〉의 2×2 분할표를 생각할 수 있다. 따라서 맥니마 검정을 위한 카이제곱검정통계량은 식 (9.1)로부터 $(78-42)^2/(78+42) = 3.3^2 = 10.89$로 자유도 1을 가진다. 이때 P-값은 0.001보다 작아 소비자가 맥심을 선택하는 비율에 변화가 있음을 보여주고 있다.

이 외에도 준대칭성모형이 적합하지 못할 때 9.2절에서 언급한 일반화 CMH 검정과 더불어 Agresti(1990, pp.359–360)는 로그선형모형을 적용치 않고 검정통계량 W_0 (2×2 분할표에서는 맥니마의 카이제곱검정통계량과 일치)를 이용하는 검정법을 소개

하고 있다. 이 과정은 다소 복잡한 계산과정이 요구되나 이를 위해 Agresti(1990, pp. 499 − 500)는 PROC CATMOD 프로그램을 소개하고 있으니 참고하기 바란다.

표 9.8 맥심과 나머지 커피에 관한 2 × 2 분할표

1차 구매	2차 구매		총계
	맥심	나머지	
맥심	93	78	171
나머지	42	328	370
총계	135	406	541

순서화된 분할표의 주변동질성

이번에는 〈표 9.5〉와 같이 범주가 순서화되어 있는 경우 주변동질성검정을 살피려 한다. 이럴 경우 순서준대칭성모형(9.7)이 유용한 모형이다. 순서준대칭성(OQS)모형에서 $\beta = 0$이면 주변동질성이 만족되는 대칭성(S)모형 (9.4)가 된다. 식 (9.8)과 같은 논리로 주변동질성검정을 위한 우도비검정통계량은

$$G^2(S|OQS) = G^2(S) - G^2(OQS)$$

이다. 자유도는 $1 = (I(I-1)/2 - (I+1)(I-2)/2)$이다. 또는 왈드 통계량 $(\hat{\beta}/ASE)^2$이 자유도 1인 카이제곱통계량이 되므로 이를 이용한다.

〈표 9.5〉의 혼전과 혼외 성관계에 대한 분할표에서 주변동질성검정의 예를 보이도록 하자. 이미 [보기 9.3]의 〈표 9.7〉로부터 대칭성모형과 순서준대칭성모형의 적합도 검정통계량은 각각 $G^2(S) = 402.20$ (자유도 6)이고 $G^2(OQS) = 2.10$ (자유도 5)임을 알 수 있다. 따라서 주변동질성검정을 위한 우도비검정통계량은 $G^2(S|OQS) = 402.2 - 2.1 = 400.1$ (자유도 1)로 계산된다. 이때 P−값은 0.0001보다 작게 되어 주변이질성(marginal heterogeneity)이 있음을 매우 뒷받침하게 된다. 또한 왈드 검정통계량 $(\hat{\beta}/ASE)^2 = (-2.857/0.420)^2 = 46.4$ (자유도 1)도 우도비검정법과 같은 결론을 내릴 수 있다.

Agresti(2007, pp. 259 − 260)은 순서준대칭모형이 적합하지 않을 때 행과 열의 점수의 표본평균의 차를 이용하는 검정을 소개하고 있다.

9.5 브래들리-테리 모형

〈표 9.9〉는 5명의 남자 프로테니스 선수 간의 2004–2005년의 경기 결과이다. 특히, 로저 페더러는 팀 헨만과 4번의 경기에서 3번을 이겼음을 보여주고 있다. 이 경우 고려되는 브래들리–테리 모형(Bradley–Terry model)은 선수들의 순위를 제공하며 선수들의 각 짝 간의 게임에 대한 승과 패의 확률을 추정하게 한다. 이런 모형은 제품 비교에도 이용되곤 한다. 예를 들면, 여러 와인을 비교하는 데 있어 각 짝에 대하여 맛을 보고 선호하는 와인을 매긴다. 여러 짝에 대한 평가 후에 적합된 모형은 와인의 순위를 제공하는 것이다.

표 9.9 남자선수의 2004–2005 테니스경기의 결과

	패자				
승자	아가시	페더러	헨만	휴이트	로딕
아가시	–	0	0	1	1
페더러	6	–	3	9	5
헨만	0	1	–	0	1
휴이트	0	0	2	–	3
로딕	0	0	1	2	–

브레들리–테리 모형은 짝진 선호 자료에 대한 로짓모형이다. 〈표 9.9〉에서 Π_{ij}를 선수 i와 j가 게임을 할 때 선수 i가 승자가 될 확률이라 하자. 선수 j가 승리할 할 확률은 $\Pi_{ji} = 1 - \Pi_{ij}$(단, 비기는 경우는 없다). 예를 들면, 아가시(선수 1)와 페더러(선수 2)가 게임을 할 때, Π_{12}는 아가시가 이길 확률이고 $\Pi_{21} = 1 - \Pi_{12}$은 페더러가 이길 확률이다.

브레들리–테리 모형은

$$\text{logit}(\Pi_{ij}) = \log(\Pi_{ij}/\Pi_{ji}) = \beta_i - \beta_j \tag{9.9}$$

이다. 여기서 $\{\beta_i\}$는 선수 모수로 선수 i가 이길 확률은 $\beta_i = \beta_j$라면 1/2이며 $\beta_i > \beta_j$이면 1/2보다 그다. 로짓모형 (9.9)는 준대칭성모형 (9.6)과 일치한다. 이를 적합하기 위해서는 준대칭성모형을 적합할 때와 같이 독립된 이항변인으로 짝진 칸도수

(n_{ij}, n_{ji})로 각각 분리하여 처리한다. 예를 들면, 앞서 언급한 (페더러, 헨만)은 4번의 경기에서 3번을 이기고 1번 졌음을 보여주고 있다. 모형적합으로 부터 선수 i와 j가 게임을 할 때 선수 i가 승자가 될 확률 Π_{ij}의 추정은 다음과 같다.

$$\widehat{\Pi}_{ij} = \exp(\widehat{\beta}_i - \widehat{\beta}_j)/[1 + \exp(\widehat{\beta}_i - \widehat{\beta}_j)] \tag{9.10}$$

보기 9.4

〈표 9.9〉에 대해 브래들리-테리 모형을 위한 PROC GENMOD [프로그램 9.5]를 참고하기 바란다. 선수 i에 대한 변수(선수이름)값이 1은 그가 이겼다는 것이고 -1은 그가 졌으며. 0은 그 경기에 참여하지 않은 것을 의미한다. 〈표 9.10〉은 이 프로그램의 수행 결과 중 일부를 정리해 두었다. 먼저 결과 ①로부터 브래들리-테리 모형에 대한 적합도검정통계량으로 자유도 5인 $G^2 = 8.19$와 $X^2 = 11.63$로 다소 모형이 적합하지 않음을 보여준다. 결과 ③에서는 로딕(roddick)의 경우 $\beta_5 = 0$으로 두고, 나머지 모수는 $\hat{\beta}_1 = 1.45$(아가시), $\hat{\beta}_2 = 3.88$(페더러), $\hat{\beta}_3 = 0.19$(헨만), $\hat{\beta}_4 = 0.57$(휴이트)로 추정된다. 이는 페더러가 가장 상위 랭킹이고 로딕이 가장 하위 랭킹임을 나타내고 있다. 이와 같이 선수들의 랭킹 제공할 뿐만 아니라 승리할 확률도 식 (9.10)으로 부터 추정할 수 있다. 예를 들면, 페더러와 아가시의 경기에서 페더러가 이길 확률은 다음과 같이 추정된다.

$$\widehat{\Pi}_{21} = \frac{\exp(\widehat{\beta}_2 - \widehat{\beta}_1)}{1 + \exp(\widehat{\beta}_2 - \widehat{\beta}_1)} = \frac{\exp(3.88 - 1.45)}{1 + \exp(3.88 - 1.45)} = 0.92$$

실제로 페더러는 아가시와의 경기에서 6번 모두 이겼는데, 승리할 확률은 1보다 적은 0.92로 모형은 추정한 것은 자료의 수가 적은 이유로 볼 수 있다. 또한, 경기를 치르지 않은 선수들의 승리 확률도 제공되는 데, 특히 아가시와 헨만의 경우 2004-2005년에는 이들 둘 사이에는 게임이 없었던 아가시가 이길 확률은 0.78로 추정이 가능하다.

두 선수 간의 차이가 통계적으로 유의한지를 살펴보기 위해선 $(\hat{\beta}_i - \hat{\beta}_j)$를 이것의 표준오차 SE= $[Var(\hat{\beta}_i) + Var(\hat{\beta}_j) - 2Cov(\hat{\beta}_i, \hat{\beta}_j)]^{1/2}$와 비교하면 된다. 표준오차는 결과 ②의 추정된 공분산행렬로부터 구할 수 있다. 예를 들면, 페더러와 아가시의 경우 $\hat{\beta}_2 - \hat{\beta}_1 = 2.433$이고 SE= $[1.931 + 1.733 - 2 \times 1.067]^{1/2} = 1.237$으로 유의

한 차이를 보이지 않는다. 그러나, 페더러와 다른 선수들 간에는 뚜렷한 차이를 보이고 있다.

$(\hat{\beta}_i - \hat{\beta}_j)$에 대한 95% 신뢰구간은

$$(\hat{\beta}_i - \hat{\beta}_j) \pm 1.96SE = (\hat{\beta}_i - \hat{\beta}_j - 1.96SE, \hat{\beta}_i - \hat{\beta}_j + 1.96SE)$$

이다. 페더러와 아가시 경우 $\hat{\beta}_2 - \hat{\beta}_1$에 대한 95% 신뢰구간은

$$2.433 \pm 1.96(1.237) = (0.008, 4.854)$$

이다.

프로그램 9.5 〈표 9.9〉의 브래들리-테리 모형을 위한 PROC GENMOD

```
DATA tennis;
INPUT win n agassi federer henman hewitt roddick;
CARDS;
0  6  1 -1  0  0  0
0  0  1  0 -1  0  0
1  1  1  0  0 -1  0
1  1  1  0  0  0 -1
3  4  0  1 -1  0  0
9  9  0  1  0 -1  0
5  5  0  1  0  0 -1
0  2  0  0  1 -1  0
1  2  0  0  1  0 -1
3  5  0  0  0  1 -1
;
PROC GENMOD;
MODEL win/n = agassi federer henman hewitt roddick /
dist=bin link=logit noint covb;
```

표 9.10 [프로그램 9.5] 수행 결과 중 일부

① Criteria For Assessing Goodness Of Fit

Criterion	DF	Value	Value/DF
Deviance	5	8.1910	1.6382
Scaled Deviance	5	8.1910	1.6382
Pearson Chi-Square	5	11.6294	2.3259
Scaled Pearson X2	5	11.6294	2.3259
Log Likelihood		-11.0962	

② Estimated Covariance Matrix

	Prm2	Prm3	Prm4	Prm5
Prm2	1.93092	1.06655	0.27405	0.40015
Prm3	1.06655	1.73341	0.34535	0.42773
Prm4	0.27405	0.34535	1.10898	0.32444
Prm5	0.40015	0.42773	0.32444	0.63787

③ Analysis Of Parameter Estimates

Parameter	DF	Estimate	Standard Error	Wald 95% Confidence Limits		Chi-Square	Pr > ChiSq
Intercept	0	0.0000	0.0000	0.0000	0.0000	.	.
agassi	1	1.4489	1.3896	-1.2747	4.1724	1.09	0.2971
federer	1	3.8815	1.3166	1.3011	6.4620	8.69	0.0032
henman	1	0.1875	1.0531	-1.8765	2.2515	0.03	0.8587
hewitt	1	0.5734	0.7987	-0.9920	2.1387	0.52	0.4728
roddick	0	0.0000	0.0000	0.0000	0.0000	.	.
Scale	0	1.0000	0.0000	1.0000	1.0000		

9.6 R-코드

R-코드 9.1 SAS [프로그램 9.1] 맥니마 검정

```
table.9.1 <-matrix(c(794,150,86,570),byrow=T,ncol=2)

mcnemar.test(table.9.1,correct=F)
```

R-코드 9.2 SAS [프로그램 9.2] 5가지 커피에 대한 소비자 선호도

```
Coffee <- read.table("tab_9_4.txt", header = TRUE, stringsAsFactors = TRUE)

symm <- glm(nij/(nij+nji) ~ -1, family = binomial, weights = nij + nji, data = Coffee)
summary(symm)
```

R-코드 9.3 SAS [프로그램 9.3] 5가지 커피에 대한 소비자 선호도

```
Qsymm <- glm(nij/(nij+nji) ~ -1 + H + T + S + N + B , family =binomial, weights = nij
+ nji, data = Coffee)
summary(Qsymm)
```

R-코드 9.4 SAS [프로그램 9.4] 혼전 성관계와 혼외 성관계

```
nev =c( 1, 1, 1, 0, 0, 0 )
bad =c( -1, 0, 0, 1, 1, 0 )
notbad =c( 0, -1, 0, -1, 0, 1 )
notnev =c( 0, 0,-1, 0, -1, -1 )
nij = c(2, 0, 0, 2, 0, 1 )
nji = c(33, 84, 14, 126, 29, 25)
dis = c( 1,2,3,1,2,1)

tab9_5 = cbind( nev, bad, notbad, notnev, dis, nij, nji )
tab9_5 = as.data.frame( tab9_5)

symm <- glm(nij/(nij+nji) ~ -1, family = binomial, weights = nij + nji, data = tab9_5 )
summary(symm)
```

```
X2_symm =   sum( summary(symm)$"deviance.resid"^2 )
df_symm = summary(symm)$df[2]
p_symm = 1- pchisq( X2_symm,  df_symm   )

Qsymm <- glm(nij/(nij+nji) ~ -1 + nev + bad+ notbad + notnev , family = binomial,
weights = nij + nji, data = tab9_5)
summary(Qsymm)
X2_Qsymm =   sum( summary(Qsymm)$"deviance.resid"^2 )
df_Qsymm = summary(Qsymm)$df[2]
p_Qsymm = 1- pchisq( X2_Qsymm,  df_Qsymm   )

OQsymm <- glm(nij/(nij+nji) ~ -1 + dis, family = binomial, weight = nij + nji, data =
tab9_5 )
summary(OQsymm)
X2_OQsymm =   sum( summary(OQsymm)$"deviance.resid"^2 )
df_OQsymm = summary(OQsymm)$df[2]
p_OQsymm = 1- pchisq( X2_OQsymm,  df_OQsymm   )

tab9.7 = rbind( cbind(X2_symm,  df_symm ,p_symm) , cbind(X2_Qsymm,  df_Qsymm
,p_Qsymm), cbind(X2_OQsymm,  df_OQsymm ,p_OQsymm) )


hat_logratio_bad_to_nev = -7.428 + 10.272
hat_odds = exp(hat_logratio_bad_to_nev )
```

R-코드 9.5 SAS [프로그램 9.5] 2004–2005 남자 프로테니스

```
Ag =c(  1,  1, 1, 1,  0, 0, 0, 0, 0, 0 )
Fd =c( -1,  0, 0, 0,  1, 1, 1, 0, 0, 0 )
Hm =c(  0, -1, 0, 0, -1, 0, 0, 1, 1, 0 )
Ht =c(  0,  0,-1, 0,  0,-1, 0,-1, 0, 1 )
Rd =c(  0,  0, 0, -1,  0, 0, -1,0, -1, -1 )


nij = c(0, 0, 1, 1, 3, 9, 5, 0, 1 , 3 )
nji = c(6, 0, 1, 0, 0, 2, 0, 0 , 1, 2 )
```

```
X = cbind( Ag,   Fd,   Hm,  Ht,     Rd,   nij,  nji   )
X = as.data.frame(X)


fit <-   glm(nij/(nij + nji) ~ -1 + Ag + Fd + Hm + Ht + Rd,
         family = binomial, weights = nij + nji, data = X)

summary(fit)

hat_win_P_of_Fd_agnst_Ag = exp(3.1-0.68)/( 1+ exp( 3.1 - 0.68))
```

연습문제

❶ 다음은 우울증 약의 고용량과 저용량의 효과를 비교하는 임상연구결과인 대응짝 자료를 가진 정방이원분할표이다.

저용량	고용량		총계
	호전	비호전	
호전	8	40	48
비호전	22	30	52
총계	30	70	100

출처: 허명회(1992, 〈표 3.5〉)

(1) 귀무가설을 세워보라.

(2) 맥니마검정으로 양측대립가설에 대해 귀무가설을 검정하여라.

❷ 다음은 개인의 종교적 성향을 현재와 과거 16세 때를 조사한 자료이다. 종교는 (1) 기독교 (2) 카톨릭 (3) 불교 (4) 기타로 구성되어 있다.

16세때 성향	현재의 종교적 성향			
	1	2	3	4
1	863	30	1	52
2	50	320	0	33
3	1	1	28	1
4	27	8	0	33

(1) 대칭성을 만족하는 로그선형모형의 적합도검정통계량이 $G^2 = 32.2$, 자유도가 6임을 확인하라.

(2) 잔차를 이용하여 종교적 성향의 전이형태를 분석하라.

(3) 준대칭성모형의 적합도 검정통계량이 $G^2 = 2.0$, 자유도가 3임을 보여라.

(4) 주변동질성검정을 실시하라.

3 다발성경화증(multiple sclerosis)에 대한 두 명의 신경과 전문의 진단에 관한 분할표이다. 진단에 관한 범주로는 (1) 확실하다 (2) 그럴듯하다 (3) 가능성이 있다 (4) 의심스럽거나 아니다로 구성되어 있다.

신경전문의 갑	신경전문의 을			
	1	2	3	4
1	38	5	0	1
2	33	11	3	0
3	10	14	5	6
4	3	7	3	10

(1) 대칭성과 준대칭성모형을 비교하여 주변동질성검정을 실시하라.

4 〈표 9.5〉는 혼전과 혼외 성관계에 대한 분할표이다.

(1) $u_1 = 1$과 $u_4 = 4$ 그리고 u_2와 u_3는 동일척도가 아닌 범주 사이의 거리를 현저하게 나타내도록 할 때 순서준대칭모형을 적합하라.

(2) [보기 9.3]의 결과와 해석을 서로 비교하라.

(3) 일반화 CMH 통계량을 이용하여 주변동질성을 검정하라.

5 다음의 자료는 1991년을 기준으로 16세 때의 거주지역과 현재 거주지역에 대해 조사한 자료이다. 거주지역은 부산의 네 군데 구를 나타내고 있다. 적절한 분석을 통해 결과를 해석하라.

16세때 거주지역	1991년 거주지역			
	동래구	연제구	수영구	남구
동래구	245	16	40	20
연제구	12	333	31	51
수영구	14	31	321	16
남구	3	51	12	309

6 다음의 자료는 1989-1990년 시즌 동안 5명이 여자 프로테니스 선수들의 경기 결과이다.

승자	패자				
	세레스	그라프	사바티니	나브라티로바	산체스
세레스	–	2	1	3	2
그라프	3	–	6	3	7
사바티니	0	3	–	1	3
나브라티로바	3	0	2	–	3
산체스	0	1	2	1	–

(1) 모형의 적합성을 따져 보고 모형의 추정을 통해 선수들의 랭킹을 추정하라.

(2) 그라프가 세레스를 이길 확률을 계산하라.

(3) 그라프와 세레스의 95% 구간추정을 통해 서로 유의한 차이가 있는지를 살펴 보라.

7 〈표 9.9〉의 브래들리–테리 모형의 적합이 주어졌을 때,

(1) 아가시와 헨만의 경우 2004–2005년에는 이들 둘 사이에는 게임이 없었다. 만약에 게임이 있었다면 아가시가 이길 확률이 0.78로 추정됨을 보여라.

(2) $H_0 : \beta_1 = \cdots = \beta_5$에 대한 우도비검정통계량이 26.3이고 자유도가 4일 때를 해석하라.

8 브래들리–테리 모형이 성립할 때, $\Pi_{AB} > 1/2$이고 $\Pi_{BC} > 1/2, \Pi_{CA} > 1/2$이 됨이 불가능함을 설명하라.

9 로그선형모형 형태로 준대칭성모형은 다음과 같다.

$$\log \mu_{ij} = \lambda + \lambda_i^X + \lambda_j^Y + \lambda_{ij}$$

여기서 모든 i와 j에 대하여 $\lambda_{ij} = \lambda_{ji}$이다.

(1) 이 모형에 대해, $\log(\mu_{ij}/\mu_{ji})$를 계산하여 이 모형이 모든 i와 j에 대하여

$$\log(\pi_{ij}/\pi_{ji}) = \beta_i - \beta_j$$

의 로짓모형이 됨을 보여라.

(2) 모든 i에 대하여 $\lambda_i^X = \lambda_j^Y$인 준대칭성의 특수한 경우가 로그선형 형태의 대

칭성모형이 됨을 보여라.

(3) 준독립성모형은 $i \neq j$에 대해 $\lambda_{ij} = 0$인 특수한 경우임을 보여라.

10장

다시점과 조건부 로짓모형

각 개체가 여러 시간에 따라 관찰된 반응을 반복측정(repeated measurement)한 자료에 적합한 다시점 로짓모형(longitudinal logit model)과 을 소개하려 한다. 이런 모형을 추정하기 위해서 일반적인 방법으로 PROC GENMOD를 이용하는 것이다. 특히, PROC GENMOD에서 REPEATED 문을 추가하여 모형에서 고려한 설명변수의 계수인 모수를 잘 추정하고 이들에 대한 표준오차를 개선하는 것으로 알려진 GEE(generlized estimating equations) 알고리즘 활용의 예도 보이기로 하자. 더불어 역학(epidemiology)이나 사회조사에서 많이 다루는 사례-대조연구(case-control study)에 적합한 조건부 로짓모형(conditional logit model)을 소개하려 한다. 사례-대조 그룹의 대응되는 개체에 따라 1-1, 1-M, N-M 대응설계로 나눈다. 따라서 이들 대응설계에 적합한 조건부 로짓모형에 대해서 설명하고 이들 모형의 추정을 위해 이용되는 PROC PHREG를 활용한 예를 보이고자 한다.

10.1 다시점 로짓모형

지금까지의 모형에서는 각 개체에 대한 결과가 다른 모든 개체에 대한 결과와 완전하게 서로 관련이 없는 독립된 각 개체에 대해서 고려되었다. 그러나 각 개체가 여러 시간에 따라 보인 반응을 측정한 자료는 시간에 따라 개체 간에 서로 상관이 있게 된다. 이 경우는 동일한 각 개체에 대하여 여러 시간에 걸쳐 반복측정한 자료가 되며 이를 다시점 자료라 한다.

먼저 π_{ti}를 시간 t에서 개체 i가 반응을 보일 확률이라 하고 $\boldsymbol{x}_{ti}=(1, x_{ti1}, \cdots, x_{tip})'$를 시간 t에서 개체 i에 대한 p개의 설명변수 이루어진 벡터라 하면 다음과 같은 다시점 로짓모형

$$\text{logit}[\pi_{ti}] = \boldsymbol{\beta}'\boldsymbol{x}_{ti},\ \ t=1,\ \cdots,\ T. \tag{10.1}$$

을 생각할 수 있다. 여기서 $\boldsymbol{\beta} = (\alpha, \beta_1, \beta_2, \ldots, \beta_p)'$는 계수 벡터이다.

모형 (10.1)을 추정하는 일반적인 방법으로 PROC GENMOD를 이용하는 것이다. 특히, PROC GENMOD에서 REPEATED문과 옵션 TYPE=IND(디폴트)|EXCH|UNSTR|AR|MDEP(m)을 추가하여 모형에서 고려한 설명변수의 계수인 모수를 잘

추정하고 이들에 대한 표준오차를 개선하는 것으로 알려진 GEE(generalized estimating equations) 알고리즘(Hosmer와 Lemeshow, 2000, pp. 308-316)을 활용하기로 하자. 이 외에도 모형 (10.1)에서 α를 고정효과(fixed effects)로 보는 대신에 정규분포를 따르는 확률변수로 보는 변량효과모형(random effect model) 내지는 혼합모형(mixed model)으로 볼 수 있다. 이런 모형을 추정하기 위해서 매크로(macro) 프로그램 GLIMMIX(Allison, 1991, pp. 206-212) 내지는 PROC NLMIXED (SAS Institute Inc., 1999, Chapter 46)를 이용할 수도 있지만, Allison (1991, pp. 212-213)에 따르자면 대동소이한 경향을 주는 것으로 알려져 있고 그 내용이 이 책의 범위를 벗어나므로 언급하지 않겠다.

보기 10.1

Allison(1991, Chapter 8)에는 화재에서 생존한 316명의 부상자를 대상으로 3개월, 6개월, 12개월 후 면접을 통해 외상 후 스트레스 증후군에 대한 반응 자료가 있다. 자료에 대해선 부록 2의 〈자료 4〉를 참고하기 바란다. 〈표 10.1〉에는 자료에 사용된 변수를 정리하고 있다. 특히, 변수명 subject는 각 개체가 세 가지 시점에서 반복 측정되어 있음을 보여주는 개체 고유번호를 나타내는 변수이다. 그리고 Y=외상 후 스트레스 증후군(ptsd)을 반응변수로 하고 여러 지역을 살면서 자각한 X_1=자아통제력(control), X_2=인생문제수(problems), 마지막 면접 후 생긴 X_3=스트레스성 사건수(sevent), X_4=가족결속력(cohes), X_5=면접한시점(time)을 설명변수로 하는 다시점 로지스틱 회귀모형을 다음과 같이 생각할 수 있다.

$$\text{logit}[\pi_{ti}] = \alpha + \beta_1 x_{ti1} + \beta_2 x_{ti2} + \beta_3 x_{ti3} + \beta_4 x_{ti4} + \beta_5 x_{ti5},\ t = 1,2,3 \qquad (10.2)$$

표 10.1 외상 후 스트레스 증후군 자료와 관련된 변수값 및 변수명

변수	변수값	변수명
개체고유번호	정수	subject
시점	1, 2, 3	time
스트레스증후	사례(1), 대조(0)	ptsd
자아통제력	실수	control
인생문제횟수	실수	problems
스트레스회수	정수	sevent
가족결속력	정수	cohes

이 모형의 추정을 위한 PROC GENMOD [프로그램 10.1]과 〈표 10.2〉에서 수행결과를 제공하고 있다. 특히, 〈표 10.2〉에서 제공되는 모형 (10.2)의 변수들의 추정계수는 반응변수 ptsd의 수준 0을 기준으로 계산되어 있다.

〈표 10.2〉-① Criteria For Assessing Goodness Of Fit에서 Deviance에 대한 Value/DF 값이 1.028로 1에 매우 가까워 모형이 적합함을 알 수 있다. 더불어 모형에서 추정된 개별 설명변수의 적합성을 ② Analysis Of Parameter Estimates에서 살펴보자. 전체적으로 설명변수들은 유의수준 5%에서 매우 유의함을 알 수 있다. 특히, 양의 추정계수를 갖는 control(자아통제력)과 cohes(가족결속력)은 이들 값이 높을수록 ptsd=0(외상 후 스트레스 증후가 없음)이 높아지는 데 영향을 미치는 중요한 변인으로 생각할 수 있다. time 1과 time 2에 대한 추정 계수 값 −0.357과 −0.250은 시점이 흐름에 따라 ptsd=0(외상 후 스트레스 증후가 없음)의 오즈가 exp(−0.357)=0.700에서 exp(−0.250)=0.779로 증가함을 보여준다. 이는 시점의 흐름에 따라 ptsd=0의 빈도가 증가함을 말하며 ptsd와 time에 대한 분할표 〈표 10.3〉으로부터 확인할 수 있다. ( )안의 수치는 각 시점에 대한 열 백분율이다. 실제, 두 변수의 연관성은 〈표 10.3〉의 분할표 자료에 대한 카이제곱검정의 결과 자유도 2인 카이제곱통계량 25.234의 P-값이 0.0001보다 작아 유의수준 5%에서 매우 높음을 알 수 있다.

프로그램 10.1 〈표 10.1〉의 다시점 로짓모형을 위한 PROC GENMOD

```
DATA ptsd;
INPUT subject time ptsd control problems sevent cohes;
CARDS;
 15  1  0  3.22222  5.625  1  8
 15  2  0  3.16667  5.375  0  8
 15  3  0  3.27778  3.750  1  8
 18  1  1  2.55556  9.250  0  8
 18  2  0  3.44444  4.375  0  8
 18  3  0  3.33333  2.375  0  8
 19  1  1  2.72222  7.750  1  7
          … 중간 생략 …
571  1  0  3.55556  3.000  0  7
571  2  0  2.94444  1.875  0  7
571  3  0  3.50000  2.750  0  7
;
```

```
PROC GENMOD;
    CLASS time;
    MODEL ptsd=control problems sevent cohes time/ dist=b;
```

표 10.2 [프로그램 10.1]의 수행 결과

① Criteria For Assessing Goodness Of Fit

Criterion	DF	Value	Value/DF
Deviance	941	966.8454	1.0275
Scaled Deviance	941	966.8454	1.0275
Pearson Chi-Square	941	913.0035	0.9702
Scaled Pearson X2	941	913.0035	0.9702
Log Likelihood		-483.4227	

② Analysis Of Parameter Estimates

Parameter		DF	Estimate	Standard Error	Wald 95% Confidence Limits		Chi-Square	Pr > ChiSq
Intercept		1	-1.4246	0.8287	-3.0488	0.1996	2.96	0.0856
control		1	0.9594	0.2047	0.5583	1.3605	21.98	<.0001
problems		1	-0.2956	0.0505	-0.3945	-0.1967	34.31	<.0001
sevent		1	-0.3557	0.0804	-0.5132	-0.1982	19.59	<.0001
cohes		1	0.1782	0.0373	0.1052	0.2513	22.86	<.0001
time	1	1	-0.3566	0.2055	-0.7593	0.0461	3.01	0.0827
time	2	1	-0.2499	0.2041	-0.6499	0.1501	1.50	0.2208
time	3	0	0.0000	0.0000	0.0000	0.0000	.	.
Scale		0	1.0000	0.0000	1.0000	1.0000		

더군다나 이는 모형 (10.2)에서 각 개체에 대한 세 시점에서의 관측들이 독립이다는 가정이 성립되지 않음을 보여준다.

표 10.3 외상 후 스트레스 증후군과 시점과의 분할표(%)

외상 후 스트레스 증후군	시점		
	3개월	6개월	12개월
0	187 (59.18)	222 (70.25)	245 (77.53)
1	129 (40.82)	94 (29.25)	71 (22.47)
총합	316	316	316

보기 10.2

우울증에 시달리는 환자를 치료하는 기존의 약과 신약을 비교하는 다시점 연구의 예를 보여주고 있다. 환자들은 우울증 초기 증세가 가볍거나 심한 정도에 따라 두 그룹으로 나누어졌다. 각 그룹에서 환자들은 임으로 두 가지 약 중 한 가지로 치료받았다. 치료기간이 1주, 2주, 4주 뒤에 우울증 고통의 정도를 정상(N)과 비정상(A)으로 나누었다.

〈표 10.4〉는 치료 방법과 초기 우울증 정도인 2개의 설명변수에 의한 4개의 그룹을 보여주고 있고 치료기간에 따른 각 반응결과 총 $2^3 = 8$가지를 고려하면 $2 \times 2 \times 8$삼원 분할표이다.

표 10.4 치료방법, 초기 우울증 정도, 치료기간에 따른 반응의 삼원분할표

		치료기간에 따른 반응 결과							
초기증세	치료방법	NNN	NNA	NAN	NAA	ANN	ANA	AAN	AAA
경미	구약	16	13	9	3	14	4	15	6
	신약	31	0	6	0	22	2	9	0
심각	구약	2	2	8	9	9	15	27	28
	신약	7	2	5	2	31	5	32	6

〈표 10.5〉는 12개 주변 분포에 대한 정상반응(N)의 표본비율을 나타내고 있다. 예를 들면, 기존의 약으로 치료한 경미한 우울증 환자에 대한 1주 뒤 정상반응의 표본비율은 〈표 10.4〉로부터 다음과 같이 계산된다.

$$(16 + 13 + 9 + 3)/(16 + 13 + 9 + 3 + 14 + 4 + 15 + 6) = 0.51$$

표 10.5 치료기간에 따른 정상반응(N) 표본비율

		치료기간에 따른 정상반응(N) 표본비율		
초기증세	치료방법	1주	2주	4주
경미	구약	0.51	0.59	0.68
	신약	0.53	0.79	0.97
심각	구약	0.21	0.28	0.46
	신약	0.18	0.50	0.83

〈표 10.5〉에 따르면 정상반응(N)은 (1) 각 그룹에 치료기간에 따라 증가하고, (2)

우울증 초기 증세 각각에 대해 기존의 약보다는 신약에 대해 급속한 비율로 증가하고 있으며, (3) 각 치료방법에 대해서는 우울증 증세가 심각한 경우보다는 경미한 경우 더 높다는 것을 알 수 있다. 따라서 환자들이 유의하게 높은 비율로 호전되는 것을 보이는 신약 개발을 제약회사는 확신하게 된다.

실제 〈표 10.5〉에 대한 로짓모형은 $X_1 =$ 우울증 초기 증세(0: 경미, 1: 심각), $X_2 =$치료방법(0: 구약, 1: 신약), $X_3 =$ 치료기간(0: 1주, 1: 2주, 2: 4주)을 설명변수로 하고, $\pi_{ti} = P(Y_t = 1)$을 임의의 환자 i에 대한 시간 t에서 정상반응의 확률이라 하면 다음과 같다.

$$\text{logit}[\pi_{ti}] = \alpha + \beta_1 x_{ti1} + \beta_2 x_{ti2} + \beta_3 x_{ti3},\ t = 1, 2, 4 \qquad (10.3)$$

모형 (10.3)에서는 각 그룹에 대해 치료기간에 대한 선형효과 β_3을 같다고 가정하고 있다. 그러나 앞서 살펴본 바와 같이 〈표 10.5〉에 따르자면 치료기간에 따라 신약의 높은 비율의 호전효과를 고려한다면 치료방법과 치료기간 간의 교호항을 포함하는 모형

$$\text{logit}[\pi_{ti}] = \alpha + \beta_1 x_{ti1} + \beta_2 x_{ti2} + \beta_3 x_{ti3} + \beta_4 x_{ti2} x_{ti3},\ t = 1, 2, 4$$

을 가정하는 것이 더 타당하다. 여기서 β_3는 구약($X_2 = 0$)에 대한 치료기간 효과이고 $\beta_3 + \beta_4$는 신약($X_2 = 1$)에 대한 치료기간 효과를 나타내게 된다. 이 모형의 추정을 위한 PROC GENMOD [프로그램 10.2]와 〈표 10.6〉에서 수행 결과를 제공하고 있다.

프로그램 10.2 **〈표 10.4〉의 다시점 로짓모형을 위한 PROC GENMOD**

```
DDATA depress;
INPUT case diagnose treat time outcome ; * outcome=1 is normal;
CARDS;
  1 0 0 0 1
  1 0 0 1 1
  1 0 0 2 1
  2 0 0 0 1
  2 0 0 1 1
  2 0 0 2 1
  3 0 0 0 1
```

```
  3   0   0   1   1
  3   0   0   2   1
 … 중간 생략 …
334   1   1   0   0
334   1   1   1   0
334   1   1   2   0
335   1   1   0   0
335   1   1   1   0
335   1   1   2   0
;
PROC GENMOD DATA=depress descending;
      CLASS case;
      MODEL outcome = diagnose treat time treat*time
               / dist=bin link=logit type3;
```

〈표 10.6〉-① Criteria For Assessing Goodness Of Fit에서 Deviance에 대한 Value/DF 값이 1.1448로 1에 매우 가까워 모형이 적합함을 알 수 있다. ② Analysis Of Parameter Estimates에서는 모형에서 설명변수의 추정값을 살펴보자. 특히, 추정된 치료기간 효과는 구약($X_2=0$)에 대해 $\widehat{\beta_3}\ =\ 0.482$이고 신약($X_2=1$)에 대해서는 $\widehat{\beta_3}+\widehat{\beta_4}\ =\ 1.500$이다. 즉, 신약의 경우 구약보다 기울기가 $\widehat{\beta_4}\ =\ 1.017$만큼 더 높다. 실제로 모형에서 치료방법과 치료기간 사이의 교호항의 필요성 여부에 대한 귀무가설 $\mathrm{H}_0:\beta_4\ =\ 0$은 P-값<0.0001로 기각되며 이는 신약에 대한 빠른 호전의 강한 증거가 있다는 점이다.

우울증 초기 증세의 효과는 $\widehat{\beta_1}\ =\ -1.314$로 치료방법과 치료기간 사이의 각 경우에서 초기 증세가 심각한 경우 일정기간 치료 후 정상반응의 추정된 오즈비는 초기 증세가 경미할 때 추정된 오즈의 exp(−1.314)=0.27배가 된다. 치료방법에 대한 효과의 추정 $\widehat{\beta_2}\ -\ -0.060$은 치료기간이 $X_3\ =\ 0$(1주)으로 교호항이 치료방법 효과에 영향을 미치지 못하는 경우이다. 이는 1주 뒤 치료방법 간에는 유의한 차이가 없음을 의미한다. 각 우울증 초기 증세에 대해 치료기간 X_3에서 신약에 대한 일정 기간 치료 후 정상반응의 추정된 오즈비는 구약에 대한 오즈비의 exp(−0.060 + 1.017X_3)배이다. 마지막 치료기간 $X_2\ =2$(4주)까지 추정 오즈비가 7.2 증가된다.

표 10.6 [프로그램 10.2]의 수행 결과

① Criteria For Assessing Goodness Of Fit

Criterion	DF	Value	Value/DF
Deviance	1015	1161.9405	1.1448
Scaled Deviance	1015	1161.9405	1.1448
Pearson Chi-Square	1015	1000.1925	0.9854
Scaled Pearson X2	1015	1000.1925	0.9854
Log Likelihood			-580.9702

② Analysis Of Parameter Estimates

Parameter	DF	Estimate	Standard Error	Wald 95% Confidence Limits		Chi-Square	Pr > ChiSq
Intercept	1	-0.0280	0.1639	-0.3492	0.2933	0.03	0.8644
diagnose	1	-1.3139	0.1464	-1.6009	-1.0269	80.53	<.0001
treat	1	-0.0596	0.2222	-0.4951	0.3759	0.07	0.7885
time	1	0.4824	0.1148	0.2575	0.7073	17.67	<.0001
treat*time	1	1.0174	0.1888	0.6474	1.3875	29.04	<.0001
Scale	0	1.0000	0.0000	1.0000	1.0000		

요약하자면 우울증 초기 증세, 치료방법, 치료기간 모두는 증상반응의 확률에 실질적인 효과이다. 두 치료방법에 대한 정상반응의 기회는 처음에는 비슷하고 치료기간에 따라 증가하나, 구약보다는 신약의 경우 더 빠르게 증가함을 알 수 있다.

10.2 GEE 방법에 의한 로짓의 추정

[보기 10.1]과 [보기 10.2]에서 살펴본 바와 같이 각 개체의 반응을 여러 시점에서 측정한 자료는 서로 독립적이지 못하고 상관이 있게 된다. 이 경우에는 모형의 추정된 모수는 일치적(consistent)이지 못하며 더불어 표준오차의 과소 추정이 발생한다. 이

로 인해 모형에서 모수의 유의성 검정에서 카이제곱통계량의 과대 추정이 일어나고 P -값이 크게 되는 영향을 미친다(Allison, 1991, pp. 183−184). 따라서 이와 같은 문제를 극복하기 위해 Liang과 Zeger(1986), 그리고 Zeger 외 2인(1988)에 의해 소개된 GEE(일반화 추정방정식)에 의한 모형 추정을 이용하기로 하자. 여기서 Stokes 외 2인(2000, Chapter 15)과 Hosmer와 Lemeshow(2000, pp. 313−316)에서 잘 요약하고 있는 GEE 방법에 대한 수리적인 소개를 간단히 설명하기로 하자.

먼저 y_{ti}와 π_{ti}를 시간 $t(=1, \cdots, T)$에서 개체 $i(=1, \cdots, n)$가 보일 반응과 그것의 확률이라 하자. 그리고 $\boldsymbol{\pi}_i = (\pi_{1i}, \cdots, \pi_{Ti})'$와 $\boldsymbol{y}_i = (y_{1i}, \cdots, y_{Ti})'$를 전체 시간 T에서의 개체 i의 확률과 반응이라 하면, 다시점 로짓모형 (10.1)의 계수를 추정하기 위한 GEE 방법은 다음의 몇 가지 절차에 의해서 계산되어 진다.

[절차 1] y_{ti}의 분산 $\pi_{ti}(1-\pi_{ti})$를 t번째 대각원소로 갖는 크기 $T \times T$인 대각행렬

$$D_i = \text{diag}[\pi_{1i}(1-\pi_{1i}), \cdots, \pi_{Ti}(1-\pi_{Ti})]$$

를 계산한다.

[절차 2] y_{ti}와 $y_{t'i}$의 상관계수 $Corr(y_{ti}, y_{t'i})$를 (t, t') 비대각원소로 가지며 대각원소로 1을 갖는 크기가 $T \times T$인 가상관행렬(working correlation matrix) $R_i(\rho)$를 고려한다.

[절차 3] $\boldsymbol{y}_i$의 분산

$$V_i = D_i^{1/2} R_i(\rho) D_i^{1/2}$$

를 계산한다.

[절차 4] GEE 방정식

$$\sum_{i=1}^{n} \frac{\partial \boldsymbol{\pi}_i'}{\partial \beta} V_i^{-1} (\boldsymbol{y}_i - \boldsymbol{\pi}_i) = 0$$

을 통해 계수 β를 추정한다.

GEE 방법은 일반적인 로짓모형 추정에 사용되는 비선형 우도방정식의 가중화 버전이다. 가중화를 위한 가중치로 [절차 2]에서 고려한 가상관행렬 $R_i(\rho)$를 이용하는 데 대각원소는 1이며 $(t,\ t')$ 비대각원소로 다음과 같은 다양한 상관계수를 가지는 구조를 따르게 된다(Stokes 외 2인, 2000, pp. 475-477).

1) 독립상관(independent correlation): $Corr(y_{ti},\ y_{t'i}) = 0$
2) 교환가능상관(exchangeable correlation): $Corr(y_{ti},\ y_{t'i}) = \rho$
3) 비구조화상관(unstructured correlation): $Corr(y_{ti},\ y_{t'i}) = \rho_{tt'}$
4) 자기회귀상관(autoregressive correlation):

   $Corr(y_{ti},\ y_{t+s,i}) = \rho^s,\ s = 0,1,2,\ \cdots,\ T-t$
5) m-종속상관(m-dependent correlation):

$$Corr(y_{ti}, y_{t+s,i}) = \begin{Bmatrix} 1, & s=0 \\ \rho_s, & s=1,2,\ \cdots,\ m \\ 0, & s>m \end{Bmatrix}$$

Liang과 Zeger(1986)는 특별히 GEE 방법에서 사용되는 이와 같은 구조를 가상관(working correlation)이라 한다. 더불어 이들 가상관 중에서 다양한 조건에서 교환가능상관이 좋은 결과를 제공하는 것으로 알려져 있다. 그리고 독립된 상관의 경우 GEE 방법은 간단하게 일반적인 우도방정식을 이용하는 방법으로 유도할 수 있다(Hosmer 와 Lemeshow, 2000, p. 313). 모형 (10.1)의 β에 대한 분산추정은 다소 복잡한 수식 전개 관계로 생략하고 관심 있는 독자는 Stokes 외 2인(2000, pp. 477-478)을 참고하기 바란다. 아무튼, 가상관을 고려하는 GEE 방법에 대한 복잡한 계산은 다행히 PROC GENMOD에서 REPEATED문에서 TYPE=IND(디폴트)|EXCH| UNSTR|AR|MDEP(m) 옵션으로 간단히 해결된다.

특히, [보기 10.3]에서는 자기회귀상관과 m-종속상관을 적용하는 GEE 방법은 연습문제로 돌리고 나머지 독립상관, 교환가능상관, 비구조화상관을 이용하여 추정된 계수에 대한 해석과 그 결과를 비교하려 한다. [보기 10.4]에서는 교환가능상관 만으로 GEE 방법을 적용해 보려 한다.

보기 10.3

[보기 10.1]의 화재에서 생존한 316명을 대상으로 한 3개월, 6개월, 12개월 후 면접을 통하여 외상 후 스트레스 증후군에 대한 반응 자료에 대하여 세운 모형 (10.2)에 대한 추정을 위해 비구조화상관을 가상관으로 하는 GEE 방법을 먼저 적용하기로 하자. 이를 위해 PROC GENMOD [프로그램 10.1]에서 REPEATED문의 옵션으로 TYPE=UNSTR (비구조화상관)을 지정한 [프로그램 10.3]을 이용하였다. 이는 수행결과 〈표 10.7〉-① Working Correlation Matrix에서는 실제로 비대각원소인 상관계수가 모두 다른 비구조화상관의 구조를 보여주고 있다. 이는 세 시점 간의 상관행렬로 시점 1은 시점 2보다 시점 3과 더 상관이 있음을 알 수 있다.

프로그램 10.3 〈표 10.1〉에 대한 GEE 비구조화상관을 이용한 PROC GENMOD

```
PROC GENMOD DATA=ptsd;
    CLASS subject time;
    MODEL ptsd=control problems sevent cohes time/ dist=b;
    REPEATED SUBJECT=subject/WITHIN=time TYPE=UNSTR CORRW;
```

표 10.7 [프로그램 10.3]의 수행 결과 중 일부

① Working Correlation Matrix

	Col1	Col2	Col3
Row1	1.0000	0.1891	0.2538
Row2	0.1891	1.0000	0.3878
Row3	0.2538	0.3878	1.0000

② Analysis Of GEE Parameter Estimates
Empirical Standard Error Estimates

Parameter	Estimate	Standard Error	95% Confidence Limits		Z	Pr > |Z|
Intercept	-1.6078	0.8689	-3.3108	0.0952	-1.85	0.0643
control	0.9071	0.2159	0.4840	1.3302	4.20	<.0001
problems	-0.2559	0.0501	-0.3540	-0.1577	-5.11	<.0001
sevent	-0.2740	0.0867	-0.4439	-0.1041	-3.16	0.0016

표 10.7 [프로그램 10.3]의 수행 결과 중 일부(계속)

cohes		0.1911	0.0455	0.1018	0.2803	4.20	<.0001
time	1	-0.4164	0.1781	-0.7656	-0.0673	-2.34	0.0194
time	2	-0.2717	0.1664	-0.5978	0.0544	-1.63	0.1024
time	3	0.0000	0.0000	0.0000	0.0000	.	.

〈표 10.7〉-②의 추정계수는 [보기 10.1]의 〈표 10.2〉-②와 다르지만 뚜렷한 차이를 보이지 않아 〈표 10.2〉의 해석과 대동소이하다. 다만, 카이제곱통계량 대신에 z-통계량을 제공하는데, 이것을 제곱하면 카이제곱통계량이 된다. GEE 방법에 의한 이들 카이제곱통계량 값은 시점 time 1과 time 2에 대한 $(-2.34)^2$=5.43과 $(-1.63)^2$=2.66을 제외하곤 〈표 10.2〉-②의 것보다 더 작은 값을 가짐을 알 수 있다. 즉, GEE 방법은 카이제곱통계량의 과대추정을 줄여준다.

다음으로 교환가능상관을 가상관으로 하는 GEE 방법을 적용하기 위해 [프로그램 10.3]의 REPEATED문에서 옵션 TYPE=EXCH을 지정하였다. 그 수행 결과 중 일부를 〈표 10.8〉에서 보여주고 있다. 〈표 10.8〉-① Working Correlation Matrix에서는 실제로 비대각원소인 상관계수가 0.2727로 모두 동일한 교환가능상관 구조를 보여주고 있다. 즉, 세 시점 간의 상관관계가 동일함을 알 수 있다. 이는 다시점 자료의 경우 제법 강력한 가정이다.

〈표 10.8〉-②의 추정계수는 비구조화상관을 이용한 〈표 10.7〉-②와 비슷하고 z-통계량의 값도 대동소이하여 검정통계량의 과대추정을 줄여주었음을 알 수 있다.

표 10.8 [프로그램 10.3]에서 GEE 교환가능상관을 이용한 PROC GENMOD 수행 결과 중 일부

① Working Correlation Matrix

	Col1	Col2	Col3
Row1	1.0000	0.2727	0.2727
Row2	0.2727	1.0000	0.2727
Row3	0.2727	0.2727	1.0000

② Analysis Of GEE Parameter Estimates
Empirical Standard Error Estimates

표 10.8 [프로그램 10.3]에서 GEE 교환가능상관을 이용한 PROC GENMOD 수행 결과 중 일부(계속)

Parameter		Estimate	Standard Error	95% Confidence Limits		Z	Pr > |Z|
Intercept		-1.7927	0.8619	-3.4820	-0.1033	-2.08	0.0375
control		0.9601	0.2147	0.5393	1.3809	4.47	<.0001
problems		-0.2497	0.0497	-0.3471	-0.1523	-5.02	<.0001
sevent		-0.2810	0.0864	-0.4503	-0.1116	-3.25	0.0011
cohes		0.1871	0.0451	0.0987	0.2755	4.15	<.0001
time	1	-0.4100	0.1782	-0.7593	-0.0607	-2.30	0.0214
time	2	-0.2699	0.1662	-0.5955	0.0558	-1.62	0.1043
time	3	0.0000	0.0000	0.0000	0.0000	.	.

끝으로 [프로그램 10.3]의 REPEATED문에서 옵션 TYPE=IND를 지정하면 독립상관을 가상관으로 하는 GEE 방법을 적용하여 모형을 추정하게 된다. 그 수행 결과 중 일부인 〈표 10.9〉-① Working Correlation Matrix에서는 실제로 비대각원소인 상관계수가 0.000인 독립된상관 구조를 보여주고 있다. 이 경우 세 시점 간의 상관관계가 없음을 보여준다.

〈표 10.9〉-②의 추정계수는 GEE 방법이 아닌 〈표 10.2〉-②와 동일하지만, 다른 상관구조를 이용한 것처럼 표준오차의 과소추정과 z-통계량의 과대추정은 줄여주었음을 알 수 있다.

표 10.9 [프로그램 10.3]에서 GEE 독립상관을 이용한 PROC GENMOD 수행 결과 중 일부

① Working Correlation Matrix

	Col1	Col2	Col3
Row1	1.0000	0.0000	0.0000
Row2	0.0000	1.0000	0.0000
Row3	0.0000	0.0000	1.0000

② Analysis Of GEE Parameter Estimates

Empirical Standard Error Estimates

표 10.9 [프로그램 10.3]에서 GEE 독립상관을 이용한 PROC GENMOD 수행 결과 중 일부(계속)

Parameter		Estimate	Standard Error	95% Confidence Limits		Z	Pr > |Z|
Intercept	-1.4246	0.9022	-3.1929	0.3438		-1.58	0.1143
control	0.9594	0.2270	0.5144	1.4044		4.23	<.0001
problems	-0.2956	0.0515	-0.3964	-0.1947		-5.74	<.0001
sevent	-0.3557	0.0900	-0.5321	-0.1793		-3.95	<.0001
cohes	0.1782	0.0466	0.0868	0.2696		3.82	0.0001
time 1	-0.3566	0.1838	-0.7169	0.0037		-1.94	0.0524
time 2	-0.2499	0.1720	-0.5870	0.0872		-1.45	0.1463
time 3	0.0000	0.0000	0.0000	0.0000		.	.

보기 10.4

[보기 10.2]에서 우울증에 시달리는 환자를 치료하는 기존의 약과 신약을 비교하는 다시점 연구를 위한 모형에 대한 GEE 방법에 의한 로짓모형의 추정을 고려하기로 하자. 이를 위해서 교환가능상관을 가상관으로 하는 PROC GENMOD [프로그램 10.4]에서 TYPE문의 옵션으로 TYPE=EXCH를 지정하였다. 이는 GEE 방법을 위해 [프로그램 10.2]에서 REPEATED문을 추가한 것이다.

그 수행 결과 중 일부를 〈표 10.10〉에서 보여주고 있다. 〈표 10.10〉-① Working Correlation Matrix에서는 실제로 비대각원소인 상관계수가 −0.0034로 모두 동일한 교환가능상관 구조를 보여주고 있다. 즉, 세 시점 간의 상관관계가 동일함을 알 수 있다. 〈표 10.10〉-②의 추정계수는 〈표 10.6〉-②와 비슷하여 해석상 별 차이가 없으며 z-통계량 값의 제곱은 카이제곱통계량과 유사함을 보여주고 있다.

프로그램 10.4 〈표 10.4〉에 대한 GEE 교환가능상관을 이용한 PROC GENMOD

```
PROC GENMOD DATA=depress descending;
    CLASS case;
    MODEL outcome = diagnose treat time treat*time
          / dist=bin link=logit type3;
    REPEATED subject=case / TYPE=EXCH CORRW;
```

표 10.10 [프로그램 10.4]의 수행 결과

① Working Correlation Matrix

Row1	1.0000	-0.0034	-0.0034
Row2	-0.0034	1.0000	-0.0034
Row3	-0.0034	-0.0034	1.0000

② Analysis Of GEE Parameter Estimates
Empirical Standard Error Estimates

Parameter	Estimate	Standard Error	95% Confidence Limits		Z	Pr > |Z|
Intercept	-0.0281	0.1742	-0.3695	0.3133	-0.16	0.8718
diagnose	-1.3139	0.1460	-1.6000	-1.0278	-9.00	<.0001
treat	-0.0593	0.2286	-0.5072	0.3887	-0.26	0.7954
time	0.4825	0.1199	0.2474	0.7175	4.02	<.0001
treat*time	1.0172	0.1877	0.6493	1.3851	5.42	<.0001

보기 10.5

〈표 10.11〉은 저철분 기형학 연구에서 58마리의 임신한 쥐의 자궁에 대한 (임신한 태아 수, 사망한 태아의 수)에 대한 결과를 보여주고 있다. 여기서 철분결함 식이요법을 하는 암컷 쥐를 4그룹으로 나누었다. 그룹 1은 단지 위약을 투약받았고, 나머지 세 그룹은 다양한 일정에 따라 철분 보충을 투약받았다. 쥐들이 임신하고 3주 뒤에 실험되었다. 임신한 각 쥐의 자궁에 있는 태아들의 사망에 대한 반응을 살펴본 것이다.

한 자궁 속의 태아를 한 군집으로 다루었다. y_i를 자궁 i에서 전체 태아의 수 N_i에 대한 사망한 태아의 수라고 하고, π_{it}를 자궁 i에서 태아 t가 죽을 확률이라 하자. 자궁 i가 그룹 g에 속하면 $z_{ig}=1$이고 아니면 0이라 하자. 그러면 y_i는 이항분포 $B(N_i, \pi)$을 따르며 다음과 같은 로짓모형을 고려할 수 있다.

$$\text{logit}(\pi) = \alpha + \beta_2 z_{i2} + \beta_3 z_{i3} + \beta_4 z_{i4}. \qquad (10.4)$$

여기서 β_i는 위약 그룹(그룹 1)과 그룹 i를 비교하는 로그오즈비이다.

표 10.11 저철분 기형학 연구에서 58마리의 임신한 쥐의 자궁에 대한 (임신한 태아 수, 사망한 태아 수)에 대한 결과

처리그룹	(임신한 태아 수, 사망한 태아 수)
그룹 1: 위약(저 철분)	(10,1) (11,4) (12,9) (4, 4) (10,10) (11,9) (9,9) (11,11) (10,10) (10,7) (12,12) (10,9) (8,8) (11,9) (6,4) (9,7) (14,14) (12,7) (11,9) (13,8) (14,5) (10,10) (12,10) (13,8) (10,10) (14,3) (13, 13) (4,3) (8,8) (13,5) (12,12)
그룹 2: 7일과 10일 동안 투여	(10,1) (3,1) (13,1) (12,0) (14,4) (9,2) (13,2) (16,1) (11,0) (4,0) (1,0) (12,0)
그룹 3: 0일과 7일 동안 투여	(8,0) (11,1) (14,0) (14,1) (11,0)
그룹 4: 매주 투여	(3,0) (13,0) (9,2) (17,2) (15,0) (2,0) (14,1) (8,0) (6,0) (17,0)

〈표 10.11〉에 따르자면 각 그룹은 일정에 따른 다시점 연구로 볼 수 있으며 이를 위한 모형 (10.4)에 대한 GEE 방법에 의한 로짓모형의 추정을 고려하기로 하자. 이를 위해서 교환가능상관을 가상관으로 하는 PROC GENMOD [프로그램 10.5]에서 TYPE문의 옵션으로 TYPE=EXCH를 지정하였다.

그 수행 결과 중 일부를 〈표 10.12〉에서 보여주고 있다. ① Criteria For Assessing Goodness Of Fit에서 Deviance에 대한 Value/DF 값이 3.212로 모형에서 자료에 따른 과편차(overdispersion)가 일어났음을 보여주고 있다. 이는 태아 사망 반응에 영향을 미칠 수 있는 특정한 처리그룹 내에서 자궁마다 차이를 고려하는 새로운 변량을 고려하지 못했기 때문이라 여겨진다. 〈표 10.12〉-②의 추정계수는 사망에 대한 추정확률이 위약그룹 보다는 각 처리그룹이 실질적으로 더 낮음을 보여주고 있다.

프로그램 10.5 〈표 10.11〉에 대한 GEE 교환가능상관을 이용한 PROC GENMOD

```
DATA teratology;
INPUT litter group n y ;
  z2=0; z3=0; z4=0;
  if group=2 then z2=1;
  if group=3 then z3=1;
  if group=4 then z4=1;
```

```
CARDS;
 1 1 10  1
 2 1 11  4
 3 1 12  9
 4 1  4  4
 5 1 10 10
  … 중간 생략 …
 56 4  8 0
 57 4  6 0
 58 4 17 0
;

PROC GENMOD DATA=teratology;
      CLASS litter;
      MODEL y/n= z2 z3 z4/dist=b link=logit;
      REPEATED SUBJECT=litter/TYPE=EXCH CORRW;
```

표 10.12 [프로그램 10.5]의 수행 결과

① Criteria For Assessing Goodness Of Fit

Criterion	DF	Value	Value/DF
Deviance	54	173.4532	3.2121
Scaled Deviance	54	173.4532	3.2121
Pearson Chi-Square	54	154.7070	2.8649
Scaled Pearson X2	54	154.7070	2.8649
Log Likelihood		-248.3499	

② Analysis Of GEE Parameter Estimates
Empirical Standard Error Estimates

Parameter	Estimate	Standard Error	95% Confidence Limits		Z	Pr > |Z|
Intercept	1.1440	0.2759	0.6033	1.6847	4.15	<.0001
z2	-3.3225	0.4401	-4.1850	-2.4600	-7.55	<.0001
z3	-4.4762	0.6105	-5.6727	-3.2797	-7.33	<.0001
z4	-4.1297	0.5764	-5.2593	-3.0000	-7.16	<.0001

10.3 조건부 로짓모형

역학에서는 일반적으로 일정한 실험에 노출되는 사례그룹과 그렇지 않은 대조그룹에 대한 비교연구가 있다. 특히, 각 그룹 간에 개체들을 대응시켜 비교하는 것을 대응 사례-대조 연구라 한다. 이런 연구에서는 각 개체들이 실험결과와 연관성이 있다고 여겨지는 변수들의 관점에서 층화(stratified)되어 있다. 예를 들면, 특정한 병을 가졌거나 어떤 조건 아래 있는 개체로 구성된 사례그룹과 그렇지 않은 사람들로 이루어진 대조그룹을 나이, 인종, 성별과 같은 잠재변수에 의해 층화되어 각 층(stratum)에서 각 그룹 간 개체를 서로 대응시키게 된다. 이들 대응은 다음과 같이 세 가지 설계로 구분할 수 있다.

1) 1-1 대응설계: 가장 보편적인 대응으로 각 층별로 사례그룹과 대조그룹 각각 하나씩의 개체를 대응시킨다.
2) 1-M 대응설계: 각 층별로 사례그룹의 개체 하나와 대조그룹의 개체 M(= 2 ~ 5)를 대응시킨다.
3) N-M 대응설계: 각 층별로 사례그룹의 개체 N(=1 ~ 5)개와 대조그룹 개체 M(=1 ~ 5)를 대응시킨다.

이와 같은 대응설계된 사례-대조 연구 자료에 대한 로짓모형을 조건부 로짓모형이라 한다. Agresti(1990, pp. 315-317)와 Allison(1991, Chpter 7)은 이를 이산-선택 모형(discrete-choice model)으로 부르고 있다.

일반적으로 $k(=1, 2, ..., s)$ 번째 층에서 n_{1k}개의 사례와 n_{0k}개의 대조를 갖는 s개의 층이 있다고 하자. π_{ki}를 k번째 층에서 개체 i의 반응확률이라 하고, k번째 층에서 개체 i에 대한 p개의 설명변수들의 벡터를$\boldsymbol{x}_{ki} = (x_{ki1,\ldots,}x_{kip})'$ 라 하면 다음과 같은 층화 로짓모형

$$\text{logit}[\pi_{ki}] = \alpha_k + \boldsymbol{\beta}'\boldsymbol{x}_{ki,} \qquad k = 1,\ldots,s. \tag{10.5}$$

을 생각할 수 있다. 여기서 α_k는 k번째 층 내에서 층-특정(stratum-specific) 모수를 나타내고 $\boldsymbol{\beta} = (\beta_{1,}\beta_{2,}\cdots,\beta_p)'$는 계수 벡터이다.

일반적으로 1-M 대응설계의 경우 각 층에서 우도들의 곱인 다음과 같은 조건부 우

도함수(conditional likelihood function)를 이용하여 추정하게 된다(Stokes 외 2명, 2000, p. 301).

$$\prod_{k=1}^{s}[1+\sum_{i=1}^{m}\exp(\boldsymbol{\beta}'(\boldsymbol{x}_{ki}-\boldsymbol{x}_{k0}))]^{-1} \tag{10.6}$$

여기서 $i=1,...,m$은 대조그룹을 나타내고 $i=0$은 사례그룹을 나타낸다.

식 (10.6)의 조건부 우도함수를 최대화하는 계산과정을 PROC PHREG (SAS Institute Inc., 1999, Chapter 49)를 이용하면 쉽게 처리할 수 있다. 단, N-M 대응설계인 경우에는 MODEL문에서 TIES = DISCRETE 옵션을 사용해야 한다. 이 옵션의 디폴트인 TIES = BRESLOW는 1-1과 1-M 대응설계에 사용된다. 1-1 대응설계의 경우에는 PROC LOGISTIC에 의해서도 분석할 수 있다(Stokes 외 2명, 2000, Chapter 10).

1-1 대응 조건부 로짓모형

먼저 가장 빈번하게 사용되는 1-1 대응설계에 대하여 설명하려 한다. 이는 각 사례가 하나의 대조와 대응하여 각 층에 두 개의 개체가 있다. 이는 식 (10.6)에서 k번째 층에서 $\boldsymbol{x}_{k0}$은 사례에 대한 자료벡터이고, $\boldsymbol{x}_{k1}$는 대조에 대한 대한 자료 벡터라 하면 식 (10.6)의 조건부 우도함수는

$$\prod_{k=1}^{s}[1+\exp(\boldsymbol{\beta}'(\boldsymbol{x}_{k1}-\boldsymbol{x}_{k0}))]^{-1} = \prod_{k=1}^{s}\frac{1}{1+\exp[\boldsymbol{\beta}'(\boldsymbol{x}_{k1}-\boldsymbol{x}_{k0})]} \tag{10.7}$$

이 됨을 알 수 있다. 여기서 각 층에서 $\boldsymbol{x}_{k0}=\boldsymbol{x}_{k1}$로 사례와 대조에 대한 자료가 같다면 식 (10.7)은 β의 어떤 추정값에 대해서도 0.5인 조건부 우도값을 가짐을 알 수 있다. 이들 사례-대조 짝은 β를 추정하는 데 있어 비정보적(uninformative 또는 noninformative)이라 한다(Hosmer와 Lemshow, 2000, p. 227; Stokes 외 2명, 2000, p. 319).

보기 10.6

미국 매사추세츠주의 베이스테이트 메디컬센터에서 체중 2,500g 미만인 저체중 신생아의 출산에 관련되는 위험인자를 알아보기 위해 조사한 자료가 Hosmer와 Lemeshow

(2000)에서 발췌되어 부록 2의 〈자료 2〉에 나타나 있다. 저체중 신생아는 사망률이나 출산 시 신체 결함률이 매우 높은 것으로 알려져 있기 때문에 이에 대한 연구는 많은 의사들의 관심거리이다. 총 189명의 임산부 중 59명이 저체중 아이를 출산하였고 나머지 130명은 정상이었다.

저체중아 자료로부터 1-1 대응설계를 위해 같은 연령에서 저체중 신생아를 낳은 산모와 그렇지 않은 산모를 짝을 지어 56가지 연령의 대응 사례-대조 짝을 만들었다. 17세 이하 젊은 산모 3명은 짝을 찾을 수 없어 자료구성에서 제외되었다. 변수 이름은 〈표 10.13〉의 것을 따른다.

표 10.13 저체중아 자료의 변수값 및 변수명

변수	변수값	기호
일련번호	정수	id
저체중	예(1), 아니오(0)	low
연령	정수(단위: 연)	age
산모의 몸무게	실수(단위: 파운드)	wt
인종	백인(1), 흑인(2), 기타(3)	race
임신 중 흡연	예(1), 아니오(0)	smoke
과거 조산 횟수	정수	pre
고혈압	예(1), 아니오(0)	hpten
자궁질환	예(1), 아니오(0)	uter
병원 방문횟수	정수	visit
신생아 체중	실수 (단위: 그램)	bwt

프로그램 10.6 〈표 10.13〉의 조건부 로짓모형을 위한 PROC PHREG

```
DATA weight;
INPUT pair low age wt race smoke pre hpten uter;
CARDS;
 1 0 14 135 1 0 0 0 0
 1 1 14 101 3 1 1 0 0
 2 0 15  98 2 0 0 0 0
 2 1 15 115 3 0 0 0 1
  … 중간 생략 …
56 0 35 170 1 0 1 0 0
56 1 34 187 2 1 0 1 0
```

```
;

DATA match_11;
        SET weight;
        status=2-low;
        SELECT(race);
              WHEN (1) DO; race1=0; race2=0;END;
              WHEN (2) DO; race1=1; race2=0;END;
              WHEN (3) DO; race1=0; race2=1;END;
       END;

PROC PHREG DATA=match_11;
        MODEL status * low(0) = wt race1 race2 smoke pre hpten uter;
STRATA pair;
```

변수 중 저체중(low), 연령(age), 산모의 체중(wt), 인종(race), 흡연(smoke), 과거 조산(pre), 고혈압(hpten), 자궁질환(uter)이 사용되었다. 특히, 과거 조산(pre)의 경우에는 과거 조산 회수가 예(1), 아니오(0)로 이항처리 되었다. 반응변수로 저체중(low)을 고려한 1-1 대응설계에 대한 조건부 로지스틱 회귀모형을 추정하기 위한 PROC PHREG [프로그램 10.6]과 수행 결과 일부를 정리한 〈표 10.14〉를 참고하기 바란다.

[프로그램 10.6]에서 자료 match_11을 형성하는 DATA문에서 변수 status는 사례그룹 개체이면 1, 대조그룹 개체이면 2를 갖도록 정의하고 있다. 그리고 race는 백인(1), 흑인(2), 기타(3)이므로 이를 가변수(dummy variable)로 처리하기 위한 과정이 포함되어 있다.

〈표 10.14〉에 따르면 ①은 1-1 대응설계에 따라 각 층에 사례와 대조 두 개의 개체가 할당이 잘 되었는지를 보여주며 56개 층에 각 2명씩 하여 총 112명의 개체가 있음을 확인시켜 주고 있다. ②는 우도비검정을 통해 P-값이 0.0005이므로 현재 모형이 적합함을 보여주고 있다. 그러나 모형에서 추정된 개별 설명변수의 적합성을 ③에서 살펴보면 race1, race2가 유의수준 5%에서 유의하지 못함을 보여주고 있다. 이는 race가 다른 설명변수의 효과에 영향을 주는 교락변수일 수도 있다는 점을 보여준다. 실제 이들을 모형에서 제외시킨 모형의 적합 결과가 〈표 10.15〉에 정리되어 있다.

〈표 10.15〉-①은 모형이 적합함을 보여주고 있고 wt(산모의 체중)의 추정 계수값

표 10.14 [프로그램 10.6]의 수행 결과 중 일부

① Summary of the Number of Event and Censored Values

stratum	pair	Total	Event	Censored	Perrcent Censored
1	1	2	2	0	0.00
2	2	2	2	0	0.00
3	3	2	2	0	0.00
4	4	2	2	0	0.00
5	5	2	2	0	0.00
		… 중간 생략 …			
56	56	2	2	0	0.00
Total		112	112	0	0.00

② Testing Global Null Hypothesis: BETA=0

Test	Chi-Square	DF	Pr > ChiSq
Likelihood Ratio	26.0439	7	0.0005
Score	20.2669	7	0.0050
Wald	12.7208	7	0.0792

③ Analysis of Maximum Likelihood Estimates

Variable	DF	Parameter Estimate	Standard Erro	Chi-Square	Pr > ChiSq	Hazard Ratio
wt	1	-0.01838	0.01008	3.3229	0.0683	0.982
race1	1	0.57136	0.68964	0.6864	0.4074	1.771
race2	1	-0.02531	0.69920	0.0013	0.9711	0.975
smoke	1	1.40066	0.62784	4.9770	0.0257	4.058
pre	1	1.80801	0.78865	5.2557	0.0219	6.098
hpten	1	2.36115	1.08613	4.7259	0.0297	10.603
uter	1	1.40193	0.69616	4.0554	0.0440	4.063

이 −0.018에서 −0.015로 약 16.7% 변화되었다. 특히, Hazard Ratio(위험률)는 오즈비의 추정치로 wt의 경우 0.985이다. 이는 저체중 신생아를 낳은 산모의 경우 위험이 wt 1단위 증가함에 따라 0.985배 감소함을 말하고 있다. 즉, 오즈에서 98.5% 감소한다. 나머지 변수들은 wt와 정반대의 경향을 보이고 있다.

표 10.15 race1, race2를 제외한 모형의 적합 결과

① Testing Global Null Hypothesis: BETA=0

Test	Chi-Square	DF	Pr > ChiSq
Likelihood Ratio	25.1587	5	0.0001
Score	19.7845	5	0.0014
Wald	12.5938	5	0.0275

② Analysis of Maximum Likelihood Estimates

Variable	DF	Parameter Estimate	Standard Error	Chi-Square	Pr > ChiSq	Hazard Ratio
wt	1	-0.01508	0.00815	3.4281	0.0641	0.985
smoke	1	1.47956	0.56202	6.9305	0.0085	4.391
pre	1	1.67059	0.74681	5.0041	0.0253	5.315
hpten	1	2.32936	1.00255	5.3984	0.0202	10.271
uter	1	1.34489	0.69384	3.7571	0.0526	3.838

1-*M* 대응 조건부 로짓모형

다음으로 1-M 대응설계에 대하여 설명하려 한다. 이는 각 사례가 M개의 대조와 대응하여 각 층에 (1+M)개의 개체가 있게 된다. 특히, [보기 10.7]를 위해 M=3인 1-3 대응설계를 고려하자. 이 경우 식 (10.6)에서 k번째 층에서 $\boldsymbol{x}_{k0}$은 하나의 사례에 대한 자료벡터이고, $\boldsymbol{x}_{k1}$, $\boldsymbol{x}_{k2}$, $\boldsymbol{x}_{k3}$는 세 개의 대조에 대한 자료벡터라 하면, 식 (10.6)의 조건부 우도함수는

$$\prod_{k=1}^{s}\frac{1}{1+\exp[\beta'(\boldsymbol{x}_{k1}-\boldsymbol{x}_{k0})+\exp[\beta'(\boldsymbol{x}_{k2}-\boldsymbol{x}_{k0})+\exp[\beta'(\boldsymbol{x}_{k3}-\boldsymbol{x}_{k0})]}$$
$$=\prod_{k=1}^{s}\frac{\exp(\beta'\boldsymbol{x}_{k0})}{\exp(\beta'\boldsymbol{x}_{k0})+\exp(\beta'\boldsymbol{x}_{k1})+\exp(\beta'\boldsymbol{x}_{k2})+\exp(\beta'\boldsymbol{x}_{k3})} \quad (10.8)$$

가 된다. 여기서 각 층에서 사례와 대조 4개체의 자료가 동일하여 $\boldsymbol{x}_{k0}=\boldsymbol{x}_{k1}=\boldsymbol{x}_{k2}=\boldsymbol{x}_{k3}$

인 경우 β를 추정하는 데 있어 비정보적이며 이 경우 0.25(= 1/4)인 조건부 우도값을 가지게 된다.

보기 10.7

Hosmer와 Lameshow(2000, p. 245)의 유방암에 양성 반응을 보인 여성에 대한 자료가 부록 2의 〈자료 3〉에 있다. 이 자료는 1–3 대응설계로 연령(agmt)에 따라 나누어진 각 층에 하나의 사례와 3개의 대조가 짝을 지어있다.

자료의 변수명은 〈표 10.16〉을 따르기로 한다. 특히, 이들 변수 중 정기검진(chk), 첫 임신연령(agp1), 초경연령(agmn), 사산(또는 유산)횟수(nlv), 정상출산횟수(liv), 체중(wt), 폐경연령(aglp)이 로짓모형에 고려된 설명변수이다. 최종판정(fndx)을 반응변수로 한 1–3 대응 조건부 로짓모형에 대해 PROC PHREG [프로그램 10.7]과 그 수행 결과 중 일부가 〈표 10.17〉에 정리되어 있다. [프로그램 10.7]에서 자료 match_13을 형성하는 DATA문에서 변수 status는 사례그룹 개체이면 1, 대조그룹 개체이면 2를 갖도록 정의하고 있다. MODEL문의 변수 fndx는 각 개체가 사례(fndx=1)인지 대조(fndx=0)인지를 나타내고 있다.

표 10.16 유방암 자료의 변수값 및 변수명

변수	변수값	변수명
층	1 – 50	str
층내 개체	사례(1), 대조(2–4)	subject
연령	정수(단위: 연)	agmt
최종판정	사례(1), 대조(0)	fndx
최고평점	5 – 20	higd
학위	없음(0), 고졸(1), 전문대(2) 대졸(3), 석사(4), 박사(5)	deg
정기검진	예(1), 아니오(0)	chk
첫 임신 연령	정수(단위: 연)	agp1
초경 연령	정수(단위: 연)	agmn
사산횟수	0 – 7	nlv
정상출산횟수	0 – 11	liv
체중	실수(단위: 파운드)	wt
폐경 연령	정수(단위: 연	aglp
혼인여부	기혼(1), 이혼(2), 별거(3) 미망인(4), 미혼(5)	mst

〈표 10.17〉에 따르면 ①에서는 1-3 대응설계에 따라 Stratum은 50개 층으로 이루어져 있음을 보여주고 있고 Event에서 각 층에 사례 하나와 Censored에 대조 세 개의 개체가 할당이 잘 되었는지를 보여주고 있다. 여기서 층 2와 같이 Event에 1이 아닌 경우와 층 5나 50과 같이 Censored에 3이 아닌 경우는 원자료에서 agp1, nlv, liv 변수에 개체에 대한 결측치(missing value)가 있어 생기는 것이다. 특히, Event에 0인 경우는 사례가 없어 대조와 짝을 이루지 못하는 것으로 실제 분석에서 제외된다. 따라서 실제 사례-대조로 이루어진 짝은 총 40개임을 알 수 있다. 모형의 적합성은 ②에서 제공한다. 우도비 검정의 결과 P-값이 0.0001보다 작으므로 5% 유의수준에서 현재 모형이 적합함을 알 수 있다. 그러나 모형에서 추정된 개별 설명변수의 적합성을 ③에서 살펴보면 agp1, nlv, liv, aglp는 유의수준 5%에서 유의하지 못함을 알 수 있다. 따라서 이들을 제외하고 chk, agmn, wt로만 이루어진 모형을 적합한 결과가 〈표 10.18〉에 정리되어 있다.

프로그램 10.7 〈표 10.16〉의 조건부 로짓모형을 위한 PROC PHREG

```
DATA breast;
INPUT str subject agmt fndx higd deg chk agp1 agmn nlv liv wt aglp mst;
CARDS;
  1   1   39  1    9  0  1  23    13  0   5  118   39    1
  1   2   39  0   10  0  2  16    11  1   3  175   39    3
  1   3   39  0   11  0  2  20    12  1   3  135   39    2
  1   4   39  0   12  1  1  21    11  0   3  125   40    1
  2   1   38  1   14  2  1   .    14  .   .  118   39    1
  2   2   38  0   12  1  2  20    15  0   2  183   38    1
  2   3   38  0    9  0  2  19    11  0   5  218   38    1
  2   4   38  0   13  1  1  23    13  0   2  192   37    1
                       … 중간 생략 …
 50   1   41  1   14  1  1  34    13  1   2  138   42    1
 50   2   42  0   10  0  1   .    13  .   .  118   41    2
 50   3   41  0   15  1  2  30    12  1   2  129   41    1
 50   4   41  0   13  1  2  21    12  0   2  180   41    1
;
DATA match_13;
      SET breast;
  status=2-fndx;
```

```
PROC PHREG DATA=match_13;
     MODEL status*fndx(0)= chk agp1 agmn nlv liv wt aglp;
   STRATA str;
```

〈표 10.18〉-①을 보면 〈표 10.17〉에서와는 달리 모형에서 고려된 세 변수(chk, agmn, wt)에 대한 결측치가 없기 때문에 50개 각 층에 1-3 대응설계가 완벽하게 이루어졌음을 보여주고 있다. ②와 ③에서는 모형과 모형에서 고려한 세 변수가 모두 적합함을 알 수 있다. 특히, agmn(초경연령)의 Hazard Ratio(위험률) 1.440은 양성 유선증을 가진 여성의 경우 위험률은 agmn 1단위 증가함에 따라 1.44배 증가함을 말하고 있다. chk(정기검진)과 wt(체중)는 이와 반대의 경향을 보인다.

표 10.17 [프로그램 10.7]의 수행 결과 중 일부

① Summary of the Number of Event and Censored Values

Stratum	str	Total	Event	Censored	Percent Censored
1	1	4	1	3	75.00
2	2	3	0	3	100.00
3	3	4	1	3	75.00
4	4	4	1	3	75.00
5	5	3	1	2	66.67
… 중간 생략 …					
50	50	3	1	2	66.67
Total		178	40	138	77.53

② Testing Global Null Hypothesis: BETA=0

Test	Chi-Square	DF	Pr > ChiSq
Likelihood Ratio	38.7434	7	<.0001
Score	31.2926	7	<.0001
Wald	20.9603	7	0.0038

표 10.17 [프로그램 10.7]의 수행 결과 중 일부(계속)

③ Analysis of Maximum Likelihood Estimates

Variable	DF	Parameter Estimate	Standard Error	Chi-Square	Pr > ChiSq	Hazard Ratio
chk	1	-1.10496	0.53990	4.1886	0.0407	0.331
agp1	1	0.06801	0.06757	1.0132	0.3141	1.070
agmn	1	0.38014	0.14610	6.7696	0.0093	1.462
nlv	1	0.28634	0.26232	1.1916	0.2750	1.332
liv	1	0.10774	0.15333	0.4937	0.4823	1.114
wt	1	-0.02495	0.01212	4.2372	0.0395	0.975
aglp	1	0.07288	0.05687	1.6419	0.2001	1.076

표 10.18 chk, agmn, wt에 의한 모형의 적합 결과

① Summary of the Number of Event and Censored Values

Stratum	str	Total	Event	Censored	Percent Censored
1	1	4	1	3	75.00
2	2	4	1	3	75.00
3	3	4	1	3	75.00
	… 중간 생략 …				
50	50	4	1	3	75.00
Total		200	50	150	75.00

② Testing Global Null Hypothesis: BETA=0

Test	Chi-Square	DF	Pr > ChiSq
Likelihood Ratio	42.9560	3	<.0001
Score	34.7646	3	<.0001
Wald	23.7758	3	<.0001

표 10.18 chk, agmn, wt에 의한 모형의 적합 결과(계속)

③ Analysis of Maximum Likelihood Estimates

Variable	DF	Parameter Estimate	Standard Error	Chi-Square	Pr > ChiSq	Hazard Ratio
chk	1	-0.99566	0.41303	5.8112	0.0159	0.369
agmn	1	0.36459	0.12371	8.6862	0.0032	1.440
wt	1	-0.02931	0.00974	9.0623	0.0026	0.971

10.4 R-코드

R-코드 10.1 SAS [프로그램 10.1] 외상 후 스트레스 증후군

```
data_1 <- read.csv(file = "data_10_1.csv")

data_1$ptsd <- ifelse(data_1$ptsd == 0, 1, 0)
data_1$time <- relevel(factor(data_1$time), ref = "3")

summary(glm(formula = ptsd ~ control + problems + sevent + cohes + time,
            family = binomial,
            data = data_1))
```

R-코드 10.2 SAS [프로그램 10.2] 기존약과 신약의 비교

```
data_2 <- read.csv(file = "data_10_2.csv")

summary(glm(formula = outcome ~ diagnose + treat + time + treat*time,
            family = binomial(link = logit),
            data = data_2))
```

R-코드 10.3 SAS [프로그램 10.3] 외상 후 스트레스 증후군

```
library(gee)
data_3 <- read.csv(file = "data_10_1.csv")
data_3$ptsd <- ifelse(data_3$ptsd == 0, 1, 0)
data_3$time <- relevel(factor(data_3$time), ref = "3")

summary(gee(formula = ptsd ~ control + problems + sevent + cohes + time,
            id = subject,
            data = data_3,
            R = matrix(c(1, 0.1891, 0.2538, 0.1891, 1, 0.3878, 0.2538, 0.3878, 1), 3),
            family = binomial,
            corstr = "fixed"))

# 1
summary(gee(formula = ptsd ~ control + problems + sevent + cohes + time,
            id = subject,
            data = data_3,
            family = binomial,
            corstr = "unstructured"))

# 2
summary(gee(formula = ptsd ~ control + problems + sevent + cohes + time,
            id = subject,
            data = data_3,
            family = binomial,
            corstr = "exchangeable"))

# 3
summary(gee(formula = ptsd ~ control + problems + sevent + cohes + time,
            id = subject,
            data = data_3,
            family = binomial,
            corstr = "independence"))
```

R-코드 10.4 SAS [프로그램 10.4] 기존약과 신약의 비교

```
data_4 <- read.csv(file = "data_10_2.csv")

summary(gee(formula = outcome ~ diagnose + treat + time + treat*time,
            id = case,
            data = data_4,
            family = binomial(link = logit),
            corstr = "exchangeable"))
```

R-코드 10.5 SAS [프로그램 10.5] 저철분 기형학 연구

```
data_5 <- read.csv(file = "data_10_3.csv")

summary(gee(cbind(y, n - y) ~ z2 + z3 + z4,
            id = litter,
            data = data_5,
            family = binomial(link = logit),
            corstr = "exchangeable"))
```

R-코드 10.6 SAS [프로그램 10.6] 저체중 신생아 출산에 관한 연구

```
library(survival)

data_6 <- read.csv(file = "data_10_6.csv")

summary(clogit(status * low ~ wt + race1 + race2 + smoke + pre + hpten + uter +
strata(pair), method = "exact", data = data_6))

summary(clogit(status * low ~ wt + smoke + pre + hpten + uter + strata(pair), method
= "exact", data = data_6))
```

R-코드 10.7 SAS [프로그램 10.7] 유방암 자료

```
data_7 <- read.csv(file = "data_10_7.csv")

summary(clogit(status * fndx ~ chk + agp1 + agmn + nlv + liv + wt + aglp + strata(str),
method = "exact", data = data_7))
```

```
summary(clogit(status * fndx ~ chk + agmn + wt + strata(str), method = "exact", data =
data_7))
```

연습문제

❶ [보기 10.1]에는 〈표 10.2〉 외상 후 스트레스 증후군(ptsd)과 시점(time) 간의 분할표에서 ptsd와 time 간의 연관성을 위해 카이제곱검정을 설명하고 있다. 이를 위한 프로그램을 제시하고 그 수행 결과를 통해 확인해 보라.

❷ (1) [보기 10.1]의 모형 추정결과 유의하지 못한 추정계수가 있다면 이들에 대한 변수를 제외한 모형을 추정하라.

(2) control(자아통제력)과 cohes(가족결속력)의 계수 값은 여전히 ptsd=0(외상 후 스트레스 증후가 없음)이 높아지는 데 영향을 미치는 중요한 변인지를 설명하라.

(3) time 1과 time 2에 대한 추정계수값의 차이의 크기 변화는 오즈에서 얼마나 변화를 주었는지를 설명하라.

❸ (1) GEE 방법에 의한 〈표 10.7〉-〈표 10.9〉에서 z-통계량을 제곱한 다음 〈표 10.2〉의 카이제곱통계량과 비교하여 보라.

(2) P-값은 어떤 차이를 보이는지 설명하라.

(3) 가상관을 자기회귀상관과 m-종속상관으로 했을 때 결과와도 비교하라.

❹ [보기 10.1]의 자료를 이용하여 다음의 문제를 생각하라.

(1) 시점(time)을 층으로 하는 조건부 로짓모형을 세우고 PROC PHREG를 이용하여 추정하라.

(2) 모형의 적합성을 논하라.

(3) 추정된 계수를 보고 ptsd=0(외상 후 스트레스 증후가 없음)이 높아지게 하거나 낮아지게 하는 데 영향을 미칠 변수를 구분하라.

(4) 자아통제력(control)과 가족결속력(cohes)에 대한 오즈비를 각각 해석하라.

(5) 다시점 로짓모형의 추정결과와 비교하여 해석상 차이를 논하라.

❺ 다음은 불면증 환자에 대한 자료이다. 반응은 침대로 간 후 잠들기 시작하는 환자의 시간(단위: 분)을 기록한 것이다. 환자들은 임의로 두 그룹으로 나뉘어 각각 2주 전과 후에 실제 수면제와 위약 두 가지 처리를 받았다.

		잠이 드는 시간			
		2주 후			
처리	2주 전	<20	20–30	30–60	>60
수면제	<20	7	4	1	0
	20–30	11	5	2	2
	30–60	13	23	3	1
	>60	9	17	13	8
위약	<20	7	4	2	1
	20–30	14	5	1	0
	30–60	6	9	18	2
	>60	4	1	14	22

(1) t는 상황으로 0=2주 전, 1=2주 후, y_t는 상황 t에서 잠드는 시간이라 하고, x를 처리방법으로 0=위약, 1=수면제라 하면 본 자료에 대한 다음과 같은 누적 로짓모형을 가정할 수 있음을 설명하라.

$$\text{logit}[P(Y_t \leq j)] = \alpha_j + \beta_1 t + \beta_2 x + \beta_3 tx.$$

(2) GEE 독립상관을 이용한 모형 추정결과는 다음과 같다. 괄호( ) 안은 표준오차이다. 이를 통하여 먼저 모형에서 교호효과의 필요성 여부를 검정하라. 그리고 나머지 추정에 대한 해석도 하라.

$$\beta_1 = 1.038(0.168),\ \beta_2 = 0.034(0.238),\ \beta_3 = 0.708(0.244)$$

❻ [보기 10.6]의 〈표 10.15〉에서 1-1 대응조건부 로짓모형에서 고려된 변수 중 smoke(흡연)와의 교호작용 효과를 검토하라.

❼ 다음은 Allison(1991, pp. 162–163)의 판 초콜릿(chocolate bar) 자료를 참고로 재구성한 것이다. 이는 10명의 각 사람들에게 2가지 초콜릿을 맛보게 하여

초콜릿의 어떤 특징이 사람들의 선택에 영향을 주는지를 알아보기 위한 자료이다. 자료에서 그룹은 특정한 판 초콜릿을 선택한 사람과 그렇지 않은 경우를 사례(1)와 대조(0)로 나누고 초콜릿 종류는 밀크 초콜릿(0)과 검은 초콜릿(1)을 선택하도록 하였다. 또한, 초콜릿의 강도는 딱딱함(0)과 부드러움(1)으로 견과는 첨가하지 않음(0)과 첨가함(1)으로 구분하였다.

(1) 어떤 유형의 대응사례인가?

(2) 적절한 조건부 로짓모형을 구하라.

(3) 세 변수(색깔, 강도, 견과)의 오즈비를 해석하라.

개체	그룹	색깔	굳기	견과
1	1	1	0	1
1	0	0	0	0
1	0	1	0	0
2	0	1	0	1
2	0	1	0	1
2	1	1	0	1
3	0	0	1	0
3	1	1	0	1
3	1	0	1	1
4	1	1	0	1
4	0	0	0	0
4	0	1	0	1
5	1	1	0	1
5	0	0	0	0
5	0	1	0	1
6	0	0	1	0
6	1	1	0	0
6	0	1	0	1
7	0	1	0	0
7	1	0	1	0
7	1	1	0	1
8	0	1	0	1
8	1	1	0	1
8	1	0	1	1
9	0	1	0	0
9	0	0	0	1
9	1	1	0	1
10	0	1	0	0
10	1	1	0	0
10	1	0	1	0

8 다음은 [보기 10.7]과 관련된 문제이다.

(1) 1-3 대응설계 대신에 3개의 대조 중 맨 마지막만을 고려한 1-1 대응설계에 대해 적절한 조건부 로짓모형을 구하라.

(2) 양성 유선증 자료에 대하여 1-3 대응 로짓모형에서 고려한 변수를 가지고 적절한 N-M 대응조건부 로짓모형을 구하라. 단, 층은 agmt(연령)에 의해서 나누기로 한다.

(3) 1-3 대응설계에서 고려하지 않은 변수 higd(최고평점), deg(학위), mst(혼인 여부)를 포함하여 적절한 조건부 로짓모형을 찾으라. 단, deg, chk, mst는 가변수로 처리하라.

(4) 〈결과 10.18〉에서 고려한 세 변수(chk, agmn, wt)에 mst(혼인여부)의 변수값 기혼(1), 이혼(2), 별거(3), 미망인(4), 미혼(5) 대신에 기혼, 이혼, 별거, 미망인을 0으로 미혼을 0으로 갖는 새로운 변수 nvmr을 추가하여 적절한 조건부 로짓모형을 구하라.

11장

변량효과모형

집락반응(clustered response)에 대한 주변분포 모형화의 대안적인 방법을 논의해 보자. 각 집락에 대응하는 효과를 모형에 추가하게 되는데 이것은 집락 내의 모든 관찰값에 대해서는 동일한 반면 집락에 따라서 변하는 변량이 되므로 변량효과(random effect)라 부른다. 앞으로 소개하게 될 일반화선형혼합모형은 일반화선형모형에 변량효과를 포함하여 좀 더 일반화한 것이다. 변량효과 로지스틱 회귀모형의 예를 통해 앞장에서 소개한 주변모형과의 관계를 살펴보고 서로 비교하기로 한다. 이항반응을 확장한 다항반응모형과 또한 여러 개 변량효과들을 포함하는 모형에 대해서도 고찰하기로 하자. 그밖에 위계관계를 갖는 다수준(multi-level) 변량효과모형을 간략히 소개한다.

11.1 집락 범주자료에 대한 변량효과모형

보통회귀모형에서 설명변수들과 관련된 모수를 고정효과(fixed effects)라 부른다. 예를 들면, 성별이나 연령층 또는 처리방법 등의 범주구분이 이에 해당한다. 반면에 변량효과는 표본에 적용되는 것으로서, 예들 들어 개체들을 반복측정한 자료의 경우 어떤 개체의 관찰값들은 집락을 이루게 되고, 이때 개체에 대응하는 변량효과 항을 포함하는 모형을 고려한다. 변량효과는 모든 가능한 집락 중 표본 집락에 대응하는 것이다.

일반화선형혼합모형

고정효과만을 포함하는 일반화선형모형을 좀 더 일반화하여 변량효과까지 포함하는 일반화선형혼합모형(generalized linear mixed model, GLMM)을 소개한다. 앞으로 i 번째 집락의 변량효과를 u_i, 반응변수를 y_{ij}, 설명변수를 x_{ij}와 같이 나타낸다. 변량효과 u_i에 관한 조건부 반응평균 μ_{ij}와 연결함수 $g(.)$를 써서 간단한 경우로 u_i가 절편 항인 GLMM은 아래와 같이 표현된다.

$$g(\mu_{ij}) = u_i + \beta x_{ij}, \quad i = 1, \cdots, n, \quad j = 1, \cdots, T$$

절편 항이 변량인 GLMM을 변량절편(random intercept) 모형이라 부른다. 실제 변량효과 u_i는 절편 모수와 마찬가지로 미지의 확률변수로서 통상 정규분포 $N(\alpha, \sigma^2)$를 따른다고 간주한다. 여기서 분산 σ^2를 분산성분(variance component)이라 한다.

앞 모형에서 $x_{ij}=0$ 일 때 선형예측식의 기대값은 u_i 의 평균 α 와 같아지므로 α 를 모형에 명시하여 아래와 같이 동치관계인 모형으로 표현할 수 있다.

$$g(\mu_{ij}) = u_i + \alpha + \beta x_{ij} \tag{11.1}$$

식 (11.1)에서 u_i 의 평균은 0으로 가정하며, 모형을 둘 중 어떤 방법으로 표현하든 α 의 MLE는 동일하다. 모형에서 선형예측식과 u_i 의 분포함수 모두에 α 를 포함하게 되면 중복적이므로 앞으로 식 (11.1)과 같이 나타내고, 이때 u_i 의 분포는 $N(0,\sigma^2)$ 로 가정하기로 한다. 식 (11.1)에서 $x_{ij}=0$ 이고 u_i 가 평균값 0을 가지면 모수 α 는 예측식의 값과 같아진다.

집락효과 u_i 들을 고정효과인 모수로 취급하지 않는 이유는 무엇일까? 어떤 연구에서 보통 매우 많은 수의 집락을 갖게 되면 결과적으로 모수의 수 또한 늘어나지만, u_i 들을 변량으로 간주하면 산포 모수 σ 하나만을 더 추정하면 된다. 단일변량 반응변수에 대한 보통회귀모형과 마찬가지로 앞으로 논의할 GLMM 적합에서도 설명변수가 주어질 때 관찰값들은 서로 독립으로 가정하는데, GLMM에서는 설명변수 값과 u_i 가 주어질 때의 독립성을 의미한다.

사실상 $\{u_i\}$는 미지이기 때문에 $\{u_i\}$의 분포에 관한 평균의 관점에서 같은 집락 내의 관찰값들은 양의 상관을 갖는다. 앞으로 논의하게 될 모형적합에 의해 고정효과와 변량효과의 모수 σ 를 추정하고 예측값 $\hat{u}_i$ 들을 구하게 된다. 모형에 고정효과 추정치와 $\hat{u}_i$ 를 대입하여 각 집락의 평균을 추정할 수 있다. 추정치 $\hat{\sigma}$ 는 집락 간의 변동을 나타내는데, 경우에 따라서는 반응변수와 연관된 어떤 설명변수의 누락으로 인한 이질성(heterogeneity)을 나타내며, 누락된 설명변수를 모형에 포함하는 경우에는 모형의 고정효과 항을 반영하게 된다.

이진 대응짝자료에 대한 로지스틱 GLMM

9.1절에서 소개한 간단한 이진 대응짝자료에 대해 식 (11.1)의 GLMM을 설명해 보자. 대응짝 i 의 관찰값 (y_{i1}, y_{i2}) 을 집락 i 내의 j 번째 관찰값으로 간주하여 $y_{ij}=1$ ('성공') 또는 0('실패')이라 하자. 단, $j=1,2$ 이다. 대응짝자료에 대한 조건부 로지스틱 회귀는 다음과 같이 표현된다.

$$\text{logit}\,[P(Y_{i1}=1)] = \alpha_i + \beta, \qquad \text{logit}\,[P(Y_{i2}=1)] = \alpha_i \tag{11.2}$$

집락이 주어진 조건에서 고정효과 β는 로그오즈비를 나타낸다. 즉, e^{β}는 $j=1$일 때 반응분포와 $j=2$일 때 반응분포를 비교하는 오즈비이다. 조건부 로지스틱 회귀에서 α_i는 고정효과로 간주하며 n개 집락에 대해 총 $n+1$개 모수가 존재한다. 조건부 ML 추정에서는 우도함수에서 $\{\alpha_i\}$를 소거한 후 β를 추정한다.

반면, 변량효과모형 (11.2)에서는 α_i 대신 $u_i+\alpha$를 대입하여 모형을 아래와 같이 표현한다.

$$\text{logit}\,[P(Y_{i1}=1)] = u_i + \alpha + \beta, \quad \text{logit}\,[P(Y_{i1}=1)] = u_i + \alpha \tag{11.3}$$

이때 $\{u_i\}$는 서로 독립인 확률변수들로서 정규분포 $N(0,\sigma^2)$를 따르는 것으로 가정하고 σ는 미지의 모수이다. 모형 (11.3)은 (11.1)의 GLMM에서 $g(.)$는 로짓연결이고 $T=2$이며 또한 공변량 x_{ij}는 지시변수로서 $j=1$인 경우 1, $j=2$일 때는 0이다. 변량효과에 대해 정규분포를 가정한 GLMM을 로지스틱-정규모형(logistic-normal model)이라 부르며 이러한 모형은 이진자료에 대한 중요한 모형군에 속한다.

모형 (11.3)은 집락 내의 관찰값들간에 비음상관(nonnegative correlation)이 있음을 의미한다. 즉, 동일한 집락에 속하는 관찰값들은 다른 집락의 관찰값들에 비해 더욱 유사하다는 점을 반영한다. u_i가 양수로서 상대적으로 큰 집락의 경우 모든 j에 대해 $P(Y_{ij}=1)$ 또한 상대적으로 큰 반면에 u_i가 음수로서 절대값이 큰 집락에서는 $P(Y_{ij}=1)$가 상대적으로 작게 된다. 예를 들어, $\alpha+\beta$와 α가 0에 근사하다고 가정하면 u_i가 큰 양수일 때는 관찰값 $(y_{i1}=1, y_{i2}=1)$이 자주 발생하는 반면에 u_i가 절대값이 큰 음수이면 $(y_{i1}=0, y_{i2}=0)$이 자주 관찰된다. 이러한 사례들의 발생 비율이 높으면 반복측정된 반응값들의 상관은 양수가 된다. 또한, 집락 간의 이질성이 클수록(즉, σ가 클 때) 반복측정 간의 연관성이 높다.

보기 11.1

9장에서 소개한 대통령의 국정운영에 관한 여론조사 자료 〈표 9.1〉에 대해 변량효과모형 (11.3)을 적합하고 결과를 해석해 보자. [프로그램 11.1]은 대응짝 자료의 자료변환을 거쳐 PROC NLMIXED에 의해 MLE를 구하는 절차이다. 프로그램의 수행 결과는 〈표 11.1〉에 요약하였다.

모형 (11.3)에서 변량효과 $\{u_i\}$를 정규분포로 가정하고 MLE를 구하면 $\hat{\beta} = 0.556$ $(SE = 0.1353)$, $\hat{\sigma} = 5.1590$ 이다. 어떤 개인에 대해 1차 조사에서 '잘한다'고 응답할 오즈의 추정치는 2차 조사에서 '잘한다'고 대답할 오즈의 $\exp(0.556) = 1.74$ 배이다. $\hat{\sigma}$ 의 추정치가 5.159로 매우 크다는 것은 두 시점의 반응값들이 강한 연관성이 있음을 의미한다. 실제로 〈표 9.1〉에서 표본오즈비는 (794)(570)/(86)(150)=35.08이다. 보통 그렇듯이 표본오즈비가 비음이면 변량효과모형에서 β 의 MLE와 모형 (11.2)에서 α_i 를 고정효과로 다룬 조건부 MLE가 동일하게 된다. 10.3절에서 조건부 ML 추정에 대해 논의하였으며 〈표 9.1〉의 자료에 대한 조건부 MLE는 0.554 이다.

프로그램 11.1 **대응짝자료 〈표 9.1〉에 대한 모형 (11.3)의 적합 절차**

```
DATA approval;
  DO id=1 to 4;
    INPUT survey1 survey2 count @@;output;
  END;
CARDS;
1 1 794 1 0 150
0 1  86 0 0 570
;

/* item값에 따라 반응변수 response 생성*/
DATA match;
  SET approval;
  response=survey1; item=1; output;
  response=survey2; item=0; output;

/* 변량효과모형 (11.3)의 적합*/
PROC NLMIXED data=match;
  eta = alpha + beta*item+u;
  p = exp(eta) / (1 + exp(eta));
  MODEL response ~ binary(p);
  RANDOM u ~ normal(0,sigma*sigma) subject=id;
  REPLICATE count;
  PREDICT p out=new;
```

표 11.1 [프로그램 11.1]의 수행 결과

Fit Statistics

-2 Log Likelihood	3502.3
AIC (smaller is better)	3508.3
AICC (smaller is better)	3514.3
BIC (smaller is better)	3524.4

Parameter Estimates

Parameter	Estimate	Standard Error	DF	t-Value	Pr > |t|	Alpha	Lower	Upper	Gradient
alpha	0.6860	0.1767	1599	3.88	0.0001	0.05	0.3394	1.0326	-1.97E-6
beta	0.5563	0.1353	1599	4.11	<.0001	0.05	0.2910	0.8216	0.00019
sigma	5.1589	0.3526	1599	14.63	<.0001	0.05	4.4674	5.8505	-0.00012

조건부모형과 주변모형에서 효과의 차이점

앞에서 논의한 것처럼 GLMM과 주변모형의 모수들은 서로 다른 의미로 해석된다. GLMM에서 모수는 집락에 관한 변량효과가 주어질 때 조건적 의미를 갖는 반면에 주변모형에서의 효과는 모든 집락에 대한 평균인 모집단 평균이 되며 이것은 변량효과의 고정된 값에서의 비교와 무관하다.

앞에서 언급한 것처럼 집락특정 모형 (11.2)는 각 집락에 대한 개별 부분표의 두 가지 대응 반응에 적용된다. [보기 11.1]에서 인용한 대통령의 국정운영 자료의 경우 각 개인은 집락이 되며 이에 대응하는 부분표를 생각할 수 있다. 〈표 9.3〉에서 보는 바와 같이 첫 행은 각 개인의 1차 조사 반응으로 '잘한다'이면 첫 열에 1, '못한다'이면 둘째 열에 1이 된다. 같은 요령으로 둘째 행은 2차 조사에 관한 응답이다. 총 1,600명에 대한 $2 \times 2 \times 1600$ 분할표에 의해 3,200개의 관찰값이 있게 된다. 이러한 1,600개의 부분표를 붕괴하면 2×2 표가 구해지며, 이때 첫 행은 (944, 656), 둘째 행은 (880, 720)이 된다. 이 값들은 각각 두 차례의 조사에서 '잘한다' 및 '못한다'에 대한 합계로서 〈표 9.1〉의 주변도수가 된다.

이와 대조적으로 주변모형은 개체들에 관해 붕괴된 분할표에 적용된다. 임의로 선택된 개인에 대해 1차 조사 반응을 Y_1, 또 다른 임의의 개인에 대한 2차 조사의 반응을 Y_2라 하자. 이때 개체특정 모형 (11.2)에 대응하는 주변모형은 다음과 같이 나타낼 수 있다.

$$\text{logit}\,[P(Y_1 = 1)] = \alpha + \beta,\ \ \text{logit}\,[P(Y_2 = 1)] = \alpha$$

〈표 9.1〉의 주변도수로부터 1차 조사에서 '잘한다'에 대한 추정로그오즈는 $\hat{\alpha} + \hat{\beta} = \log(944/656) = 0.364$ 이고 2차 조사에서 '잘한다'의 추정로그오즈는 $\hat{\alpha} = \log(880/720) = 0.201$ 이다. β의 추정치는 이들 두 추정치의 차에 의해 구해지며, 로그오즈비는 $\hat{\beta} = \log[(944 \times 720)/(656 \times 880)] = 0.163$ 이다.

주변모형에 대한 추정효과 $\hat{\beta} = 0.163$ 은 조건부모형 (11.3)에 대한 추정효과 $\hat{\beta} = 0.556$ 과 부호는 같지만, 그 크기가 작다. 조건부모형의 추정효과에 의하면 어떤 개인에 대해 1차 조사에서 '잘한다'의 추정오즈는 2차 조사에서 '잘한다'의 추정오즈보다 $\exp(0.556) = 1.74$ 배가 더 높다. 반면에 주변모형에서 추정효과에 의하면 임의로 선택된 개인에 대해 1차 조사에서 '잘한다'의 추정오즈는 또 다른 임의의 개인에 대해 2차 조사에서 '잘한다'의 추정오즈보다 $\exp(0.163) = 1.18$ 배 높다.

로짓과 같은 비선형 링크인 경우 주변모형의 모집단 평균 효과는 GLMM의 집락특정 효과보다 작게 되는데, [그림 11.1]은 이러한 이유를 잘 설명해 준다. 한 개 양적변수 x이고 집락 간 변이성이 클 때 여러 집락들에 대한 로지스틱 회귀곡선들을 보여준다. 변량효과의 σ가 상대적으로 큰 경우를 나타내기 때문에 어떤 x값에서 조건부 평균 $E(Y_{ij}|u_i) = P(Y_{ij} = 1|u_i)$들의 변이성이 크다. 반면에 이 값들의 평균은 주변평균 $E(Y_{ij})$이 된다. 여러 개 x값에서의 평균들을 점선으로 나타내면, 이 곡선은 개별

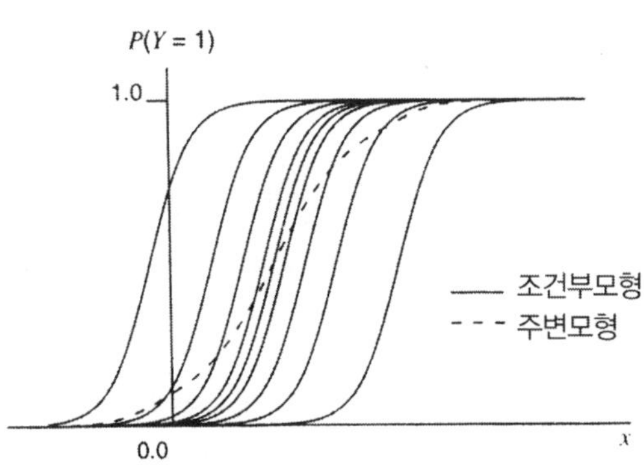

그림 11.1 변량절편모형에서 조건부 곡선과 주변 곡선의 비교

적인 곡선에 비해 그 효과가 약함을 알 수 있다. 집락특정 곡선들이 넓게 퍼져 있는 경우, 즉 변량효과의 산포 σ가 크면 두 효과 간의 차이가 커진다.

11.2 이진 반응자료에 대한 변량효과모형

본 절에서는 로지스틱-정규모형의 특별한 경우인 이진반응에 대한 변량효과모형의 보기를 살펴보기로 하자.

이항확률에 관한 소지역추정

소지역추정(small-area estimation)은 많은 지역에서 상대적으로 작은 수의 표본이 관찰된 경우의 모수추정에 관한 것이다. 예를 들어, 작은 행정구역인 군 단위의 실업률이나 생명보험에 가입한 가구의 비율에 관심이 있다고 하자. 국가 또는 도 단위의 통계치를 위한 표본조사 설계에서는 적은 인구를 갖는 군은 표본수가 매우 작아지는 상황이 발생한다.

n 개 소지역들로 구성된 모집단에서 소지역 i 의 '성공' 확률을 π_i 로 나타내자. 이들 소지역들은 모두가 관심 지역이거나 또는 표본지역인 경우이다. 고정효과모형

$$\text{logit}(\pi_{ij}) = \beta_i, \quad i = 1, \cdots, n\ ;\ j = 1,\ \cdots, T_i$$

은 지역을 어떤 인자의 수준으로 간주한다. 이러한 모형은 n 개 이항 관찰값에 대해 n 개 모수를 갖게 되어 포화모형이다. 소지역 i 에서 T_i 개를 관찰할 때, 이 중 성공의 개수를 y_i 라 하면 $\{y_i\}$는 서로 독립인 이항변량으로 가정할 수 있다. 이때 표본비율 $\{p_i = y_i / T_i\}$는 $\{\pi_i\}$의 MLE가 된다.

관찰수 $\{T_i\}$가 작은 지역들의 경우 표본비율의 표준오차가 매우 커지기 때문에 표본비율은 $\{\pi_i\}$의 추정치로서 좋지 않으며, 특히 $\{\pi_i\}$가 유사한 경우에는 $\{\pi_i\}$보다 변동이 훨씬 커지게 된다.

각각의 지역을 집락으로 간주하는 아래와 같은 변량효과모형을 이용하여 개선된 추정치를 얻는 방법을 살펴보자.

$$\text{logit}(\pi_{ij}) = u_i + \alpha \tag{11.4}$$

단, $\{u_i\}$는 서로 독립이고 정규분포 $N(0, \sigma^2)$를 따른다. 여기서 모형의 모수는 n개가 아닌 두 개 모수 (α, σ)를 내포한다. $\sigma = 0$이면 모든 π_i가 같다. 로짓값들이 정규분포에 따라 변한다고 가정하고 모든 지역의 자료를 이용하여 "전체에서 빌려오는" 모형적합 절차에 의해 어떤 특정지역의 확률을 추정한다. 따라서 특정 지역의 추정치는 그 지역의 표본비율과 전체 지역 비율의 가중평균이 된다.

통계패키지를 사용하면 MLE $\hat{\alpha}$, $\hat{\sigma}$ 및 예측값 $\{\hat{u_i}\}$를 구할 수 있다. 예측값 $\hat{u}_i$는 지역 i의 자료뿐만 아니라 모든 자료에 의존한다. 지역 i의 확률 추정치는 아래와 같이 구해진다.

$$\hat{\pi}_i = \exp(\hat{u}_i + \hat{\alpha}) / [1 + \exp(\hat{u}_i + \hat{\alpha})]$$

π_i를 추정할 때 지역 i만의 자료를 이용하는 것에 비해 모든 지역의 자료를 이용함으로써 표본비율 p_i에 비해 추정량 $\hat{\pi}_i$는 π_i에 더욱 근사하는 장점이 있다. 표본비율들을 전체 표본비율로 축소하여(shrink) $\{\hat{\pi}_i\}$가 주어지며, 축소되는 크기는 $\hat{\sigma}$가 작을수록 커진다. $\hat{\sigma} = 0$이면 $\{\hat{\pi}_i\}$가 같게 되어 이들 추정량은 n개 표본들을 병합하여 얻어진 전체 표본비율과 같아진다. 실제 모든 π_i가 같으면 $\hat{\pi}_i$는 표본 i만의 표본비율보다 훨씬 좋은 추정량이 된다.

$\hat{\sigma} > 0$인 경우 $\{T_i\}$가 커짐에 따라 $\{\hat{\pi}_i\}$는 표본비율들에 더 많은 가중치를 주게 된다. 각 표본의 자료가 많으면 개별 표본비율을 더욱 신뢰하는 것과 같은 이치이다.

단순 변량효과모형 (11.4)는 소지역추정에 이용할 수 있어서 표본크기가 작은 많은 이항모수들의 추정에 매우 유용하다. 다음 보기를 통해 좀 더 자세히 설명해 보자.

보기 11.2

아래 〈표 11.2〉는 미국 NBA 농구선수들의 자유투(free throws) 성공률에 관한 것이다. 2005-2006 시즌이 끝난 뒤 15명의 고득점 센터들의 자유투 성공률을 조사한 것이다.

표 11.2 미국 NBA 농구선수들의 자유투 성공률

선수	n_i	y_i	p_i	$\hat{\pi}_i$	선수	n_i	y_i	p_i	$\hat{\pi}_i$
Yao	13	10	0.769	0.731	Curry	11	6	0.545	0.663
Frye	10	9	0.900	0.762	Miller	10	9	0.900	0.761
Camby	15	10	0.667	0.696	Haywood	8	4	0.500	0.663
Okur	14	9	0.643	0.689	Olowokan	9	8	0.889	0.754
Blount	6	4	0.667	0.704	Mourning	9	7	0.778	0.728
Mihm	10	9	0.900	0.761	Wallace	8	5	0.625	0.692
Ilgauska	10	6	0.600	0.682	Ostertag	6	1	0.167	0.608
Brown	4	4	1.000	0.748					

자유투 성공률을 π_i, 시도한 횟수를 T_i라 하면 성공한 횟수 y_i는 이항분포 $Bin(T_i, \pi_i)$를 따른다. 〈표 11.2〉는 $\{T_i\}$와 $\{p_i = y_i / T_i\}$를 보여준다. [프로그램 11.2]는 이진 로지스틱-정규모형 (11.4)에 대해 PROC NLMIXED의 적합절차를 보여준다.

모든 선수에 대해 π_i를 동일한 것으로 가정한 좀 더 단순한 모형 $\text{logit}(\pi_i) = \alpha$의 적합도를 검토하는 방법으로 모형 (11.4)에서 $H_0 : \sigma = 0$을 가설검정하기도 한다. 그러나 $\hat{\sigma}$가 0보다 크거나 같은 값이므로 H_0 하에서 σ에 관해 근사 정규분포를 따르지 않기 때문에 통상적인 검정법의 적용이 불가능하다. 이에 대한 구체적인 논의는 생략한다.

프로그램 11.2 NBA 농구선수들의 자유투 성공률에 대한 모형 (11.4)의 적합 절차

```
DATA basket;
INPUT player $ y n @@ ;
CARDS;
 Yao          10  13    Frye          9   10
 Camby        10  15    Okur          9   14
 Blount        4   6    Mihm          9   10
 Ilgauskas     6  10    Brown         4    4
 Curry         6  11    Miller        9   10
 Haywood       4   8    Olowokandi    8    9
 Mourning      7   9    Wallace       5    8
 Ostertag      1   6
;
```

```
PROC NLMIXED data=basket qpoints=50;
  eta = alpha + u;   p = exp(eta)/(1 + exp(eta));
  MODEL   y ~ binomial(n,p);
  RANDOM u ~ normal(0, sigma*sigma) subject = player out=uhat;
  PREDICT p out=new;
```

표본비율과 $\{p_i\}$와 예측확률 $\{\hat{\pi}_i\}$은 〈표 11.2〉에 요약되어 있으며, 〈표 11.3〉에서 모형 (11.4)의 적합결과 MLE는 $\hat{\alpha}=0.908$, $\hat{\sigma}=0.422$이다. 변량효과 $u_i=0$인 선수의 자유투 성공률은 $\exp(0.908)/[1+\exp(0.908)]=0.71$이다. 로짓의 95%는 구간 $0.908 \pm 1.96(0.422)=(0.08, 1.73)$에 속할 것으로 예측한다. 이 구간을 확률로 변환하면 $(0.52, 0.85)$이다. $\{T_i\}$가 작고 $\hat{\sigma}$ 또한 상대적으로 작으므로 표본비율들이 전체 표본평균(즉, $101/143=0.706$)으로 크게 축소되어 이들 예측확률이 얻어진다. 예측확률 $\{\hat{\pi}_i\}$는 0.61 ~ 0.76 사이에서 변하는 반면 표본비율들은 0.17에서 1.0까지 변한다. 표본크기가 매우 작은 선수 Ostertag의 경우 표본비율 0.17은 상대적으로 더욱 큰 추정값으로 바뀌었다. 0.17과 0.61 중 어떤 값을 Ostertag의 자유투 성공률로 인정하는 것이 합리적인 농구팬인지 생각해 보라.

표 11.3 [프로그램 11.2]의 적합 결과

Parameter	Estimate	Standard Error	DF	t Value	Pr > |t|	Lower	Upper	Gradient
alpha	0.9076	0.2244	14	4.04	0.0012	0.4263	1.3889	-3.76E-8
sigma	0.4217	0.3927	14	1.07	0.3010	-0.4204	1.2639	8.643E-9

보기 11.3

암컷 쥐에 대해 철분이 부족한 먹이가 기형에 미치는 영향을 알아보기 위해 4개 집단으로 구분하여 조사한 〈표 10.11〉의 자료를 다시 분석해 보자. 그룹 1은 위약 집단이고, 나머지 세 집단은 철분 함량을 달리하여 구성하였다. 임신 3주가 지난 어미 쥐 i에 대해 T_i 마리의 태아 중 죽은 마릿수를 y_i라 하자. 관찰한 공변량이 없으므로 사망률은 각 처리집단 내에서 어미 쥐에 따라 변하는 것으로 가정한다.

어미 쥐 i의 태아 j에 대한 사망률을 π_{ij}라 할 때 가정한 모형은

$$\text{logit}(\pi_{ij}) = \alpha + \beta_2 z_{i2} + \beta_3 z_{i3} + \beta_4 z_{i4}$$

와 같이 나타낼 수 있다. 여기서 어미 쥐 i가 집단 g에 속하면 $z_{ig} = 1$, 그렇지 않으면 $z_{ig} = 0$이다. 각 어미 쥐의 태아들은 서로 독립이고 $\{y_i\}$는 이항분포를 따른다고 가정한다. 이러한 가정의 비현실적인 면을 해결하기 위해 [보기 10.5]에서는 GEE 방법을 사용하였다.

프로그램 11.3 **쥐 태아의 기형 자료에 대한 GLMM 적합 절차**

```
PROC LOGISTIC;
   MODEL y/n = z2 z3 z4 / scale=none;

/*변량절편모형의 적합*/
PROC NLMIXED qpoints=30
  eta = alpha + beta2*z2 + beta3*z3 + beta4*z4 + u ;
  p = exp(eta)/(1 + exp(eta));
  MODEL y ~ binomial(n, p) ;
  RANDOM u ~ normal(0, sigma*sigma) subject=litter;
```

〈표 11.4〉에 세 가지 유형의 로짓모형에 대한 추정결과를 요약하였다. 과산포를 가정하지 않고 구한 MLE와 교환가능 가상관행렬을 가정한 GEE 추정치가 서로 일치한다. GLMM은 이항로짓모형에 쥐에 따른 변량효과 u_i를 추가하고 이들의 분포를 정규분포로 가정함으로써 각 처리집단 내의 쥐들에 대해 이질성을 허용한 것이다. 변량효과의 추정치는 $\hat{\sigma} = 1.53$이다. 위약집단에 대한 처리집단들의 유의성의 관점에서 이들 세 가지 모형의 결과는 유사하다. 로지스틱-정규 GLMM에 의한 추정효과가 GEE에 의한 주변모형 추정치에 비해 더 크다. 그 이유는 [그림 11.1]에서 설명한 바와 같이 GLMM은 어미 쥐인 집락에 특정하여 구한 것이고, GEE는 모집단 평균에 관한 것이기 때문이다.

표 11.4 쥐의 기형 자료에 대한 로짓모형들의 적합결과

모수	로짓모형들의 유형		
	이항 ML	GEE	GLMM
절편	1.144(0.129)	1.144(0.276)	1.802(0.362)
집단2	−3.322(0.331)	−3.322(0.440)	−4.515(0.736)
집단3	−4.476(0.731)	−4.476(0.610)	−5.855(1.190)
집단4	−4.130(0.476)	−4.130(0.576)	−5.594(0.919)
과산포	−	$\hat{\rho}=0.185$	$\hat{\sigma}=1.53$

보기 11.4

대응짝 자료의 반복측정 횟수를 $T>2$ 인 모형으로 확장할 수 있다. 〈표 11.5〉의 자료는 낙태 합법화에 대한 찬성여부를 세 가지 상황에 따라 반복 조사하여 얻어진 것이다. 따라서 개개인에 대한 세 번씩의 관찰값은 집락을 형성한다.

표 11.5 세 가지 상황에서 낙태 합법화에 대한 찬성여부

성별	세 문항에 대한 반응 값의 배열							
	(1,1,1)	(1,1,0)	(0,1,1)	(0,1,0)	(1,0,1)	(1,0,0)	(0,0,1)	(0,0,0)
남자	342	26	6	21	11	32	19	356
여자	440	25	14	18	14	47	22	457

문항 j 에 대해 개체 i 가 낙태 법안에 찬성하면 $y_{ij}=1$, 그렇지 않으면 $y_{ij}=0$ 이다. 문항과 성별을 주효과로 갖는 변량절편 모형은

$$\text{logit}[P(Y_{ij}=1)] = u_i+\alpha+\beta_j+\gamma x_i \tag{11.5}$$

와 같이 표현된다. 여기서 x_i 값은 여성의 경우 $x_i=1$, 남성일 때는 $x_i=0$ 이고, $\{u_i\}$ 는 서로 독립이고 정규분포 $N(0,\sigma^2)$ 을 따르는 것으로 가정한다. 성별효과 γ 는 조사 문항과 관계없이 동일한 것으로 가정하였으며, 또한 문항들의 효과를 나타내는 모수 $\{\beta_j\}$ 는 성별과 관계없이 동일한 것으로 가정하였다. 모형 (11.5)에서 $\{\beta_j\}$ 에 대한 아무런 제약이 없지만, 만약 모수 α 를 모형에 포함하게 되면 $\beta_3=0$ 과 같은 가정을 필요로 한다.

〈표 11.6〉에 요약한 ML 적합결과에서 $\{\hat{\beta}_j\}$ 에 관한 대비(contrast)는 서로 다른 조건하에서의 낙태 법안의 지지여부를 비교한다. 문항 1("수입이 적고 더는 아이를 키

울 능력이 없을 때")의 경우 다른 문항들보다 낙태 법안에 대한 찬성률 높은 것을 알 수 있다. 문항 2("미혼이고 상대 남자와 결혼을 원하지 않을 때")의 경우가 문항 3("어떤 이유로 여자가 낙태를 원할 때")보다 약간 높게 나타났다.

고정효과의 추정치는 개체 특정인 로그오즈비로 해석되는데, 예를 들어, 어떤 개인에 대해 문항 1의 법안에 대한 찬성의 추정오즈는 문항 3의 추정오즈에 비해 $\exp(0.83)=2.3$ 배 높다. 변량효과의 크기가 같은 개인들에 대해서도 이러한 오즈비의 해석이 가능하다. $\hat{\gamma}=0.01$ 이므로 각 문항에 대한 낙태 법안 지지율은 비슷한 크기의 변량효과를 갖는 남자와 여자가 유사함을 말해준다.

이 자료에서 변량효과의 표준편차 추정치는 $\hat{\sigma}=8.8$ 로서 매우 크기 때문에 주어진 문항에 대한 응답 확률들이 매우 이질적이며 또한 세 문항의 응답 간에 강한 연관이 있음을 의미한다. 이러한 현상은 1,850명 중 1,595명이 세 문항 모두에 동일한 응답, 즉 문항 패턴 (0, 0, 0) 및 (1, 1, 1)을 보인 것에서도 알 수 있다. 이 조사의 경우 문항의 상황과 관계없이 사람들은 낙태 법안에 대체로 반대하거나 그 반대로 찬성하는 경향이 있음을 말해 준다.

프로그램 11.4 **낙태 합법화에 대한 모형 (11.5)의 적합 절차**

```
DATA abortion;
INPUT sex poor single any count;
CARDS;
1 1 1 1 342
1 1 1 0 26
1 1 0 1 11
1 1 0 0 32
1 0 1 1 6
1 0 1 0 21
1 0 0 1 19
1 0 0 0 356
2 1 1 1 440
2 1 1 0 25
2 1 0 1 14
2 1 0 0 47
2 0 1 1 14
2 0 1 0 18
```

```
2 0 0 1 22
2 0 0 0 457
;

/*반응변수 response 생성*/
DATA new;  set abortion;
    sex = sex-1; case = _n_;
    q1=1; q2=0; resp = poor; output;
    q1=0; q2=1; resp = single; output;
    q1=0; q2=0; resp = any;  output;
    drop poor single any;

/*Marginal model GEE*/
PROC GENMOD data=new descending
   CLASS case;
   WEIGHT count;
   MODEL resp = q1 q2 sex  / dist=bin link=logit type3
   REPEATED subject=case / type=exch corrw;

PROC NLMIXED  data=new qpoints = 50
    PARMS alpha=0  beta1=.8  beta2=.3  gamma=0  sigma=8.6
    eta = alpha + beta1*q1 + beta2*q2 + gamma*sex + u;
    p = exp(eta)/(1 + exp(eta));
    MODEL resp ~ binary(p);
    RANDOM u ~ normal(0,sigma*sigma) subject = case;
    REPLICATE count;
```

표 11.6 GLMM (11.5)에 대한 MLE 및 GEE 추정치

효과	GLMM ML		주변모형 GEE	
	추정치	*SE*	추정치	*SE*
절편 α	−0.622	0.381	−0.125	1.220
낙태 β_1	0.836	0.160	0.149	0.171
β_2	0.292	0.157	0.052	0.125
성별 γ	0.013	0.494	0.003	1.727
$\sqrt{\mathrm{Var}(u_i)}$	8.79	0.557		

참고: GEE 추정치는 교환가능 가상관행렬을 가정하여 얻어진 것

성별과 문항 간의 교호작용을 반영하기 위해서는 남자와 여자 각각에 대해 서로 다른 $\{\beta_j\}$를 사용하면 된다. 이것은 성별과 문항의 지시변수들을 서로 곱한 항을 추가하는 것과 마찬가지이다. 두 모형을 비교하는 우도비검정은 $LRT=1.0$, $df=2$ 로서 추가 항의 계수가 0이라는 귀무가설을 기각하지 못하기 때문에 교호작용 모형은 잘 적합하지 못함을 알 수 있다. 모형 (11.5)에 대응하는 주변모형은

$$\text{logit}[P(Y_j=1)]=\beta_j+\gamma x$$

이고, 문항 j에 대한 임의의 개인 반응을 Y_j라 하자. 〈표 11.6〉은 교환가능 작업상관행렬에 대한 GEE 추정치를 보여준다. 이들 모집단 평균 추정치 $\{\hat{\beta}_j\}$는 GLMM에 의한 개체특정 추정치들보다 작다. 이것은 GLMM이 $\hat{\sigma}=8.8$ 로서 매우 이질적이며 또한 세 반응 문항 간에 강한 연관이 있음을 반영하고 있다. 예를 들어, GEE 분석 결과에서 반응값 쌍들 간의 공통 상관계수가 0.82로 추정된 사실과도 일치한다. GLMM에 의한 ML 추정치 $\{\hat{\beta}_j\}$가 주변모형의 GEE 추정치에 비해 $5\sim6$ 배 높고, 표준오차 또한 마찬가지 현상을 나타내기 때문에 두 가지 접근방법은 본질적으로 유사한 해석과 결론을 말해 준다.

문항반응모형: 라쉬 모형(Rasch Model)

앞의 [보기 11.4]에서 살펴본 GLMM에서 성별효과를 갖지 않는 경우 아래 모형

$$\text{logit}[P(Y_{ij}=1)]=u_i+\alpha+\beta_j \tag{11.6}$$

을 고려할 수 있다. 일찍부터 심리측정 분야에서 T개 문항의 시험에 대한 반응모형을 설명하는데, 이러한 GLMM이 응용되었다. 문항 j에 대해 개체 i가 정답을 맞힐 확률 $P(Y_{ij}=1|u_i)$은 u_i의 효과인 개체 i의 전체적인 능력과 문항 j의 난이도(즉, β_j에 의해 정의되는)에 의존한다. 이러한 문항을 문항반응모형(item-response model)이라 한다. 로짓모형 (11.6)은 이 모형을 처음 소개한 덴마크 통계학자 라쉬(Rasch)의 이름을 따서 라쉬 모형으로 불리기도 한다. 라쉬는 개체를 고정효과로 간주하고 조건부 ML 방법을 이용하였으나 오늘날에는 흔히 개체를 변량효과로 다루는 경향이 있다.

보기 11.5

정신적 우울증 환자들에 대해 새 치료약과 기존 치료약을 비교하는 종단적 실험연구 자료를 앞장에서는 주변모형을 써서 분석하였다. 세 번의 관찰에서 j 번째 관찰의 반응 y_j는 정상일 때는 1, 그렇지 않으면 0이라 하자. 초기 진단의 심각성을 나타내는 s는 '심각할 때'는 1, 보통이면 0이다. 약의 처방 d는 새 치료제일 때는 1, 기존 치료제일 때는 0이고, j는 관찰시점을 나타낸다. 공변량들이 주변분포에 미치는 영향을 파악하기 위해 아래 모형

$$\mathrm{logit}[P(Y_j=1)] = \alpha + \beta_1 s + \beta_2 d + \beta_3 j + \beta_4 (d \times j)$$

을 고려하자. 반면에 y_{ij}를 개체 i에 대한 j시점의 관찰값이라 할 때 GLMM은 다음과 같이 표현된다.

$$\mathrm{logit}[P(Y_{ij}=1)] = u_i + \alpha + \beta_1 s + \beta_2 d + \beta_3 j + \beta_4 (d \times j).$$

이 모형은 모집단 평균 효과보다는 개체특정 효과를 반영한다. 두 모형을 적합하기 위해서는 [프로그램 10.2]의 데이터 스텝을 그대로 사용하고 아래 [프로그램 11.5]를 적용하면 된다.

프로그램 11.5 우울증 자료에 대한 GEE 및 GLMM 적합 절차

```
PROC NLMIXED qpoints=30;
  PARMS alpha=-.03 beta1=-1.3 beta2=-.06 beta3=.48
         beta4=1.02 sigma=.066;
    eta = alpha + beta1*diagnose + beta2*treat
         + beta3*time + beta4*treat*time + u;
    p = exp(eta)/(1 + exp(eta));
  MODEL outcome ~ binary(p);
  RANDOM u ~ normal(0, sigma*sigma) subject = case;
```

〈표 11.7〉에 두 모형의 적합 결과를 요약하였다. 기존 치료제에 대한 시간효과는 $\hat{\beta}_3 = 0.48$인 반면 새 치료제의 경우 $\hat{\beta}_3 + \hat{\beta}_4 = 1.50$이다. 이들 두 추정치는 주변모형의 GEE 추정치들과 거의 비슷한데, 그 이유는 GEE 분석에서 살펴본 것처럼 반복

측정값들 간의 상관이 약하기 때문이다. 또한 $\hat{\sigma}=0.07$ 의 매우 작은 값이 말해 주듯 개체 간 반응확률의 이질성이 작은 것에서도 알 수 있다.

표 11.7 우울증 자료에 대한 주변모형과 조건부모형의 추정치

모수	GEE 주변추정치	*SE*	변량효과 추정치	*SE*
진단	−1.31	0.15	−1.32	0.15
처리	−0.06	0.23	−0.06	0.22
시간	0.48	0.12	0.48	0.12
처리 × 시간	1.02	0.19	1.02	0.19

GLMM에서 특히 $\sigma=0$ 을 가정할 때 로그우도의 감소량은 0.001 미만이며, 이때 MLE 및 *SE* 값들은 집락효과를 무시하고 보통 로지스틱 회귀를 사용한 결과와 같아진다.

주변모형 또는 조건부모형의 선택

통계학자에 따라서는 주변모형보다는 변량효과를 포함하는 조건부모형을 선호하는 경향이 있는데, 그 이유는 조건부모형이 자료의 구조를 좀 더 충분히 설명하기 때문이다. 그러나 응용 분야에 따라서는 두 가지 모형 모두 유용하다고 믿는 통계학자들도 많다. 이 절에서는 둘 중 어떤 모형이 다른 모형에 비해 더 선호되는 근거들을 살펴보고자 한다.

주변모형에서도 ML 추정이 가능한 경우가 있지만 GEE 방법이 계산상 더 간단하여 많은 소프트웨어에서 GEE 추정치를 제공하는 이점이 있다. GEE 추정의 단점은 반응들의 결합분포를 규정할 수 없기 때문에 우도비에 근거한 추론이 불가능할 뿐 아니라 변량효과가 포함되지 않기 때문에 이것을 추정하지 못하게 된다.

주변모형은 오직 주변분포에 초점을 맞추기 때문에 결합분포를 충분히 모형화하고자 한다면 조건부모형이 바람직하다. 그 밖에 조건부모형이 선호되는 경우로 개체 특정효과나 그것의 변이성을 추정하고자 할 때, 또는 집락 관찰값들 간의 양의 연관성을 규명하고자 하는 경우 등이 있다. 예를 들어, 집락 내의 효과에 중점을 두고자 한다면 조건부모형을 사용하게 된다. [보기 11.5]에 설명한 우울증 연구 자료에서 개체 수준에 따른 시간의 경향을 설명하는 소위 "개체 내의" 시간효과를 추정하고자 한다면 조건부모형이 적절하다.

반면에 서로 독립인 표본에 의해 집단들을 비교하는 데 중점을 둔다면 “개체 내”보다는 “집락 간” 효과가 관심의 대상이 되며, 이 경우에는 주변모형에 의해 효과를 추정하는 것이 적절하다. 예를 들어, 일정한 시간이 지난 후에 새 치료제를 복용한 사람과 기존 치료제를 복용한 사람들 간의 우울증의 비율을 비교하고자 한다면 주변모형이 적절하다. 여러 조사나 역학연구의 목적은 모집단에서 서로 다른 부분집단들 간의 상대적 발생빈도를 비교하는 데 있다. 이 경우 주요 관심거리는 서로 다른 부분집단들 간의 주변확률을 비교하는 오즈비가 될 것이다.

또한 주변효과가 주요 관심 대상인 경우라면 주변도수를 직접 모형화하는 것이 더욱 간단한 방법이다. 이 경우 회귀모수들에 대해 직접적인 주변적 해석이 가능하도록 모형화할 수 있다. 변량효과모형과 같이 이러한 주변도수를 갖는 결합분포에 대한 구체적인 모형화는 모형을 잘못 규정할 가능성을 증대시킨다. 예를 들어, 종단적 연구자료에서 변량효과가 주어질 때 관찰값들이 서로 독립이라는 가정이 현실적일 필요는 없다.

프로빗이나 누적로짓과 같은 모형의 사용을 유발하는 잠재변수(latent variable)를 구성은 주변수준에서 보다는 집락수준에 좀 더 자연스럽게 응용된다. 이론상 조건부모형은 주변모형에 관한 정보를 갖게 되지만 표준 소프트웨어에 의해서는 이들을 구하기가 쉽지 않으며 추가적인 작업이 필요하다. 즉, 조건부모형은 주변모형을 내포하지만 주변모형 그 자체로서는 조건부모형을 내포하지 못하기 때문에 이러한 의미에서 조건부모형이 더 많은 정보를 갖는다.

앞에서 살펴본 것처럼 주변모형에 비해 조건부모형의 효과가 더 크게 추정되는 경향이 있으며 분산성분이 증가함에 따라 더욱 커지게 된다. 그렇지만 효과의 유의성(SE에 대한 추정치의 비로 결정되는)은 두 모형에서 유사하게 나타난다. 즉, 조건부모형에서 어떤 효과가 다른 것에 비해 좀 더 중요하게 나타나면 주변모형에서도 비슷한 특징을 보이기 때문에 추론의 관점에서는 어느 모형을 선택하는가가 별로 중요하지 않다.

조건부모형들: 변량효과 vs 조건부 ML

집락특정 항을 고정효과로 간주하게 되면 추정할 모수가 많아지는 문제가 있으며 이 경우 모형의 다른 효과들을 추정하기 위해서는 조건부 ML 방법에 의해 집락특정 항들을 제거할 수 있다. 10장에서 이진대응짝 자료에 대해 조건부 ML 추정법을 살펴보았는데, 집락특정 효과의 분포에 대한 가정을 불필요한 점은 변량효과모형에 비해 갖는 장점이다.

반면, 조건부 ML 방법은 집락 간 효과의 추정에 필요한 변이성을 원천적으로 상쇄하기 때문에 집락 내 효과의 추론에 국한되는 단점이 있다. 조건부 방법은 집락특정 항들에 대한 예측확률이나 변이성 등의 집락특정 항에 관한 정보를 제공하지 못하며 집락 관찰수가 많은 경우 계산상의 어려움이 따른다. 결론적으로 고정효과들을 추정하는 데 있어서 조건부 ML 방법은 변량효과모형에 비해 효율성이 떨어지는 단점이 있다.

집락특정 효과 항들을 갖는 로지스틱 회귀모형에서 조건부 ML 방법이 응용되는 대표적인 예로 사례대조 연구를 들 수 있다. 이때 사례군과 대조군들은 집락을 이룬다. 이점에 대해 대응짝 자료의 경우 10장에서 논의한 바 있으나 좀 더 자세한 논의는 호스머-렘쇼(2000)를 참고할 수 있다.

11.3 다항반응 또는 여러 개 변량효과로의 확장

이진 반응에 대한 GLMM은 다항범주 반응으로 바로 확장된다. 순서반응의 경우 각각의 로짓에 대해 종종 동일한 변량효과를 가정함으로써 모형을 좀 더 단순화할 수 있다. 8.2절에서 소개된 순서반응 누적로짓모형에서 비례오즈를 가정하는 것과 같다. GLMM에 한 개 이상의 변량효과를 포함하여 변량 절편뿐 아니라 변량 기울기를 갖는 모형에 대해 보기들을 통해 설명하기로 하자.

보기 11.6

앞장 연습문제 5번의 자료는 불면증 환자들에 대해 2회에 걸쳐 임상실험을 한 결과이다. 잠들기까지의 시간을 4개 순서범주로 구분하였으며 이것을 반응변수로 간주한다.

y_j를 시점 j(0=초기시점, 1=추적시점)일 때 잠이 드는 시간이라 하고, x는 처리효과(1=처리군, 2=대조군)이다. 교호작용 항을 포함한 주변모형은

$$\text{logit}[P(Y_j \le k)] = \alpha_k + \beta_1 j + \beta_2 x + \beta_3 (j \times x)$$

와 같다. 반면에 이에 대응하는 변량 절편모형은

프로그램 11.6 불면증 자료에 대한 다항반응모형 적합 절차

```
DATA insomnia;
  INPUT case treat time outcome ;
   if outcome=1 then do; y1=1; y2=0; y3=0; y4=0; end;
   else if outcome=2 then do; y1=0; y2=1; y3=0; y4=0; end;
   else if outcome=3 then do; y1=0; y2=0; y3=1; y4=0; end;
   else if outcome=4 then do; y1=0; y2=0; y3=0; y4=1; end;
CARDS;
     1 1 0 1 7
     1 1 1 1 7
     2 1 0 1 7
     2 1 1 1 7
   ..중간생략..
   127 0 0 4 22
   127 0 1 4 22
;
/*주변모형에 의한 GEE 추정*/
PROC GENMOD ;
  CLASS case;
  MODEL outcome=treat time treat*time
               /dist=multinomial link=clogit;
  REPEATED subject=case / type=indep corrw;

/* GLMM 추정*/
PROC NLMIXED qpoints=30 ;
  bounds i2 > 0  bounds i3 > 0
  eta1= i1+ treat*beta1 + time*beta2 + treat*time*beta3 + u;
  eta2= i1+ i2 + treat*beta1 + time*beta2 + treat*time*beta3 + u;
  eta3= i1+ i2 + i3 + treat*beta1 + time*beta2
      + treat*time*beta3 + u;
  p1 = exp(eta1)/(1 + exp(eta1));
  p2 = exp(eta2)/(1 + exp(eta2)) - exp(eta1)/(1 + exp(eta1));
  p3 = exp(eta3)/(1 + exp(eta3)) - exp(eta2)/(1 + exp(eta2));
  p4 = 1 - exp(eta3)/(1 + exp(eta3));
  ll = y1*log(p1) + y2*log(p2) + y3*log(p3) + y4*log(p4);
  MODEL y1 ~ general(ll);
  ESTIMATE 'interc2' i1+i2; /* this is alpha_2 in model,
```

```
        and i1 is alpha_1*/
ESTIMATE 'interc3' i1+i2+i3;/* this is alpha_3 in model*/
RANDOM u ~ normal(0, sigma*sigma) subject=case;
```

$$\text{logit}[P(Y_{ij} \leq k)] = u_i + \alpha_k + \beta_1 j + \beta_2 x + \beta_3 (j \times x)$$

와 같으며, 이때, y_{ij}는 개체 i의 시점 j에서 반응이다. 변량 절편모형은 주변모형에 변량효과 u_i를 더한 형태이다. 변량효과는 각 누적확률에 대해 동일한 것으로 가정한다. 예를 들어, u_i가 큰 개체는 누적확률 또한 상대적으로 크며 낮은 순서반응을 나타낼 가능성이 그만큼 커지게 된다. [프로그램 11.6]은 여러 가지 유형의 모형을 적합하는 절차이며, 〈표 11.8〉은 주변모형의 GEE 추정치 및 GLMM의 MLE를 요약한 것이다.

표 11.8 불면증 자료에 대한 누적로짓모형 적합 결과

효과	주변모형 GEE	GLMM MLE
처리	0.034(0.238)	0.058(0.366)
시기	1.038(0.168)	1.602(0.283)
처리×시간	0.708(0.244)	1.081(0.380)

〈표 11.8〉에서 GLMM의 MLE에 관한 결과는 본질적으로 주변모형과 유사하다. 초기시점에서는 두 집단의 반응분포가 비슷하지만 교호작이 유의하기 때문에 추적시점에서는 처리군이 좀 더 빨리 잠드는 것으로 나타났다. 결론적으로 대조군보다 처리군의 잠드는 시간이 단축된 것을 알 수 있다.

〈표 11.8〉에서 주변모형의 추정치에 비해 GLMM의 추정치와 표준오차가 약 50%가량 더 크며 이것은 상대적으로 이질성이 크다는 것을 반영한다. 변량효과의 표준편차 추정치는 $\hat{\sigma} = 1.90$ 으로서 두 시점의 반응 사이에 강한 연관성이 있음을 말해 준다.

이변량 변량효과 및 이질적 연관성

지금까지 살펴본 예들은 변량 절편만을 갖는 일변량 효과모형이다. 다변량 효과모형을 사용하는 것이 바람직한 경우도 있는데, 예를 들면 절편뿐만 아니라 기울기 또한 변량인 경우가 이에 해당한다.

표 11.9 세 가지 연구의 경우 수술방법에 따른 후유증 횟수

연구	처리	후유증 횟수		표본 오즈비	적합 오즈비
		예	아니오		
1	새 수술법	7	8	0.159	0.147
	기존 수술법	11	2		
5	새 수술법	3	9	∞	2.59
	기존 수술법	0	12		
6	새 수술법	4	3	0.0	0.126
	기존 수술법	4	0		

궤양에 대한 새로운 수술법과 기존 수술법을 비교하는 41가지의 연구방법에 대한 것 중 세 가지 연구방법에 대한 결과를 〈표 11.9〉에 요약하였다. 수술 후 계속하여 출혈(1=예, 0=아니오)이 있었는지를 반응변수로 나타내었다.

제3의 변수에 의해 층화된 자료의 이진반응에 대해 두 집단을 비교하기 위해서 2×2 표에서 연관성의 강도를 분석하고 이것이 계층에 따라 어떻게 변화하는지를 조사한다. 계층들 자체가 표본인 경우, 예를 들어, 메타분석에서 서로 다른 연구들이거나 학교 또는 임상센터 등일 때는 변량효과모형의 사용하는 것이 타당하다. 이 경우 개체보다는 각 계층에 대해 개별적인 변량효과를 사용한다. 계층들의 확률표본에 근거하여 이들의 모집단으로 확장할 수 있다.

연구 i에서 처리 j (1=새로운 수술법, 2=기존 수술법)에 대한 개체의 반응을 y_{ij}라 하면 아래와 같은 로지스틱-정규 변량절편모형을 고려할 수 있다.

$$\text{logit}[P(Y_{i1}=1)] = u_i + \alpha + \beta, \quad \text{logit}[P(Y_{i2}=1)] = u_i + \alpha \tag{11.7}$$

여기서 $\{u_i\}$는 정규분포 $N(0, \sigma^2)$을 따르며, 처리와 반응 간의 로그오즈비는 모든 연구에 대해 동일한 것으로 가정한다. 모수 σ는 매 연구에 따른 역효과의 로짓확률의 이질성을 요약하는 값이다. 모형 (11.7)에서 집락은 각 연구가 되며 이것을 변량효과로 간주한다.

전체 41가지 연구에 대한 이변량 GLMM 적합절차는 [프로그램 11.7]과 같다.

프로그램 11.7 수술 후유증 발생률에 대한 이변량 GLMM 적합 절차

```
DATA surgery;
INPUT study treat y n @@ ; * y successes out of n trials;


   treat2 = treat;
   no=n-y;
   if treat = 1 then treat = .5; else treat = -.5;
CARDS;
   1 1 7  15  1 0 11 13
   2 1 8  19  2 0  8 16
   ...중간생략...
 40 1 0 34 40 0 34 34
 41 1 0  9 41 0  0 16
;
/*모형 (11.7)의 적합*/
PROC NLMIXED; * random effects, no interaction;
pi = exp(a + beta*treat)/(1+exp(a + beta*treat));
MODEL y ~ binomial(n, pi);
RANDOM a ~ normal(alpha, sig*sig) subject=study;

/*모형 (11.8)의 적합*/
PROC NLMIXED qpoints=50
pi = exp(alpha + a + beta*treat + b*treat)/(1+exp(alpha + a + beta*treat + b*treat));
MODEL y ~ binomial(n, pi);
RANDOM a b ~ normal([0,0], [sig_a*sig_a, rho ,sig_b*sig_b]) subject=study;
PREDICT beta + b out=new2;
```

추정 처리효과는 $\hat{\beta} = -1.173$ $(SE = 0.118)$이다. 이 값들은 연구를 변량이 아닌 고정효과로 간주한 모형의 결과 ($\hat{\beta} = -1.220$, $SE = 0.119$)와 유사하다.

현실적으로 처리효과 또한 41가지 연구에 따라 변화하는 것으로 가정하여 처리와 연구들 간 교호작용을 허용하는 로지스틱-정규모형은

$$\text{logit}[P(Y_{i1} = 1)] = u_i + \alpha + (\beta + v_i), \ \ \text{logit}[P(Y_{i2} = 1)] = u_i + \alpha \qquad (11.8)$$

와 같이 표현할 수 있다. 여기서 u_i는 변량 절편이고, v_i는 변량 기울기로서 처리변수 (1=새 수술법, 0=기존 수술법)의 계수에 해당한다. $\{(u_i, v_i)\}$는 이변량정규분포를 따

르며 평균은 $(0,0)$이고, $\{u_i\}$의 표준편차는 σ_u, $\{v_i\}$의 표준편차는 σ_v, u_i와 v_i의 상관계수는 ρ를 가정한다.

모형 (11.8)에서 처리와 반응 간의 로그오즈비는 연구 i의 경우 $\beta+v_i$이다. 따라서 β는 연구특정 평균 로그오즈비이고 σ_v는 로그오즈비의 변동을 의미한다. 모형적합에 의해 추정된 평균 $\hat{\beta}$와 계층들에 대한 모집단 로그오즈비의 추정 표준편차 $\hat{\sigma}_v$가 구해진다.

〈표 11.9〉에 인용된 표본오즈비는 사실상 41가지 모든 연구에서 그렇듯이 연구에 따라 상당한 크기로 변한다. 어떤 표본오즈비는 0 또는 ∞와 같은 극단적인 값을 갖기도 한다. 모형 (11.8)에서 처리효과의 추정치는 $\hat{\beta}=-1.299\,(SE=0.277)$이며, 이 값은 평균 로그오즈비로서 요약 오즈비 추정치 0.27이 된다. 표준편차 추정치 $\hat{\sigma}_v=1.52$ $(SE=0.26)$가 암시하듯이 실제 로그오즈비 간에 변동이 큰 것으로 생각된다.

귀무가설 $H_0:\beta=0$이 의미하는 것은 평균 로그오즈비가 0이라는 관점에서 처리와 반응 간에 연관성이 없다는 뜻이다. 왈드 통계량 $z=\hat{\beta}/SE=-1.299/0.277=-4.7$은 귀무가설에 대한 강한 반증을 나타낸다. 그러나 이 값은 처리와 연구의 교호작용을 갖지 않는 모형 (11.7)에 대한 $z=\hat{\beta}/SE=-1.173/0.118=-10.0$에 비해서는 유의성이 약하다. 교호작용모형의 추가적인 분산성분은 로그오즈비의 변동에 관련된 것이다. 추정치 $\hat{\sigma}_v$가 클수록 추정 처리효과 $\hat{\beta}$의 표준오차 또한 증가하는 경향이 있다. 연구에 따라 처리효과가 크게 변할수록 이들의 평균 효과의 정확한 추정이 더욱 어렵게 된다. $\hat{\sigma}_v=0$인 경우 추정치 $\hat{\beta}$와 표준오차는 단순모형 (11.7)과 같은 값을 갖게 된다.

변량효과의 예측값 또한 모형적합에 의해 구할 수 있으며, 예측값이 $\hat{v}_i$인 계층 i의 경우 로그오즈비의 예측값은 $\hat{\beta}+\hat{v}_i$이다. 이것은 표본로그오즈비를 모든 계층에 대한 표본로그오즈비의 평균에 관해 축소하는 역할을 하며 표본크기가 작은 계층이 있는 경우에 특히 유용하다. 그 이유는 이 경우 표본로그오즈비의 표준오차가 커지는 경향이 있기 때문이다. 〈표 11.9〉에 세 가지 연구들에 대한 표본오즈비와 모형에 의한 예측오즈비를 보여준다. 41 가지 모든 연구에 대한 표본오즈비 값들은 0.0에서 ∞까지 변하는 반면에 변량효과모형에 의해 추정된 오즈비는 0.004에서 2.6까지 변한다. 평활된 추정값의 변동은 표본에 의한 값들에 비해 훨씬 작으며 이들의 크기는 같은 순서를 유지하지 않는다. 그 이유는 표본크기가 작은 연구들의 경우 평균에로 축소되는 양이 더 커지기 때문이다.

다수준모형(위계모형)

어떤 수준의 단위들이 다른 수준들의 단위에 포함되는 내포(포함) 관계를 위계모형에 의해 설명한다. 위계모형은 교육 연구 분야 등의 응용 영역에서 자주 사용된다.

학업성취도에 영향을 주는 인자에 대한 연구는 종합시험에서 학생 개인 과목별 시험에서 합격했는지 여부를 평가하게 된다. 이때 학생들은 학교에 내포되며 모형에 의해 학교 간의 변동뿐 아니라 학생들 간의 변동을 다룰 수 있다. 학생의 능력 효과, 이전의 수행 결과나 재학하는 학교의 특성 등을 모형에 의해 분석할 수 있다. 어떤 학생에 대해 반복 측정한 두 시험 점수가 다른 학생의 점수에 비해 훨씬 더 비슷하듯이 같은 학교 학생들에 대한 점수는 다른 학교 학생의 점수보다 유사하다. 그 이유는 같은 학교 학생들의 사회경제적 특성의 지표들이 비슷하기 때문이다.

위계모형들은 단위들의 서로 다른 수준들에 관한 항을 포함한다. 앞에 언급한 예에서 학생 및 학교에 관한 항을 모형에 포함하게 된다. 수준 1은 학생 수준의 측정이고 수준 2는 학교 수준의 측정이다. 이러한 위계구조를 갖는 GLMM을 다수준모형(multilevel model)이라 한다.

다수준모형은 통상 많은 항을 포함하며 모수의 수를 줄이기 위해 모형의 항들을 고정효과가 아닌 변량효과로 가정하게 된다. 각 위계수준마다 변량효과가 포함될 수 있다. 예를 들면, 학생에 대한 변량효과와 학교에 대한 변량효과는 모형의 서로 다른 수준에 관련된 것들이다. 수준 1의 변량효과는 설명변수들로 측정되지 않는 학생 특정의 특성들과 관련된 학생들 사이의 변동을 설명한다. 학생들의 능력이나 부모의 사회경제적 지위 등이 이에 해당한다. 반면에 수준 2의 변량효과는 설명변수들로 측정되지 않은 학교 특정 특성들의 학교 간 변동을 설명한다. 이것은 학교 교사들의 자질, 평균 보수, 학내 제반 문제나 학교가 속한 지역적 특성 등이다.

보기 11.7

학생들의 학습능력 향상에 영향을 주는 인자들의 분석에서 y_{ij}를 학교 i에서 학생 j에 대한 등급향상 여부라 하자. 등급이 향상된 경우 반응변수는 $y_{ij}=1$을 나타낸다. 학생과 학교를 수준으로 갖는 2-수준모형에서 수많은 학교가 있고 이들을 확률표본으로 간주할 수 있는 경우에 학교에 대해 변량효과모형을 고려한다.

$\{x_{ij1},\cdots,x_{ijk}\}$를 학생수준에 따라 변하는 설명변수 값이라 하자. 예를 들어, 학교 i

에서 학생 j에 대해 x_{ij1}은 수행평가점수, x_{ij2}는 성별, x_{ij3}는 인종, x_{ij4}는 이전 시험에서 불합격한 경험 등이다. 수준-1 모형은 다음과 같다.

$$\text{logit}[P(Y_{ij}=1)] = \alpha_i + \beta_1 x_{ij1} + \beta_2 x_{ij2} + \cdots + \beta_k x_{ijk}$$

수준-1 모형에 포함된 수준-2 항을 선형예측식으로 표현하면 수준-2 모형이 된다. 앞 모형에서 절편 α_i이 수준-2 항이므로 수준-2 모형의 형태는 다음과 같다.

$$\alpha_i = u_i + \alpha + \gamma_1 w_{i1} + \gamma_2 w_{i2} + \cdots + \gamma_l w_{il}$$

단, $\{w_{i1},\cdots,w_{il}\}$는 오직 학교 수준에 따라 변하는 l개 설명변수들로서 첨자 j를 포함하지 않는다. 예를 들어, w_{i1}은 i학교의 학생 1인당 지출비용이고, u_i는 학교 i에 대한 변량효과이다. 수준-2 모형을 수준-1 모형에 대입하면 다음과 같다.

$$\text{logit}[P(Y_{ij}=1)] = u_i + \alpha + \gamma_1 w_{i1} + \cdots + \gamma_l w_{il} + \beta_1 x_{ij1} + \cdots + \beta_k x_{ijk}$$

앞 모형은 변량효과 $\{u_i\}$를 갖는 로지스틱-정규모형이다. 변량효과는 수준-2에만 포함된다. 좀 더 일반적인 경우로 수준-1 모형의 β-모수들 또한 학교에 의존하게 되면 이들 역시 수준-2 모형으로 표현할 수 있다. 예를 들어, 인종의 효과가 학교에 따라 변하는 경우에 변량 기울기를 포함하는 모형이 이에 해당한다. 더욱 일반적인 경우로는 두 수준 이상의 모형을 고려할 수 있으며 변량효과들 또한 두 개 이상의 수준에 포함될 수 있다. 한 학생에 대해 여러 개 관찰값이 있는 경우에는 학교에 대해서 뿐만 아니라 학생에 대한 변량효과를 포함할 수 있다. 다수준모형의 적합 및 분석에 대한 논의는 생략하며 문헌 Agresti(2007)을 참고하여라.

11.4 R-코드

R-코드 11.1 SAS [프로그램 11.1] 대통령의 국정운영에 관한 여론조사 자료

```
id = c( rep(1,794), rep(1,794),rep(2,150),rep(2,150),rep(3, 86),rep(3, 86),rep(4, 570),rep(4,
570) )
time = c( rep(1,794),rep(0,794),rep(1,150),rep(0,150),rep(1,86),rep(0,86),rep(1,570),
rep(0,570) )
y = c( rep(1,794), rep(1,794), rep(1,150), rep(0,150), rep(0,86),rep(1,86),
rep(0,570),rep(0,570)  )

A = data.frame(id= id, time=time, y=y)

library(lme4)

M1 =glmer( y ~ time   + (1| id )  , family= binomial(link="logit") ,
control=glmerControl(optimizer="bobyqa",optCtrl=list(maxfun=2e5)),nAGQ = 50 , data=A )

sum.M1 = summary(M1)
```

R-코드 11.2 SAS [프로그램 11.2] NBA 농구선수들의 자유투 성공률에 대한 모형

```
id= seq(15)
y = c(10, 9 , 10, 9, 4,  9,  6,  4,  6, 9, 4, 8, 7, 5, 1)
N = c(13, 10, 15, 14, 6, 10, 10,  4, 11, 10, 8, 9, 9, 8 , 6)

library(lme4)

M1 =glmer( cbind(y, N-y)~ 1 + (1|id ), family=binomial, nAGQ=1 )

m2 = summary(M1)
m2$coefficients

m2$vcov
```

R-코드 11.3 SAS [프로그램 11.3] 암컷 쥐에 대해 철분이 부족한 먹이가 기형에 미치는 영향

```
mouse <- read.csv ("mouse.csv")

fit0 = glm( y/n ~ z2+z3+z4, family = "binomial" ,data = mouse )
summary(fit0)


library(gee)

fit1 = gee(formula = y/n ~ z2+z3+z4,  id = litter, data = mouse,
           family = binomial, corstr = "unstructured")
summary(fit1)


library ( lme4 )

fit2<-glmer(cbind(y,n-y) ~ z2+z3+z4 + (1| litter ), nAGQ = 1, data =  mouse,
          family = binomial(link ="logit"))
summary(fit2)
```

R-코드 11.4 SAS [프로그램 11.4] 낙태 합법화

```
abortion <- read.table("abortion.txt",header=TRUE)

 z1 <- ifelse(abortion$question==1,1,0)
 z2 <- ifelse(abortion$question==2,1,0)
 z3 <- ifelse(abortion$question==3,1,0)

library ( lme4 )

fit <-glmer( response ~ z1+z2+gender + (1| case), nAGQ = 50,
```

```
        data =abortion, family = binomial(link ="logit") )
summary(fit)
```

R-코드 11.5 SAS [프로그램 11.5] 우울증 자료

```
depress <- read.csv ("depress.csv")

library ( lme4 )

fit <-glmer(outcome~ diagnose+ treat + time +treat*time + (1| case ), nAGQ = 1, data =
depress ,  family = binomial(link ="logit") )
summary(fit)



library(gee)

fit1 = gee(outcome~ diagnose+ treat + time +treat*time,  id = case, data =
depress,family = binomial, corstr = "unstructured")
summary(fit1)
```

R-코드 11.6 SAS [프로그램 11.6] 불면증 자료

```
francom <- read.csv ("francom.csv")

library(ordinal)

raw = francom$outcome
a1 = ifelse( raw==4,1, 0)
a2 = ifelse( raw==3,2, 0)
a3 = ifelse( raw==2,3, 0)
a4 = ifelse( raw==1,4, 0)
aa = a1+a2+a3+a4
 francom$outcome  =  aa

fmm1 <- clmm( as.factor(outcome ) ~ treat  + time + treat*time + (1|case), data =
```

```
francom )
summary(fmm1)
```

R-코드 11.7 SAS [프로그램 11.7] 수술 휴유증 발생률

```
surgery <- read.csv ("surgery.csv")

library ( lme4 )


fit1<-glmer( cbind(y,n-y) ~ treat2  + (1| study), nAGQ = 1, data =surgery,family =
binomial )
summary(fit1)


fit2<-glmer( cbind(y,n-y) ~ treat2  + (0+treat2| study) , nAGQ = 1, data =surgery,family
= binomial )
summary(fit2)


fit3<-glmer( cbind(y,n-y) ~ treat2  + (1+treat2| study) , nAGQ = 1, data =surgery,family
= binomial )
summary(fit3)
```

연습문제

1 2005년도 13개 지방자치 단체의 청소년 여성의 임신 비율에 대한 자료에서 T_i는 출생 신생아수, y_i는 산모의 연령이 18세 이만 임산부의 신생아 수를 나타낸다. π_i 를 i군에서 18세 미만 산모의 임신 확률이라 할 때 로지스틱-정규모형 $\text{logit}(\pi_i) = u_i + \alpha$의 회귀계수 추정치가 $\hat{\alpha} = -3.24$, $\hat{\sigma}_i = 0.33$일 때 물음에 답하여라.

(1) 변량효과의 분포에서 효과의 크기가 (i) 평균일 때 (ii) 평균보다 표준편차의 두 배 아래일 때 (iii) 평균보다 표준편차의 두 배 위일 때 각각에 대해 $\hat{\pi}_i$를 구하여라.

(2) $\{\pi_i\}$의 추정에서 앞의 변량효과모형은 고정효과모형 $\text{logit}(\pi_i) = \beta_i$에 비해 어떤 이점이 있는가?

2 아래 표는 2000 NBA 농구 플레이오프에서 S. 오닐이 매 경기에서 성공한 자유투 관련 자료이다. 경기 i에 대해 y_i는 총 T_i 시도에서 성공한 횟수이다.

(1) 모형 $\text{logit}(\pi_i) = u_i + \alpha$을 적합하여라. 여기서 $\{u_i\}$는 서로 독립이고 정규분포 $N(0, \sigma^2)$을 따른다. 또한 $\{u_i\}$가 주어질 때 $\{y_i\}$는 이항변량 $Bin(T_i, \pi_i)$이다.

(2) 추정치 $\hat{\alpha}$를 써서 오닐의 경기당 평균적인 자유투 성공률(즉, $u_i = 0$일 때)을 설명하여라.

(3) 경기에 따라 오닐의 자유투 성공률이 어떻게 변하는지를 $\hat{\alpha}$와 $\hat{\sigma}$를 써서 설명하여라.

경기	성공 횟수	시도 횟수	경기	성공 횟수	시도 횟수	경기	성공 횟수	시도 횟수
1	4	5	9	4	12	17	8	12
2	5	11	10	1	4	18	1	6
3	5	14	11	13	27	19	18	39
4	5	12	12	5	17	20	3	13
5	2	7	13	6	12	21	10	17
6	7	10	14	9	9	22	1	6
7	6	14	15	7	12	23	3	12
8	9	15	16	3	10			

3 10개 동전 중 동전 i에서 앞면일 나올 확률을 π_i라 하자. 각 동전을 5회씩 던져서 나온 앞면의 수가 $\{2,4,1,3,3,5,4,2,3,1\}$이다.

(1) π_i에 대한 표본비율의 추정치를 말하라. 이들이 MLE가 되기 위한 모형을 언급하여라.

(2) 변량효과모형을 적합하여 MLE를 구하고 결과를 해석하여라.

(3) 앞 (2)의 모형에서 예측값 $\{\hat{\pi}_i\}$를 구하여라.

(4) π_i 의 추정치로 앞 (1)과 (3) 중 어느 것이 바람직한가?

(5) 모든 $\pi_i = 0.50$이라 할 때 $|\hat{\pi}_i - 0.50|$의 크기를 기준으로 할 때 앞 (1)과 (3)의 추정치를 비교하고 이것이 암시하는 바를 말하여라.

4 앞 〈표 6.3〉의 자료에 대해 개체 i가 물질 j($j=1$은 담배, $j=2$는 알콜, $j=3$은 마리화나)를 사용한 경우 $y_{ij}=1$이라 하자. 로지스틱-정규변량효과모형 $\text{logit}[P(Y_{ij}=1)] = u_i + \beta_j$을 적합하고 결과를 해석하여라.

(1) $\{\hat{\beta}_j\}$를 해석하고 담배와 마리화나의 사용을 비교하여 오즈비의 해석을 설명하여라.

(2) $\hat{\sigma}$값이 크다는 것이 실질적으로 어떤 의미가 있는가?

(3) 어떤 학생에 대한 $\hat{u}_i$가 양인 큰 값은 실질적으로 어떤 뜻인가?

5 연습문제 [4]에 대해 다음 물음에 추가로 답하여라.

(1) 주변모형의 적합에서 얻어진 $\{\hat{\beta}_j\}$값과 비교하고 이들 두 값이 크게 다른 이유를 설명하여라.

(2) 로그선형모형 (AC, AM, CM) 과 비교하여 앞 문제의 모형에서 중점을 두는 점은 무엇이 다른가?

(3) 앞 GLMM에서 $\hat{\sigma}=0$ 인 경우 상호독립 로그선형모형 (A, C, M) 의 적합결과는 GLMM과 같다. 그 이유를 설명하여라.

6 혼전 및 혼외 성관계 자료에 대해 변량 절편을 갖는 누적로짓모형을 적합하여라.

(1) $\hat{\beta}$ 를 해석하여라.

(2) 상대적으로 큰 $\hat{\sigma}$ 는 무엇을 암시하는가?

7 연습문제 [6]에 대해 누적로짓 주변모형을 적합하고 물음에 답하여라.

(1) $\hat{\beta}$ 를 해석하여라.

(2) GLMM의 $\hat{\beta}$ 와 비교하고, 이들이 크게 다른 이유를 말하여라.

8 본문 [보기 11.6]에서 소개한 불면증 자료에 대해 다음 물음에 답하여라.

(1) GLMM 분석결과인 〈표〉의 해석 중 다음 문장의 해석이 가능한 이유를 설명하라. "반응분포가 두 처리집단 간에 초기시점에서는 유사하지만 교호작용의 유의성에 의해 추적시점에서는 처리집단이 좀 더 빨리 잠이 드는 것으로 나타났다"

(2) Proc NLMIXED의 결과에서 최대로그우도는 -593.0 이고 $\sigma=0$ 인 단순모형의 최대로그우도는 -621.0 이다. 우도비검정을 써서 두 모형을 비교하고 결론을 말하여라.

9 다음 표는 독성연구 자료에서 얻어진 것으로 94배(litters)의 새끼들에 대한 반응도수(사망, 기형, 정상)를 나타낸다. 순서반응을 오직 정상 여부에 따라 이진반응으로 바꾸어 투약 수준에 따른 선형로지스틱 모형을 구하여라.

(1) 보통 이항 GLM에 따르면 과산포(overdispersion)가 있는가?

(2) 같은 배(litter)의 태아들 간에 교환가능 작업행렬을 갖는 GEE에 의해 로지스틱 모형을 적합하여라. (1)의 결과와 비교하여 해석하여라.

(3) 배-특정(litter-specific)인 정규 변량효과를 추가한 GLMM을 적합하여 앞의 결과들과 비교하고 해석하여라.

수준=0.00 g/kg	수준=0.75 g/kg	수준=1.50 g/kg	수준=3.00 g/kg
(1,0,7), (0,0,14)	(0,3,7),(1,3,11)	(0,8,2),(0,6,5)	(0,4,3),(1,9,1)
(0,0,13), (0,0,10)	(0,2,9),(0,0,12)	(0,5,7),(0,11,2)	(0,4,8),(1,11,0)
(0,1,5),(1,0,14)	(0,1,11),(0,3,10)	(1,6,3),(0,7,6)	(0,7,3),(0,9,1)
(1,0,10),(0,0,12)	(0,0,15),(0,0,11)	(0,0,1),(0,3,8)	(0,3,1),(0,7,0)
(0,0,11),(0,0,8)	(2,0,8),(0,1,10)	(0,8,3),(0,2,12)	(0,1,3),(0,12,0)
(1,0,6),(0,0,15)	(0,0,10),(0,1,13)	(0,1,12),(0,10,5)	(2,12,0),(0,11,3)
(0,0,12),(0,0,12)	(0,1,9),(0,0,14)	(0,5,6),(0,1,11)	(0,5,6),(0,4,8)
(0,0,13),(0,0,10)	(1,1,11),(0,1,9)	(0,3,10),(0,0,13)	(0,5,7),(2,3,9)
(0,0,10),(1,0,11)	(0,1,10),(0,0,15)	(0,6,1),(0,2,6)	(0,9,1),(0,0,9)
(0,0,12),(0,0,13)	(0,0,15),(0,3,10)	(0,1,2),(0,0,7)	(0,5,4),(0,2,5)
(1,0,14),(0,0,13)	(0,2,5),(0,1,11)	(0,4,6),(0,0,12)	(1,3,9),(0,2,5)
(0,0,13),(1,0,14)	(0,1,6),(1,1,8)		(0,1,11)
(0,0,14)			

⑩ 연습문제 [9]에서 순서반응 누적로짓을 써서 주변모형과 GLMM을 적합하고 해석하여라.

12장

대응분석

지금까지는 분할표의 연관성을 해석하기 위해서 로그선형모형과 로짓모형을 주로 이용했다. 이 장에서는 이들 모형 대신에 대응분석(correspondence analysis)이라는 다변량 그래프적 방법을 소개하려 한다.

행과 열범주를 나타내는 변수가 둘뿐인 이원분할표를 위한 단순대응분석을 다루고, 특히 대응분석에서 행과 열범주의 독립성과 동질성문제를 살피려 한다. 끝으로 범주를 나타내는 변수가 셋 이상인 다원분할표를 위한 다중대응분석을 소개하려 한다. 이들 대응분석을 위한 복잡한 계산은 SAS/PROC CORRESP와 R의 ca 패키지를 활용하면 된다.

12.1 이원분할표의 대응분석

7장의 〈표 7.1〉은 결혼 전 성관계에 대해 4점척도(매우 나쁘다, 거의 나쁘다, 조금 나쁘다, 전혀 나쁘지 않다)로 조사했고, 동시에 14세와 16세의 10대들의 피임허용에 대해 4점척도(매우 반대, 반대, 찬성, 매우 찬성)로 조사한 결과로부터 얻은 분할표 자료이다. 이 자료에 대한 [보기 7.1]에서의 분석에서는 독립성 로그선형모형을 통해 대개 이원분할표 자료를 통해 알고자하는 행과 열범주의 연관성문제를 다루었다. 이는 전통적으로 독립성문제에 해당하며 2장에서 카이제곱검정법을 통해 검증되었다. 이런 전통적 분석에서 한 걸음 더 나아가 대응분석에서는 어느 행과 열범주가 서로 관련을 맺고 있는지를 기하적으로 나타내는데 이를 대응분석그림이라 한다.

일반적으로 행과 열범주를 나타내는 변수가 둘뿐인 이원분할표를 위한 대응분석을 단순대응분석이라 하고, 범주를 나타내는 변수가 셋 이상인 다원분할표를 위한 대응분석을 다중대응분석이라 한다.

〈표 7.1〉에 대한 단순대응분석그림은 〈그림 12.1〉에 나와 있다. 그림에서 (매우, 거의, 조금, 전혀)는 행범주인 결혼 전 성관계에 대한 4점척도(매우 나쁘다, 거의 나쁘다, 조금 나쁘다, 전혀 나쁘지 않다)를 나타내는 행좌표점이며, (SD, D, A, SA)는 열범주로 피임허용에 대한 4점척도(매우 반대, 반대, 찬성, 매우 찬성)를 나타내는 열좌표점이다. 이들 좌표점 간의 방향성과 거리를 가지고 범주들의 대응관계를 통해 연관성을 보여주는 것이 단순대응분석이다. 〈그림 12.1〉을 기하적으로 간략하게 설명하자면 수직축(Dim1)에 대해 행범주(매우, 거의)는 열범주(SD, D) 방향으로 놓여 있고,

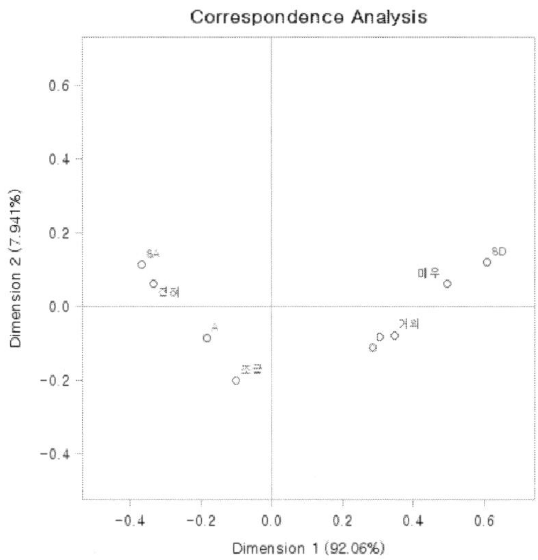

그림 12.1 〈표 7.1〉 결혼 전 성관계와 10대의 피임허용의 이원분할표를 위한 단순대응분석그림

행범주(조금, 전혀)는 열범주(A, SA) 방향으로 놓여 있어 이를 서로 대응한다고 한다. 이는 결혼 전 성관계에 대해서도 관대한 사람들은 10대에 피임을 허용해야 한다고 좀 더 강하게 느끼는 입장을 보이고 있다. 자세한 해석은 다음 절로 미룬다.

단순대응분석의 이론

먼저 이러한 단순대응분석그림을 얻기 위한 단순대응분석의 대수적인 면을 소개하기로 하자. 〈표 7.1〉과 같은 행과 열의 수가 각각 I와 J인 이원분할표 자료행렬을

$$N = (n_{ij}),\ n_{ij} \geq 0,\ i = 1, ..., I;\ j = 1, ..., J$$

라 하자. N의 i번째 행 $(n_{i1}, ..., n_{iJ})$은 크기가 $n_{i+} = n_{i1} + \cdots + n_{iJ}$이고 J개의 범주를 갖는 다항 표본으로 생각할 수 있다. n을 N의 모든 원소들의 합이라 하면 대응행렬(correspondence matrix)은

$$F = (f_{ij}),\quad f_{ij} = \frac{n_{ij}}{n},\ i = 1, ..., I;\ j = 1, ..., J$$

로 정의되는데, 이는 상대도수(relative frequencies)로 이루어져 있는 자료행렬임을

알 수 있다. 크기가 $f_{i+} = f_{i1} + \cdots + f_{iJ}$인 행프로파일(row profile) 벡터가

$$r_i = \frac{1}{f_{i+}}(f_{i1}, \ldots, f_{iJ})' = \frac{1}{n_{i+}}(n_{i1}, \ldots, n_{iJ})', \quad i = 1, \ldots, I$$

로 정의될 때 이들 n 개의 행프로파일 $r_1, \ldots, r_I$는 J 차원 가중유클리드공간(weighted Euclidean space)에서 행좌표점(벡터)으로 생각할 수 있다. 여기서 가중유클리드공간이란 두 개의 행좌표 r_i와 r_k 사이의 거리(일반적인 χ^2 거리)가 가중치 $f_{+j} = f_{1j} + \cdots + f_{Ij}$를 갖고

$$d_p^2(r_i, r_k) = \frac{1}{f_{+j}} \sum_{j=1}^{J} \left(\frac{f_{ij}}{f_{i+}} - \frac{f_{kj}}{f_{k+}} \right)^2 \tag{12.1}$$

로 정의되는 J차원의 유클리드공간을 말한다.

이번에는 크기가 $f_{+j} = f_{1j} + \cdots + f_{Ij}$인 j번째 열프로파일(column profile) 벡터를 $c_j = (f_{1j}, \ldots, f_{Ij})'/f_{+j}$라고 하면, 이들 J개의 열프로파일 $c_1, \ldots, c_J$는 I차원의 가중유클리드공간에서 열좌표점(벡터)이 된다. 따라서 이들 간의 거리도 행좌표점의 거리 (12.1)과 유사하게 정의된다.

일반적으로 대응분석은 많은 다변량분석에 적용되는 차원축소기법(method of dimensional reduction)을 통해 J차원과 I차원의 가중유클리드공간에서의 행좌표점 $r_1, \ldots, r_I$과 열좌표점 $c_1, \ldots, c_J$를 한 그림(주로 2차원)에 동시에 나타내어 이들의 관계를 탐구하는 것이 목적이다. 한 그림에 동시에 나타내는 방법에는 대칭적 방법과 투사적 방법이 있다. 여기서는 SAS/PROC CORRESP에서 제공되는 단순대응분석의 알고리즘은 디폴트(default)로서 주어지는 Greenacre(1984)의 대칭적 방법을 소개하려 한다. 이는 최용석(2001, 2장)에서 정리되어 있어 그 절차를 간단히 옮겨 놓아보자.

대응행렬 F의 일반화비정칙치분해(generalized singular values decomposition)는 다음과 같다.

$$F = A\, D_u\, B' \tag{12.2}$$

여기서 $A' D_r^{-1} A = B' D_c^{-1} B = I$이고 $D_r = diag(f_{1+}, \ldots, f_{I+})$과 $D_c = diag(f_{+1}, \ldots, f_{+J})$는 크기가 $I \times I$와 $J \times J$인 대각행렬이고 $D_u = diag(1, \lambda_1, \ldots, \lambda_{p-1})$는 비정칙치(singular value)를 대각원소로 하는 대각행렬이다.

식 (10.2)로부터 J차원 공간상의 I개의 행프로파일과 I차원 공간상의 J개의 열프로파일을 저차원 그래프에 나타내기 위한 좌표점은 각각

$$D_r^{-1} A\ D_u \text{ 와 } D_c^{-1} B\ D_u \tag{12.3}$$

의 열벡터이다. 여기서 항상 첫 번째 열은 제외하고 두 번째, 세 번째 열벡터를 좌표점으로 하여 그림을 그리면 〈그림 12.1〉과 같은 2차원의 단순대응분석그림을 얻게 된다. 식 (12.3)에서 첫 번째 열을 제외하는 이유는 식 (12.2)의 F의 일반화비정칙치분해에서 D_u를 구성하는 비정칙치 중 최대값은 항상 1이 되고 A와 B의 첫 번째 열벡터가 이 값에 대응하기 때문이다.

단순대응분석에서 몇 개의 비정칙치와 이에 대응하는 식 (12.3)의 열벡터를 이용할 것인가라는 질문은 다변량기법인 주성분분석(principal component analysis)의 차원축소와 관련이 있다. 주성분분석에서 고유값(eigenvalue)의 전체합계에 대한 최대 고유값부터 내림순으로 몇 개의 고유값이 차지하는 비율을 보고서 고려할 만한 고유값에 대응되는 좌표축의 수를 정한다. 단순대응분석에서도 같은 방식을 따르는데, 이때는 비정칙치의 제곱이 고유값에 해당하며 이를 단순대응분석에서는 주결여성(principal inertia)이라 한다. 따라서 주결여성의 전체합인 총결여성에서 처음 $s(\leqq p-1)$개 주결여성이 차지하는 비율을 단순대응분석에서의 적합도

$$fit = \frac{(\lambda_1^2 + \lambda_2^2 + \cdots + \lambda_s^2)}{\sum_{k=1}^{p-1} \lambda_k^2} \tag{12.4}$$

로 정의할 수 있다. 대개 단순대응분석에서는 $fit \times 100\%$이 70% 이상이면 s개 주결여성에 대응하는 s 차원의 단순대응분석그림이 행과 열 범주의 관계를 잘 설명하여 준다고 말할 수 있다.

단순대응분석은 식 (12.3)으로부터 얻은 단순대응분석그림을 통해 행좌표점과 열좌표점의 거리로서 그들의 관계를 보여준다. 행좌표점 간의 거리나 열좌표점 간의 거리는 각각 유클리드 거리를 의미하나 행좌표점과 열좌표점 사이의 거리는 별 의미가 없고 다만 방향성만 가질 뿐이다.

보기 12.1

결혼 전 성관계와 10대의 피임허용의 이원분할표에 대한 단순대응분석그림 〈그림 12.1〉을 얻기 위해선 앞서 살펴본 단순대응분석의 복잡한 대수적 알고리즘의 수치적 계산을 PROC CORRESP [프로그램 12.1]이 대신한다.

먼저 [프로그램 12.1]의 /* 1) DATA STEP */ 이하는 SAS로 하여금 〈표 7.1〉의 자료를 『sex』로 명명된 SAS 자료세트를 만들도록 한다. /* 2) PROC CORRESP */ 는 단순대응분석에 필요한 〈표 12.1〉과 〈그림 12.1〉을 제공한다. 이 절차에 앞서 프로그램에서 odds graphics on;을 먼저 수행하면 〈그림 12.1〉은 자동으로 주어진다.

〈표 12.1〉의 수행결과 ①에서 식 (12.2)에서 설명한 비정칙치와 이들의 제곱인 주결여성이 『Principal Inertia』에 나타나 있고 총결여성 0.1390에서 이들이 차지하는 비율(percent)이 나와 있다. 이 비율로 보아 1차원의 적합도는 92.06%이고 2차원의 적합도는 7.94%이다. 다음으로 범주형자료의 행과 열의 독립성검정을 위한 카이제곱 통계량(chi-square statistic) 128.68과 자유도 9(=(행의 수− 1)(열의 수− 1))가 주어져 있다. 실제로 이 값은 결혼 전 성관계와 10대의 피임허용의 연관성이 충분히 있음을 보여주고 있다. 그리고 〈그림 12.1〉과 같은 2차원 단순대응분석그림을 그리기 위한 행과 열의 좌표가 ②『Row Coordinates』와 ③『Column Coordinates』에 계산되어 있다. 따라서 ④〈그림 12.1〉은 처음 두 개의 주결여성에 해당하는 제1좌표축(Dimension 1), 제2좌표축(Dimension 2)에 대해 이들 행과 열들의 좌표점을 그린 것이다. 2개의 좌표축에 의한 2차원 단순대응분석그림의 적합도는 100%로이며, 특히 제1좌표축의 적합도가 92.06%이므로 해석은 이 축을 중심으로 행과 열의 대응관계를 충분히 보여 줄 수 있음을 의미한다.

프로그램 12.1 〈그림 12.1〉을 위한 PROC CORRESP

```
/* 1) DATA STEP */
      DATA sex ;
      INPUT presex $  SD  D  A  SA ;
      CARDS ;
      매우 81  68   60   38
      거의 24  26   29   14
      조금 18  41   74   42
      전혀 36  57  161  157
```

```
        ;

/* 2) PROC CORRESP */
     ods graphics on;
     PROC CORRESP  outc = graph short ;
          VAR  SD D A SA;
          ID presex ;
```

표 12.1 [프로그램 12.1]의 수행 결과

```
①                          The CORRESP Procedure

                              Inertia and Chi-Square Decomposition

   Singular   Principal      Chi-          Cumulative
   Value      Inertia      Square  Percent    Percent   18  36  54  72  90
                                                       ----+----+----+----+----+---
   0.35767   0.12793   118.460    92.06      92.06   *******************
   0.10505   0.01104    10.219     7.94     100.00   **
   0.00232   0.00001     0.005     0.00     100.00

   Total     0.13897   128.684   100.00

      Degrees of Freedom = 9

②                 Row Coordinates
                    Dim1      Dim2
          매우    0.4937    0.0638
          거의    0.3465   -0.0790
          조금   -0.1012   -0.1991
          전혀   -0.3320    0.0643

③                 Column Coordinates
                    Dim1      Dim2
          SD      0.6072    0.1201
          D       0.2840   -0.1096
```

표 12.1 [프로그램 12.1]의 수행 결과(계속)

A	-0.1836	-0.0836
SA	-0.3650	0.1156

④ 단순대응분석그림 <그림 12.1>

12.2 단순대응분석에서의 독립성과 동질성문제

일반적으로 범주형자료인 이원분할표 $N=(n_{ij})$, $n_{ij} \geq 0$, $i=1,...,I$; $j=1,...,J$에서 각 셀의 확률 $\{\pi_{ij}\}$를 가질 때 행과 열범주의 독립성문제

$$H_0 : \pi_{ij} = \pi_{i+}\pi_{+j}$$

를 검정할 때 자유도 $(I-1)(J-1)$인 피어슨의 카이제곱통계량

$$X^2 = \sum_{i=1}^{I}\sum_{j=1}^{J}\left(\frac{n_{ij}-e_{ij}}{\sqrt{e_{ij}}}\right)^2 \tag{12.5}$$

를 이용함은 이미 2장과 [보기 12.1]에서 살펴보았다. 여기서 $e_{ij}=n_{i+}n_{+j}/n$는 셀의 기댓값으로 $n_{i+}=\Sigma_{j=1}^{J}n_{ij}$, $n_{+j}=\Sigma_{i=1}^{I}n_{ij}$, $n=\Sigma_{i=1}^{I}\Sigma_{j=1}^{J}n_{ij}$이다. Greenacre와 Hastie(1987)에 따르면 (12.5)의 X^2 통계량은 단순대응분석에서 대수적으로 다음을 만족한다.

$$X^2 = n\sum f_{i+}(r_i - c)' D_c^{-1}(r_i - c) \tag{12.6}$$

여기서 $f_{i+}=f_{i1}+\cdots+f_{iJ}$는 i 번째 행좌표점 $r_i=(f_{i1},...,f_{iJ})'/f_{i+}$ 의 가중치이고 $c=\sum f_{i+}r_i$는 행좌표점의 중심(centroid)으로 행좌표점 $r_i, i=1,...,I$ 의 가중평균이다. $D_c = diag(f_{+1},\cdots,f_{+J})$는 크기가 $J\times J$인 대각행렬이다. 식 (12.6)으로부터 X^2/n은 기하적으로 중심 c로부터 행좌표점들의 카이제곱거리의 가중평균을 의

미한다. 이런 기하적 해석은 열범주에 대해서도 대칭적으로 동일하게 적용된다. 단순대응분석에서는 이를 이원분할표의 총결여성(total inertia)이라 한다.

일반적으로 행과 열의 독립성 가정인 $\pi_{ij} = \pi_{i+}\pi_{+j}$ 가 만족되면

$$\text{행범주의 동질성:} \quad \frac{\pi_{1j}}{\pi_{1+}} = \cdots = \frac{\pi_{Ij}}{\pi_{I+}}, \quad j = 1, ..., J$$

$$\text{열범주의 동질성:} \quad \frac{\pi_{i1}}{\pi_{+1}} = \cdots = \frac{\pi_{iJ}}{\pi_{+J}}, \quad i = 1, ..., I$$

에 대한 가정이 성립한다. 따라서 식 (12.6)의 카이제곱통계량이 유의하다면 기하적으로 단순대응분석그림에서는 행범주나 열범주를 나타내는 좌표점들이 중심으로부터 멀리 떨어져 있고 특히 좌표점들이 어느 특정한 좌표축을 기준으로 서로 반대쪽에 놓이게 된다는 점이다.

예를 들면, [보기 12.1]에서 결혼 전 성관계와 10대의 피임허용 간에 관련성이 없다는 독립성가정을 기각하기에 충분히 큰 값인 카이제곱통계량 $X^2 = 128.684(df = 9 = (4-1)(4-1))$은 결혼 전 성관계와 10대의 피임허용 각각의 동질성가정도 기각한다. 이런 사실은 단순대응분석그림 〈그림 12.1〉의 기하적 정보로도 알 수 있다. 〈그림 12.1〉의 수직축(제1좌표축)에 대해 위쪽 양의 같은 방향에 있어 한 군집을 이루는 행범주 (매우, 거의) 간에는 동질하고, 아래쪽 음의 방향에 같이 놓인 또 다른 군집인 행범주 (조금, 전혀) 간에도 동질성이 있으나 이들 (매우, 거의)와 (조금, 전혀) 군집 간에는 동질성이 없다. 이와 유사한 해석을 열범주 (SD, D)와 다른 방향에 놓인 열범주 (A, SA) 간에도 적용할 수 있다. 더불어 행범주와 열범주 간의 연관성을 살펴보기 위해 12.1절에서 도입부에서 언급한 바와 같이 행범주 (매우, 거의)는 열범주 (SD, D) 방향으로 놓여 있고, 행범주 (조금, 전혀)는 열범주 (A, SA) 방향으로 놓여 있어 이를 서로 대응한다고 한다. 이는 결혼 전 성관계에 대해서도 관대한 사람들은 10대에 피임을 허용해야 한다는 좀 더 강하게 느끼는 입장을 보이고 있다.

보기 12.2

〈표 12.2〉의 자료는 부산지역에 거주하는 기혼여성들을 대상으로 학력(고졸 이하, 전문대졸, 대졸, 대학원졸 이상)에 따른 유명상표선호도(아주 그렇다, 조금 그렇다, 보통이다, 별로 그렇지 않다, 전혀 그렇지 않다)를 통계조사한 분할표이다(백지선과 이정렬, 1995). 여기서 행과 열범주인 학력과 유명상표선호도는 서로 연관이 있는지를 알

고자 한다.

이를 위해 [프로그램 12.2]를 참고하기 바란다. 이 프로그램의 수행 결과, 특히 행과 열범주의 독립성검정을 위한 카이제곱검정통계량이 매우 큰 값 33.846 ($df = 15 = (5-1)(4-1)$)을 자유도 가지며 P-값이 0.001로 학력과 유명상표선호도는 서로 연관이 있다고 할 수 있다.

표 12.2 학력과 유명상표 선호도에 대한 이원분할표

유명상표 선호도	학력			
	고졸 이하	전문대졸	대졸	대학원졸
아주 그렇다	7	5	6	2
조금 그렇다	72	64	54	10
보통	77	34	40	6
별로 그렇지 않다	58	22	20	11
전혀 그렇지 않다	25	0	8	2

실제로 단순대응분석그림 〈그림 12.2〉를 보면 이를 확인하게 된다. 제1좌표축(Dimension 1)과 제2좌표축(Dimension 2)에 의한 주결여성이 전체 결여성 합계의 80.21%와 16.91%를 각각 차지하며 이들의 합이 97.12%인 적합도에 이른다. 따라서 두 축으로 구성된 단순대응분석그림 〈그림 12.2〉는 〈표 12.2〉의 행과 열범주의 대응관계를 충분히 보여주고 있다.

프로그램 12.2 〈그림 12.2〉를 위한 PROC CORRESP

```
/* 1) DATA STEP */
   DATA sex;
   INPUT pref $   high_school junior_college college above_college;
   CARDS;
   아주  7  5  6  2
   조금 72 64 54 10
   보통 77 34 40  6
   별로 58 22 20 11
   전혀 25  0  8  2
   ;
```

```
/* 2) PROC CORRESP */
   ods graphics on;
   PROC CORRESP  outc = graph short;
   VAR  high_school junior_college college above_college;
   ID pref;
```

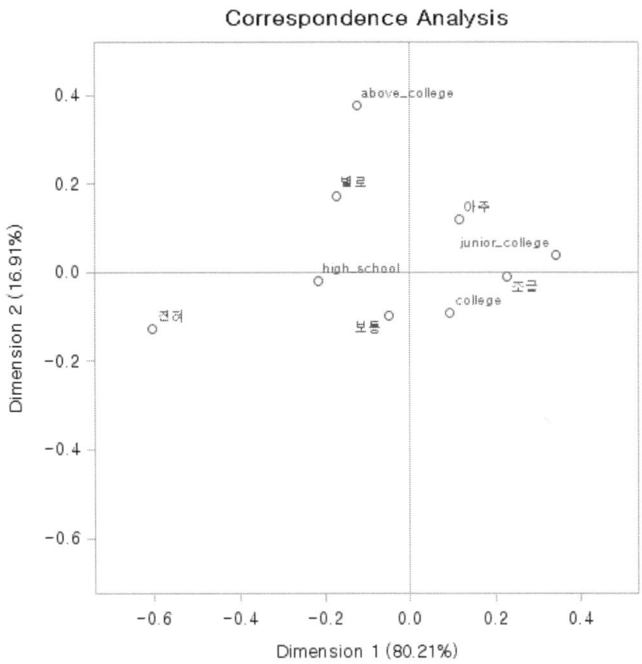

그림 12.2 〈표 12.2〉의 단순대응분석그림

〈그림 12.2〉의 결과를 살펴보면, 특히 적합도가 80.21%인 제1좌표축(Dimension 1)의 오른편의 유명상표 선호도에 관한 행범주 조금(그렇다)와 아주(그렇다)에 열범주 college(대졸)와 junior_college(전문대졸)가 각각 대응하고 있다. 또 제1좌표축의 아래의 행범주 전혀(그렇지 않다), 보통과 별로(그렇지 않다)에 열범주 high_school(고졸)과 above_college(대학원졸 이상)가 각각 대응하고 있다. 이는 대졸이나 전문대졸 주부가 유명상표를 더욱 선호하는 것을 나타낸다.

12.3 다원분할표의 대응분석

지금까지는 행과 열범주를 나타내는 변수가 둘 뿐인 이원분할표의 대응분석을 살펴보았다. 이 절에서는 변수가 셋 이상인 다원분할표의 대응분석을 소개하려 한다.

다원분할표의 대응분석을 다중대응분석(multiple correspondence analysis)이라 하며 그 반면에 이원분할표의 대응분석을 단순대응분석(simple correspondence analysis)이라 한다.

일반적으로 다중대응분석은 다원분할표를 0과 1로 나타낸 표시행렬(indicater matrix) Z나 버트(Burt) 행렬 $B = Z'Z$의 대응분석을 말한다. 표시행렬을 만들기 위해 대상의 총계가 n이고 p개의 범주변수로 이루어진 다원분할표를 고려하자. 여기서 $j(=1, \ldots, p)$번째 범주변수는 q_j개의 범주를 가질 때, n개의 대상에 대해 1과 0으로만 나타낸 크기가 $n \times q_j$인 행렬 Z_j로 표현이 가능하다. 이러한 생각에서 전체 범주변수에 대한 다원분할표는

$$Z = [\, Z_1 \,|\, Z_2 \,|\, \cdots \,|\, Z_p \,] \tag{12.7}$$

로 나타낼 수 있다. 일반적으로 다중대응분석에서 (12.7)의 행렬 Z를 $q = q_1 + q_2 + \cdots + q_p$라 하면 크기가 $n \times q$인 표시행렬이라 정의하고, 특히, Z_j, $j = 1, \ldots, p$를 분할계획행렬(partition design matrix)이라 한다.

다중대응분석의 알고리즘은 다소 복잡하고 이 책의 수준을 넘기에 생략하기로 한다. 최용석(2001, 3장; 2021, 8장)에서는 비교적 자세히 다중대응분석을 다루고 있으니 관심이 있는 독자는 참고하기 바란다. 다만 이 절에서는 다중대응분석의 활용에 초점을 두고 〈표 12.3〉과 같은 삼원이상의 분할표에 대해 PROC CORRESP의 『MCA』 옵션을 사용한 다중대응분석의 예를 보이고자 한다.

표 12.3 운전상태, 안전벨트 사용, 사고운전자의 부상정도에 따른 삼원분할표

운전상태	안전벨트 사용	운전자의 부상정도			
		없음	경상	중경상	중상
정상	착용	12500	604	344	38
	미착용	61971	3519	2272	237
음주	착용	313	43	15	4
	미착용	3992	481	370	66

보기 12.3

〈표 12.3〉은 Jobson(1992, Table 9.55)에서 인용한 운전상태(정상: Normal, 음주: Drinking)와 안전벨트 사용(착용: Yes, 미착용: None)에 따른 사고운전자의 부상정도(없음: None, 경상: Minor, 중경상: Minimal, 중상: Major)를 고려한 삼원분할표이다. 이 자료의 다중대응분석을 위한 PROC CORRESP [프로그램 12.3]을 이용하자. 프로그램에서 옵션『mca』는 multiple correspondence analysis의 첫 글자로 만들어져 다중대응분석을 위한 것임을 쉽게 알 수 있겠다. 그 외에는 SAS의 전형적인 문법을 따르므로 자세히 설명하진 않겠다. 프로그램의 수행결과는 〈표 12.4〉에 일부 정리되어 있다.

프로그램 12.3 삼원분할표 〈표 12.3〉의 다중대응분석을 위한 PROC CORRESP

```
DATA driver;
    INPUT condi$ belt$ injury$ count@@;
    CARDS;
    Normal Yes None 12500     Normal Yes Minimal 604
    Normal Yes Minor 344      Normal Yes Major 38
    Normal No None 61971      Normal No Minimal 3519
    Normal No Minor 2272      Normal No Major 237
    Drinking Yes None 313     Drinking Yes Minimal 43
    Drinking Yes Minor 15     Drinking Yes Major 4
    Drinking No None 3992     Drinking No Minimal 481
    Drinking No Minor 370     Drinking No Major 66
    ;
   ods graphics on;
    PROC CORRESP data=driver mca outc=graph observed short;
         TABLES condi belt injury;
         WEIGHT count;
```

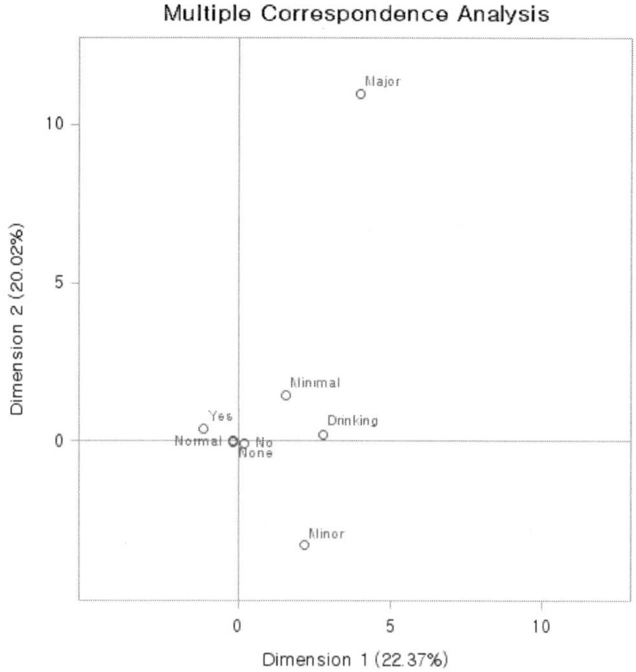

그림 12.3 〈표 12.3〉의 다중대응분석그림

〈표 12.4〉의 수행결과 중 ② Column Coordinates에 모든 좌표점이 계산되어 있음은 12.1절의 대응분석 결과와 다른 점이기도 하다. 결과 ③에는 이들 좌표점을 2차원상에 그려 범주들의 연관성을 살피는 데 필요한 다중대응분석그림이 있다. 이를 살펴보면 〈그림 12.3〉의 다중대응분석그림을 이루는 제1좌표축(Dimension 1)과 제2좌표축(Dimension 2)는 삼원분할표를 22.37%와 20.02%를 설명하고 있다. 이는 〈표 12.4〉의 ①의 Percent에서 제공되고 있음을 알 수 있다. 이들의 설명비율이 적은 것은 다중대응분석의 특징이기도 하다. 먼저 수직축인 제1좌표축에 대해 왼편을 살펴본다면 음주하지 않은 Normal(정상)인 경우 Yes(안전벨트 착용)와 None(사고운전자의 부상도 없음)이 서로 연관성을 맺고 대응한다. 오른편의 경우는 이와 반대로 음주상태(Drinking)는 No(안전벨트 미착용)와 부상(Minor(경상), Minimal(중경상), Major(중상))과 대응한다.

다중대응분석은 이와 같이 다원분할표에서 범주들 간의 대응관계를 이차원 그래프로 일목요연하게 잘 보여 준다.

표 12.4 [프로그램 12.3]의 수행 결과 일부

①

The CORRESP Procedure

Inertia and Chi-Square Decomposition

Singular Value	Principal Inertia	Chi-Square	Percent	Cumulative Percent
0.61055	0.37277	97491	22.37	22.37
0.57771	0.33375	87286	20.02	42.39
0.57735	0.33333	87178	20.00	62.39
0.57007	0.32498	84994	19.50	81.89
0.54939	0.30183	78940	18.11	100.00
	1.66667	435889	100.00	

Degrees of Freedom = 49

②

Column Coordinates

	Dim1	Dim2
Drinking	2.7579	0.2106
Normal	-0.1788	-0.0137
No	0.2174	-0.0765
Yes	-1.1434	0.4024
Major	3.9621	10.9764
Minimal	1.5234	1.4538
Minor	2.1344	-3.2940
None	-0.1885	-0.0083

③ 다중대응분석그림 <그림 12.3>

12.4 R-코드

R-코드 12.1 SAS [프로그램 12.1] 결혼 전 성관계와 10대 피임허용

```
# Simple CRA ca() : Matrix for Two-Way Table
O<-matrix(c(81, 68,  60,  38,
            24, 26,  29,  14,
            18, 41,  74,  42,
            36, 57, 161, 157), byrow=T, nrow=4)
rownames(O)<-c("매우", "거의", "조금", "전혀")
colnames(O)<-c("SD", "D", "A", "SA")
library(ca)
```

```
sca=ca(O)
par(pty="s")
plot(sca, main="Correpondence Analysis")
```

R-코드 12.2 SAS [프로그램 12.2] 학력과 유명상표 선호도

```
O<-matrix(c(7, 5, 6, 2,
            72, 64, 54, 10,
            77, 34, 40,  6,
            58, 22, 20, 11,
            25,  0,  8,  2), byrow=T, nrow=5)
rownames(O)<-c("아주", "조금", "보통", "별로", "전혀")
colnames(O)<-c("high_school", "junior_college", "college", "above_college")
library(ca)
sca=ca(O)
par(pty="s")
plot(sca, main="Correpondence Analysis")
```

R-코드 12.3 SAS [프로그램 12.3] 운전상태, 안전벨트 사용, 사고운전자 부상정도의 삼원 분할표

```
table=read.table("accident.txt", header=T)
O=xtabs(count~condi + belt + injury, data=table)
library(ca)
mjca=mjca(O)
plot(mjca, main="Multiple Correspondence Analysis")
```

연습문제

❶ 다음은 어느 회사에서 지위에 따른 개인의 흡연습관을 조사한 자료이다(최용석, 2001, 1장; 2021 8장).

지위	흡연습관				총계
	전혀 하지 않는다	적게 한다	보통 한다	많이 한다	
상위 경영직	4	2	3	2	11
하위 경영직	4	3	7	4	18
상위 고용직	25	10	12	4	51
하위 고용직	18	24	33	13	88
비서직	10	6	7	2	25

(1) 2차원의 단순대응분석그림을 얻고 행과 열의 대응관계를 설명하라.

(2) (1)의 그림의 자료에 대한 설명력은 얼마인가?

❷ 다음은 8장 [연습문제 6]에서 언급한 여성들의 유방자기진단 빈도와 나이에 관한 조사 자료로 분석을 위하여 다시 언급하였다.

나이	유방자기진단 빈도		
	매달	수시로	안 한다
45 미만	91	90	51
45–49	150	200	155
50 이상	109	198	172

(1) 단순대응분석을 하라.

(2) 나이와 유방자기진단 빈도간의 독립성 검정을 실시하라.

(3) 단순대응분석그림을 통해 (2)의 내용을 확인하라.

❸ 9장의 연습문제 2번의 개인의 종교적 성향에 대한 현재와 과거의 분할표에 대한 단순대응분석을 실시하여 기하적인 해석상 동질성검정을 대신할 수 있는 지를 확인하라.

❹ 7장의 연습문제 1번의 10대 임신조절허용과 종교집회참여도에 따른 분할표에 대해 단순대응분석그림을 얻고 행과 열의 대응관계를 설명하라.

❺ 다음의 자료는 직업 만족도와 월수입의 관계를 성별에 따라 정리한 분할표로 이미 〈표 7.4〉에서 요약된 자료이다. 다중대응분석을 실시하고 해석하라.

성별	수입(만 원)	직업 만족도			
		매우 불만족	약간 만족	만족	매우 만족
여자	150 이하	1	3	11	2
	150-400	2	3	17	3
	400-600	0	1	8	5
	600 이상	0	2	4	2
남자	150 이하	1	1	2	1
	150-400	0	3	5	1
	400-600	0	0	7	3
	600 이상	0	1	9	6

❻ (1) 6장 연습문제 2번의 안전벨트 착용여부에 따른 고속도로상의 자동차사고 기록에 대한 분할표에 대해 다중대응분석을 실시하라.

(2) 다중대응분석그림에서 분할변수 간의 연관성문제를 살펴보라.

❼ 〈표 8.4〉 인종과 성별에 따른 내세확신의 정도에 관한 분할표를 고려하자.

(1) 다중대응분석그림의 적합도는 얼마인가?

(2) 다중대응분석그림에서 여자는 남자보다 내세를 더 확신한다고 볼 수 있는가?

(3) 백인과 흑인의 경우 어느 쪽이 더 내세를 확신하는가?

❽ 8장 연습문제 2번의 네 군데 호수지역에 잡힌 악어의 크기와 주된 먹이 자료에 대해

(1) 다중대응분석을 실시하라.

(2) 다중대응분석의 결과는 8장 연습문제 2번에서 분석한 로짓모형과 로그선형 모형의 결과 해석과 같은 경향을 보여주는지를 비교 설명하라.

9 6장 연습문제 7번에서는 학업성취도가 자부심에 미치는 효과를 인종 및 성별에 대하여 정리한 분할표자료가 있다.

(1) 이는 어떤 분할표인가?

(2) 다중대응분석을 실시하고 그 결과를 해석하라.

(3) 로그선형모형 분석의 결과와 같은 범주 간의 연관성을 보여주는지를 살펴보라.

10 12장에서는 이미 분할표형태로 꾸민 자료에 대한 대응분석을 다루고 있다. 그러나 PROC CORRESP에서는 다음의 프로그램에서와 같이 설문조사에서 얻어진 분류 변수를 포함하는 원자료에 대한 대응분석도 가능하다. 이를 실행하고 해석하라.

```
DATA   neighbor ;
INPUT   surname $ 1-10   age $ 12-18   sex $ 19-25 height $ 26-30   edu $ 32-37 ;
CARDS ;
park        old      male     short  low
kim         young    female   tall   high
choi        old      male     short  mid
cho         old      female   tall   low
park        old      female   short  mid
kang        young    male     tall   high
han         young    male     tall   high
choi        old      male     short  mid
jeong       young    female   short  low
sohn        old      male     tall   high
kim         young    male     tall   high
sim         old      female   short  mid
;

ods graphics  on;
PROC CORRESP  data = neighbor   dimens = 1   observed   short ;
      TABLES   sex  age ;
```

부록

1. 프로그램 목록
2. 자료 목록
3. 카이제곱분포표

1. 프로그램 목록

프로그램과 자료가 필요한 독자는 저자의 홈페이지(yschoi.pusan.ac.kr/yschoi/index.do) 또는 자유아카데미 홈페이지(www.freeaca.com)에서 다운로드받을 수 있다. 다음은 프로그램과 자료의 목록이다.

제2장 이원분할표

PGM2_1.SAS [프로그램 2.1]	〈표 2.2〉의 비율 분석을 위한 PROC FREQ
PGM2_2.SAS [프로그램 2.2]	독립성 검정을 위한 PROC FREQ
PGM2_3.SAS [프로그램 2.3]	순서자료의 M^2 통계량 계산을 위한 PROC FREQ
PGM2_4.SAS [프로그램 2.4]	중간순위를 적용한 M^2 통계량 계산 절차
PGM2_5.SAS [프로그램 2.5]	〈표 2.10〉 자료에 대한 정확검정 절차
R-code2_1 [R-코드 2.1]	SAS [프로그램 2.1] 성별과 내세의 믿음
R-code2_2 [R-코드 2.2]	SAS [프로그램 2.2] 성별과 소속정당
R-code2_3 [R-코드 2.3]	SAS [프로그램 2.3] 임산부의 음주와 선천성 기형
R-code2_4 [R-코드 2.4]	SAS [프로그램 2.4] 임산부의 음주와 선천성 기형
R-code2_5 [R-코드 2.5]	SAS [프로그램 2.5] 피셔의 실험계획

제3장 삼원분할표

PGM3_1.SAS [프로그램 3.1]	〈표 3.3〉 자료에 대한 CMH 검정 절차
R-code3_1 [R-코드 3.1]	SAS [프로그램 3.1] 흡연과 폐암

제4장 일반화선형모형

PGM4_1.SAS [프로그램 4.1]	〈표 4.1〉의 자료에 GLM 적합을 위한 PROC GENMOD
PGM4_2.SAS [프로그램 4.2]	암컷 게 자료에 대한 포아송 로그선형모형 적합 절차
PGM4_3.SAS [프로그램 4.3]	율자료에 대한 포아송 로그선형모형 적합 절차
R-code4_1 [R-코드 4.1]	SAS [프로그램 4.1] 코골이와 심장질환의 관계
R-code4_2 [R-코드 4.2]	SAS [프로그램 4.2] 암컷 게 자료
R-code4_3 [R-코드 4.3]	SAS [프로그램 4.3] 율자료

제5장 로지스틱 회귀

PGM5_1.SAS [프로그램 5.1]	부록 〈표 1〉의 자료에 대한 PROC LOGISTIC 적합
PGM5_2.SAS [프로그램 5.2]	PROC GENMOD에 의한 로지스틱 회귀모형 적합
PGM5_3.SAS [프로그램 5.3]	〈표 5.3〉의 집단화 자료에 대한 모형 적합 절차
PGM5_4.SAS [프로그램 5.4]	〈표 5.7〉의 자료에 대한 로짓모형 적합 절차
PGM5_5.SAS [프로그램 5.5]	암컷 게 자료에 대한 다중로지스틱 회귀 적합 절차
PGM5_6.SAS [프로그램 5.6]	색상을 순서 및 이항변수로 가정한 로짓모형 적합 절차
PGM5_7.SAS [프로그램 5.7]	여러 개 예측변수일 때 모형 적합 절차
PGM5_8.SAS [프로그램 5.8]	〈표 5.12〉의 모형 (3c)와 (4b) 적합을 위한 절차
PGM5_9.SAS [프로그램 5.9]	PROC LOGISTIC에서 뒤로부터의 변수제거 옵션
R-code5_1~2 [R-코드 5.1~2]	SAS [프로그램 5.1~2] 암컷 게 자료
R-code5_3 [R-코드 5.3]	SAS [프로그램 5.3] 집단화 자료
R-code5_4 [R-코드 5.4]	SAS [프로그램 5.4] AZT와 AIDS의 관계
R-code5_5 [R-코드 5.5]	SAS [프로그램 5.5] 암컷 게 자료
R-code5_6 [R-코드 5.6]	SAS [프로그램 5.6] 암컷 게 자료
R-code5_7 [R-코드 5.7]	SAS [프로그램 5.7] 암컷 게 자료
R-code5_8 [R-코드 5.8]	SAS [프로그램 5.8] 암컷 게 자료
R-code5_9 [R-코드 5.9]	SAS [프로그램 5.9] 암컷 게 자료

제6장 분할표의 로그선형모형

PGM6_1.SAS [프로그램 6.1]	이원분할표의 로그선형모형 적합도검정을 위한 PROC FREQ
PGM6_2.SAS [프로그램 6.2]	로그선형모형분석을 위한 PROC GENMOD
PGM6_3.SAS [프로그램 6.3]	〈표 6.4〉의 결과를 위한 PROC GENMOD
PGM6_4.SAS [프로그램 6.4]	(AM, CM) 로그선형모형을 위한 PROC CATMOD
R-code6_1 [R-코드 6.1]	SAS [프로그램 6.1] 내세의 믿음과 성별
R-code6_2 [R-코드 6.2]	SAS [프로그램 6.2] 내세의 믿음과 성별
R-code6_3~4 [R-코드 6.3~4]	SAS [프로그램 6.3~6.4] 알콜, 담배, 마리화나에 대한 경험

제7장 로짓과 로그선형모형의 구축과 응용

PGM7_1.SAS [프로그램 7.1]	〈표 7.1〉을 위한 PROC GENMOD
PGM7_2.SAS [프로그램 7.2]	〈표 7.2〉의 $L \times L$ 모형을 위한 PROC GENMOD
PGM7_3.SAS [프로그램 7.3]	〈표 7.4〉에서 IS 조건부독립성검정을 위한 PROC GENMOD
PGM7_4.SAS [프로그램 7.4]	〈표 7.3〉의 동질적 $L \times L$ 모형을 위한 PROC GENMOD
PGM7_5.SAS [프로그램 7.5]	〈표 7.5〉의 일반화 CMH 통계량을 위한 PROC FREQ
R-code7_1 [R-코드 7.1]	SAS [프로그램 7.1] 결혼 전 성관계와 피임
R-code7_2 [R-코드 7.2]	SAS [프로그램 7.2] 결혼 전 성관계와 피임
R-code7_3 [R-코드 7.3]	SAS [프로그램 7.3] 성별에 따른 직업만족도와 월수입
R-code7_4 [R-코드 7.4]	SAS [프로그램 7.4] 성별에 따른 직업만족도와 월수입
R-code7_5 [R-코드 7.5]	SAS [프로그램 7.5] 성별에 따른 직업만족도와 월수입

제8장 다범주 로짓모형

PGM8_1.SAS [프로그램 8.1]	〈표 8.1〉의 로짓모형을 위한 PROC CATMOD
PGM8_2.SAS [프로그램 8.2]	〈표 8.4〉의 로짓모형을 위한 PROC CATMOD
PGM8_3.SAS [프로그램 8.3]	귀무가설 모형을 적합하기 위한 PROC CATMOD
PGM8_4.SAS [프로그램 8.4]	〈표 8.9〉의 비례오즈 로짓모형을 위한 PROC LOGISTIC
PGM8_5.SAS [프로그램 8.5]	〈표 8.11〉의 비례오즈 로짓모형을 위한 PROC LOGISTIC
PGM8_6.SAS [프로그램 8.6]	〈표 8.9〉에 대해 이웃범주 로짓모형을 위한 PROC CATMOD
PGM8_7.SAS [프로그램 8.7]	〈표 8.14〉의 연속비 로짓모형을 위한 PROC CATMOD
R-code8_1 [R-코드 8.1]	SAS [프로그램 8.1] 악어의 크기와 먹이
R-code8_2 [R-코드 8.2]	SAS [프로그램 8.2] 인종과 성별에 따른 내세의 믿음
R-code8_3 [R-코드 8.3]	SAS [프로그램 8.3] 인종과 성별에 따른 내세의 믿음
R-code8_4 [R-코드 8.4]	SAS [프로그램 8.4] 정치성향과 정당가입
R-code8_5 [R-코드 8.5]	SAS [프로그램 8.5] 정신장애 정도와 사회경제적 지위와 3년 동안 경험한 중요한 사건
R-code8_6 [R-코드 8.6]	SAS [프로그램 8.6] 정치성향과 정당가입
R-code8_7 [R-코드 8.7]	SAS [프로그램 8.7] 독성물질에 노출된 주의 태아에 대한 반응

제9장 대응짝자료의 모형

PGM9_8.SAS [프로그램 9.1]	〈표 9.1〉의 맥니마 검정을 위한 PROC FREQ
PGM9_2.SAS [프로그램 9.2]	〈표 9.4〉의 대칭성을 가진 로그선형모형 을 위한 PROC GENMOD
PGM9_3.SAS [프로그램 9.3]	〈표 9.5〉의 준대칭성로그선형모형을 위한 PROC GENMOD
PGM9_4.SAS [프로그램 9.4]	〈표 9.5〉의 대칭성모형, 준대칭성모형, 순서준대칭성모형을 위한 PROC GENMOD
PGM9_5.SAS [프로그램 9.5]	〈표 9.9〉의 브래들리-테리 모형을 위한 PROC GENMOD
R-code9_1 [R-코드 9.1]	SAS [프로그램 9.1] 맥니마 검정
R-code9_2 [R-코드 9.2]	SAS [프로그램 9.2] 5가지 커피에 대한 소비지 선호도
R-code9_3 [R-코드 9.3]	SAS [프로그램 9.3] 5가지 커피에 대한 소비자 선호도
R-code9_4 [R-코드 9.4]	SAS [프로그램 9.4] 결혼 전 성관계와 혼외 성관계
R-code9_5 [R-코드 9.5]	SAS [프로그램 9.5] 2004-2005 남자 프로테니스

제10장 다시점과 조건부 로짓모형

PGM10_1.SAS [프로그램 10.1]	〈표 10.1〉의 다시점 로짓모형을 위한 PROC GENMOD
PGM10_2.SAS [프로그램 10.2]	〈표 10.4〉의 다시점 로짓모형을 위한 PROC GENMOD
PGM10_3.SAS [프로그램 10.3]	〈표 10.1〉에 대한 GEE 비구조화상관을 이용한 PROC GENMOD
PGM10_4.SAS [프로그램 10.4]	〈표 10.4〉에 대한 GEE 교환가능상관을 이용한 PROC GENMOD
PGM10_5.SAS [프로그램 10.5]	〈표 10.11〉에 대한 GEE 교환가능상관을 이용한 PROC GENMOD
PGM10_6.SAS [프로그램 10.6]	〈표 10.13〉의 조건부 로짓모형을 위한 PROC PHREG
PGM10_7.SAS [프로그램 10.7]	〈표 10.16〉의 조건부 로짓모형을 위한 PROC PHREG
R-code10_1 [R-코드 10.1]	SAS [프로그램 10.1] 외상 후 스트레스 증후군
R-code10_2 [R-코드 10.2]	SAS [프로그램 10.2] 기존약과 신약의 비교
R-code10_3 [R-코드 10.3]	SAS [프로그램 10.3] 외상 후 스트레스 증후군
R-code10_4 [R-코드 10.4]	SAS [프로그램 10.4] 기존약과 신약의 비교
R-code10_5 [R-코드 10.5]	SAS [프로그램 10.5] 저철분 기형학 연구
R-code10_6 [R-코드 10.6]	SAS [프로그램 10.6] 저체중 신생아 출산에 관한 연구
R-code10_7 [R-코드 10.7]	SAS [프로그램 10.7] 유방암 자료

제11장 변량효과모형

PGM11_1.SAS [프로그램 11.1]	대응짝자료 〈표 9.1〉에 대한 모형 (11.3)의 적합 절차
PGM11_2.SAS [프로그램 11.2]	NBA 농구선수들의 자유투 성공률에 대한 모형 (11.4)의 적합 절차
PGM11_3.SAS [프로그램 11.3]	쥐 태아의 기형 자료에 대한 GLMM 적합 절차
PGM11_4.SAS [프로그램 11.4]	낙태 합법화에 대한 모형 (11.5)의 적합 절차
PGM11_5.SAS [프로그램 11.5]	우울증 자료에 대한 GEE 및 GLMM 적합 절차
PGM11_6.SAS [프로그램 11.6]	불면증 자료에 대한 다항반응모형 적합 절차
PGM11_7.SAS [프로그램 11.7]	수술 후유증 발생률에 대한 이변량 GLMM 적합 절차
R-code11_1 [R-코드 11.1]	SAS [프로그램 11.1] 대통령의 국정운영에 관한 여론조사 자료
R-code11_2 [R-코드 11.2]	SAS [프로그램 11.2] NBA 농구선수들의 자유투 성공률에 대한 모형
R-code11_3 [R-코드 11.3]	SAS [프로그램 11.3] 암컷 쥐에 대해 철분이 부족한 먹이가 기형에 미치는 영향
R-code11_4 [R-코드 11.4]	SAS [프로그램 11.4] 낙태 합법화
R-code11_5 [R-코드 11.5]	SAS [프로그램 11.5] 우울증 자료
R-code11_6 [R-코드 11.6]	SAS [프로그램 11.6] 불면증 자료
R-code11_7 [R-코드 11.7]	SAS [프로그램 11.7] 수술 후유증 발생률

제12장 대응분석

PGM12_1.SAS [프로그램 12.1]	〈그림 12.1〉을 위한 PROC CORRESP
PGM12_2.SAS [프로그램 12.2]	〈그림 12.2〉를 위한 PROC CORRESP
PGM12_3.SAS [프로그램 12.3]	삼원분할표 〈표 12.3〉의 다중대응분석을 위한 PROC CORRESP
R-code12_1 [R-코드 12.1]	SAS [프로그램 12.1] 결혼 전 성관계와 10대 피임허용
R-code12_2 [R-코드 12.2]	SAS [프로그램 12.2] 학력과 유명상표 선호도
R-code12_3 [R-코드 12.3]	SAS [프로그램 12.3] 운전상태, 안전벨트 사용, 사고운전자 부상정도의 삼원분할표

2. 자료 목록

보기의 프로그램에서 사용된 자료의 구성을 파악하기 위해 자료의 일부를 제시한 것임

〈자료 1〉 암컷 게와 위성 수 자료

C	S	W	Wt	Sa	C	S	W	Wt	Sa	C	S	W	Wt	Sa	C	S	W	Wt	Sa
2	3	28.3	3.05	8	3	3	22.5	1.55	0	1	1	26.0	2.30	9	3	3	24.8	2.10	0
3	3	26.0	2.60	4	2	3	23.8	2.10	0	3	2	24.7	1.90	0	2	1	23.7	1.95	0
3	3	25.6	2.15	0	3	3	24.3	2.15	0	2	3	25.8	2.65	0	2	3	28.2	3.05	11
4	2	21.0	1.85	0	2	1	26.0	2.30	14	1	1	27.1	2.95	8	2	3	25.2	2.00	1
2	3	29.0	3.00	1	4	3	24.7	2.20	0	2	3	27.4	2.70	5	2	2	23.2	1.95	4
1	2	25.0	2.30	3	2	1	22.5	1.60	1	3	3	26.7	2.60	2	4	3	25.8	2.00	3
4	3	26.2	1.30	0	2	3	28.7	3.15	3	2	1	26.8	2.70	5	4	3	27.5	2.60	0
2	3	24.9	2.10	0	1	1	29.3	3.20	4	1	3	25.8	2.60	0	2	2	25.7	2.00	0
2	1	25.7	2.00	8	2	1	26.7	2.70	5	4	3	23.7	1.85	0	2	3	26.8	2.65	0
2	3	27.5	3.15	6	4	3	23.4	1.90	0	2	3	27.9	2.80	6	3	3	27.5	3.10	3
1	1	26.1	2.80	5	1	1	27.7	2.50	6	2	1	30.0	3.30	5	3	1	28.5	3.25	9
3	3	28.9	2.80	4	2	3	28.2	2.60	6	2	3	25.0	2.10	4	2	3	28.5	3.00	3
2	1	30.3	3.60	3	4	3	24.7	2.10	5	2	3	27.7	2.90	5	1	1	27.4	2.70	6
2	3	22.9	1.60	4	2	1	25.7	2.00	5	2	3	28.3	3.00	15	2	3	27.2	2.70	3
3	3	26.2	2.30	3	2	1	27.8	2.75	0	4	3	25.5	2.25	0	3	3	27.1	2.55	0
3	3	24.5	2.05	5	3	1	27.0	2.45	3	2	3	26.0	2.15	5	2	3	28.0	2.80	1
2	3	30.0	3.05	8	2	3	29.0	3.20	10	2	3	26.2	2.40	0	2	1	26.5	1.30	0
2	3	26.2	2.40	3	3	3	25.6	2.80	7	3	3	23.0	1.65	1	3	3	23.0	1.80	0
2	3	25.4	2.25	6	3	3	24.2	1.90	0	2	2	22.9	1.60	0	3	2	26.0	2.20	3
2	3	25.4	2.25	4	3	3	25.7	1.20	0	2	3	25.1	2.10	5	3	2	24.5	2.25	0
4	3	27.5	2.90	0	3	3	23.1	1.65	0	3	1	25.9	2.55	4	2	3	25.8	2.30	0
4	3	27.0	2.25	3	2	3	28.5	3.05	0	4	1	25.5	2.75	0	4	3	23.5	1.90	0
2	2	24.0	1.70	0	2	1	29.7	3.85	5	2	1	26.8	2.55	0	4	3	26.7	2.45	0
2	1	28.7	3.20	0	3	3	23.1	1.55	0	2	1	29.0	2.80	1	3	3	25.5	2.25	0
3	3	26.5	1.97	1	3	3	24.5	2.20	1	3	3	28.5	3.00	1	2	3	28.2	2.87	1
2	3	24.5	1.60	1	2	3	27.5	2.55	1	2	2	24.7	2.55	4	2	1	25.2	2.00	1
3	3	27.3	2.90	1	2	3	26.3	2.40	1	2	3	29.0	3.10	1	2	3	25.3	1.90	2
2	3	25.5	2.30	4	2	3	27.8	3.25	3	2	3	27.0	2.50	6	3	3	25.7	2.10	0
2	3	25.0	2.10	2	2	3	31.9	3.33	2	4	3	23.7	1.80	0	4	3	29.3	3.23	12
3	3	22.0	1.40	0	2	3	25.0	2.40	5	3	3	27.0	2.50	6	3	3	23.8	1.80	6
1	1	30.2	3.28	2	3	3	26.2	2.22	0	2	3	24.2	1.65	2	2	3	27.4	2.90	3
2	2	25.4	2.30	0	3	3	28.4	3.20	3	4	3	22.5	1.47	4	2	3	26.2	2.02	2
2	1	24.9	2.30	6	1	2	24.5	1.95	6	2	3	25.1	1.80	0	2	1	28.0	2.90	4
4	3	25.8	2.25	10	2	3	27.9	3.05	7	2	3	24.9	2.20	0	2	1	28.4	3.10	5
3	3	27.2	2.40	5	2	2	25.0	2.25	6	2	3	27.5	2.63	6	2	1	33.5	5.20	7
2	3	30.5	3.32	3	3	3	29.0	2.92	3	2	1	24.3	2.00	0	2	3	25.8	2.40	0
4	3	25.0	2.10	8	2	1	31.7	3.73	4	2	3	29.5	3.02	4	3	3	24.0	1.90	10
2	3	30.0	3.00	9	2	3	27.6	2.85	4	2	3	26.2	2.30	0	2	1	23.1	2.00	0
2	1	22.9	1.60	0	4	3	24.5	1.90	0	2	3	24.7	1.95	4	2	3	28.3	3.20	0
2	3	23.9	1.85	2	3	3	23.8	1.80	0	3	2	29.8	3.50	4	2	3	26.5	2.35	4
2	3	26.0	2.28	3	2	3	28.2	3.05	8	4	3	25.7	2.15	0	2	3	26.5	2.75	7
2	3	25.8	2.20	0	3	3	24.1	1.80	0	3	3	26.2	2.17	2	3	3	26.1	2.75	3
3	3	29.0	3.28	4	1	1	28.0	2.62	0	4	3	27.0	2.63	0	2	2	24.5	2.00	0
1	1	26.5	2.35	0															

참고) C = Color (1 = light medium, 2 = medium, 3 = dark medium, 4 = dark);
S = spine condition (1 = both good, 2 = one worn or broken, 3 = both worn or broken);
W = carapace width(cm); Wt = weight(kg); Sa = number of satellites

〈자료 2〉 저체중아 자료: [보기 10.6]에서 사용

id	low	age	wt	race	smoke	pre	hpten	uter	visit	bwt
85	0	19	182	2	0	0	0	1	0	2523
86	0	33	155	3	0	0	0	0	3	2551
87	0	20	105	1	1	0	0	0	1	2557
88	0	21	108	1	1	0	0	1	2	2594
89	0	18	107	1	1	0	0	1	0	2600
91	0	21	124	3	0	0	0	0	0	2622
92	0	22	118	1	0	0	0	0	1	2637
93	0	17	103	3	0	0	0	0	1	2637
94	0	29	123	1	1	0	0	0	1	2663
95	0	26	113	1	1	0	0	0	0	2665
96	0	19	95	3	0	0	0	0	0	2722
97	0	19	150	3	0	0	0	0	1	2733
98	0	22	95	3	0	0	1	0	0	2750
99	0	30	107	3	0	1	0	1	2	2750
100	0	18	100	1	1	0	0	0	0	2769
101	0	18	100	1	1	0	0	0	0	2769
102	0	15	98	2	0	0	0	0	0	2778
103	0	25	118	1	1	0	0	0	3	2782
104	0	20	120	3	0	0	0	1	0	2807
105	0	28	120	1	1	0	0	0	1	2821
106	0	32	121	3	0	0	0	0	2	2835
107	0	31	100	1	0	0	0	1	3	2835
108	0	36	202	1	0	0	0	0	1	2836
109	0	28	120	3	0	0	0	0	0	2863
111	0	25	120	3	0	0	0	1	2	2877
112	0	28	167	1	0	0	0	0	0	2877
113	0	17	122	1	1	0	0	0	0	2906
114	0	29	150	1	0	0	0	0	2	2920
115	0	26	168	2	1	0	0	0	0	2920
… 중간생략 …										
81	1	1	100	3	0	0	0	0	2	2495
82	1	1	94	3	1	0	0	0	0	2495
83	1	1	142	2	0	0	1	0	0	2495
84	1	1	130	1	1	0	1	0	3	2495

〈자료 3〉 양성 유선증 자료: [보기 10.7]에서 사용

str	subject	agmt	fndx	higd	deg	chk	agp1	agmn	nlv	liv	wt	aglp	mst
1	1	39	1	9	0	1	23	13	0	5	118	39	1
1	2	39	0	10	0	2	16	11	1	3	175	39	3
1	3	39	0	11	0	2	20	12	1	3	135	39	2
1	4	39	0	12	1	1	21	11	0	3	125	40	1
2	1	38	1	14	2	1	.	14	.	.	118	39	1
2	2	38	0	12	1	2	20	15	0	2	183	38	1
2	3	38	0	9	0	2	19	11	0	5	218	38	1
2	4	38	0	13	1	1	23	13	0	2	192	37	1
3	1	38	1	9	0	1	22	15	2	2	125	38	1
3	2	38	0	10	0	2	20	14	0	2	123	38	1
3	3	38	0	15	1	1	19	13	3	2	140	37	1
3	4	38	0	12	1	1	18	13	0	2	160	38	1
4	1	38	1	15	1	1	24	14	2	3	150	38	5
4	2	38	0	15	2	1	26	13	1	1	130	38	2
4	3	38	0	12	1	2	23	14	0	4	140	38	1
4	4	38	0	12	1	1	25	16	0	2	130	38	1
5	1	38	1	12	1	1	21	17	0	2	150	38	2
5	2	38	0	12	1	2	20	12	1	2	148	38	1
5	3	38	0	14	2	1	.	13	.	.	134	39	1
5	4	38	0	13	1	1	16	14	0	6	138	38	4
6	1	38	1	13	1	1	24	12	1	3	116	39	1
6	2	38	0	12	1	2	19	12	0	2	145	35	2
6	3	38	0	14	2	2	21	10	4	3	195	35	1
6	4	38	0	14	4	1	25	8	0	1	180	38	2
7	1	37	1	17	4	1	.	13	.	.	137	37	5
7	2	37	0	15	2	1	20	11	2	2	135	37	2
7	3	37	0	9	0	1	18	10	2	3	155	37	1
7	4	37	0	12	1	2	22	13	2	2	120	38	1
8	1	36	1	12	1	1	.	14	.	.	126	36	2
8	2	36	0	10	0	1	20	12	1	2	191	36	1
8	3	36	0	10	0	2	17	10	1	3	185	37	1
8	4	36	0	12	1	2	23	12	0	2	119	37	1
9	1	35	1	12	1	1	23	14	0	3	129	36	1
9	2	35	0	14	1	2	21	11	0	3	170	34	2
9	3	36	0	12	1	1	22	14	0	4	110	36	1
9	4	35	0	14	2	2	24	11	0	2	155	35	1
10	1	35	1	12	1	2	21	12	0	2	105	29	1
10	2	36	0	17	3	1	26	13	1	2	115	36	1
10	3	36	0	12	1	2	22	12	2	3	120	36	1
10	4	36	0	12	1	1	33	16	0	1	150	36	1
11	1	35	1	20	5	1	.	11	.	.	135	35	1
11	2	35	0	10	0	2	18	13	2	2	110	35	2
11	3	35	0	12	1	1	19	11	0	3	170	36	1
11	4	35	0	14	1	1	21	12	0	2	145	36	1
12	1	34	1	12	1	2	25	10	1	1	170	34	1
12	2	35	0	18	4	1	27	13	0	4	140	35	1
12	3	34	0	12	1	1	20	11	0	3	240	34	1
12	4	34	0	12	1	2	25	16	1	1	100	35	1
						… 중간생략 …							
50	1	41	1	14	1	1	34	13	1	2	138	42	1
50	2	42	0	10	0	1	.	13	.	.	118	41	2
50	3	41	0	15	1	2	30	12	1	2	129	41	1
50	4	41	0	13	1	2	21	12	0	2	180	41	1

〈자료 4〉 외상 후 스트레스 증후군 자료: [보기 10.1]에서 사용

subject	time	ptsd	control	problems	sevent	cohes
15	1	0	3.22222	5.625	1	8
15	2	0	3.16667	5.375	0	8
15	3	0	3.27778	3.750	1	8
18	1	1	2.55556	9.250	0	8
18	2	0	3.44444	4.375	0	8
18	3	0	3.33333	2.375	0	8
19	1	1	2.72222	7.750	1	7
19	2	1	2.77778	7.750	1	7
19	3	0	2.77778	7.500	1	7
23	1	0	3.38889	7.750	0	8
23	2	1	3.27778	7.250	1	8
23	3	0	3.33333	6.250	0	8
24	1	0	3.16667	6.875	0	9
24	2	0	3.88889	6.875	0	9
24	3	0	3.94444	4.375	0	9
29	1	1	3.27778	6.125	1	8
29	2	0	3.33333	5.875	0	8
29	3	0	3.94444	2.125	1	8
30	1	0	3.33333	5.500	0	9
30	2	0	3.66667	4.375	0	9
30	3	0	3.38889	3.750	0	9
31	1	0	2.88889	6.000	1	8
31	2	1	3.11111	7.125	2	8
31	3	0	3.22222	5.875	1	8
32	1	0	3.33333	5.500	1	8
32	2	0	3.61111	4.250	0	8
32	3	0	3.94444	3.375	0	8
33	1	0	3.66667	4.500	0	9
33	2	0	3.61111	2.875	1	9
33	3	0	3.94444	2.875	0	9
34	1	0	3.05556	6.500	1	9
34	2	0	3.50000	4.625	3	9
34	3	0	2.61111	5.250	0	9
41	1	0	3.88889	3.625	1	7
41	2	0	4.00000	1.625	0	7
41	3	0	4.00000	1.000	0	7
			… 중간생략 …			
571	1	0	3.55556	3.000	0	7
571	2	0	2.94444	1.875	0	7
571	3	0	3.50000	2.750	0	7

3. 카이제곱분포표

자유도 \ α	.005	.010	.025	.0.050	.100	.900	.950	.975	.990	.995
1	7.8794	6.6349	5.0239	3.8415	2.7055	0.0158	0.0039	0.0010	0.0002	0.0000
2	10.5966	9.2103	7.3778	5.9915	4.6052	0.2107	0.1026	0.0506	0.0201	0.0100
3	12.8382	11.3449	9.3484	7.8147	6.2514	0.5844	0.3518	0.2158	0.1148	0.0717
4	14.8603	13.2767	11.1433	9.4877	7.7794	1.0636	0.7107	0.4844	0.2971	0.2070
5	16.7496	15.0863	12.8325	11.0705	9.2364	1.6103	1.1455	0.8312	0.5543	0.4117
6	18.5476	16.8119	14.4494	12.5916	10.6446	2.2041	1.6354	1.2373	0.8721	0.6757
7	20.2777	18.4753	16.0128	14.0671	12.0170	2.8331	2.1673	1.6899	1.2390	0.9893
8	21.9550	20.0902	17.5345	15.5073	13.3616	3.4895	2.7326	2.1797	1.6465	1.3444
9	23.5894	21.6660	19.0228	16.9190	14.6837	4.1682	3.3251	2.7004	2.0879	1.7349
10	25.1882	23.2093	20.4832	18.3070	15.9872	4.8652	3.9403	3.2470	2.5582	2.1559
11	26.7568	24.7250	21.9200	19.6751	17.2750	5.5778	4.5748	3.8157	3.0535	2.6032
12	28.2995	26.2170	23.3367	21.0261	18.5493	6.3038	5.2260	4.4038	3.5706	3.0738
13	29.8195	27.6882	24.7356	22.3620	19.8119	7.0415	5.8919	5.0088	4.1069	3.5650
14	31.3193	29.1412	26.1189	23.6848	21.0641	7.7895	6.5706	5.6287	4.6604	4.0747
15	32.8013	30.5779	27.4884	24.9958	22.3071	8.5468	7.2609	6.2621	5.2293	4.6009
16	34.2672	31.9999	28.8454	26.2962	23.5418	9.3122	7.9616	6.9077	5.8122	5.1422
17	35.7185	33.4087	30.1910	27.5871	24.7690	10.0852	8.6718	7.5642	6.4078	5.6972
18	37.1565	34.8053	31.5264	28.8693	25.9894	10.8649	9.3905	8.2307	7.0149	6.2648
19	38.5823	36.1909	32.8523	30.1435	27.2036	11.6509	10.1170	8.9065	7.6327	6.8440
20	39.9968	37.5662	34.1696	31.4104	28.4120	12.4426	10.8508	9.5908	8.2604	7.4338
21	41.4011	38.9322	35.4789	32.6706	29.6151	13.2396	11.5913	10.2829	8.8972	8.0337
22	42.7957	40.2894	36.7807	33.9244	30.8133	14.0415	12.3380	10.9823	9.5425	8.6427
23	44.1813	41.6384	38.0756	35.1725	32.0069	14.8480	13.0905	11.6886	10.1957	9.2604
24	45.5585	42.9798	39.3641	36.4150	33.1962	15.6587	13.8484	12.4012	10.8564	9.8862
25	46.9279	44.3141	40.6465	37.6525	34.3816	16.4734	14.6114	13.1197	11.5240	10.5197
26	48.2899	45.6417	41.9232	38.8851	35.5632	17.2919	15.3792	13.8439	12.1981	11.1602
27	49.6449	46.9629	43.1945	40.1133	36.7412	18.1139	16.1514	14.5734	12.8785	11.8076
28	50.9934	48.2782	44.4608	41.3371	37.9159	18.9392	16.9279	15.3079	13.5647	12.4613
29	52.3356	49.5879	45.7223	42.5570	39.0875	19.7677	17.7084	16.0471	14.2565	13.1211
30	53.6720	50.8922	46.9792	43.7730	40.2560	20.5992	18.4927	16.7908	14.9535	13.7867
40	66.7659	63.6907	59.3417	55.7585	51.8051	29.0505	26.5093	24.4331	22.1643	20.7065
50	79.4900	76.1539	71.4202	67.5048	63.1671	37.6886	34.7642	32.3574	29.7067	27.9907
60	91.9517	88.3794	83.2976	79.0819	74.3970	46.4589	43.1879	40.4817	37.4848	35.5346
70	104.215	100.425	95.0231	90.5312	85.5270	55.3289	51.7393	48.7576	45.4418	43.2752
80	116.321	112.329	106.629	101.879	96.5782	64.2778	60.3915	57.1532	53.5400	51.1720
90	128.299	124.116	118.136	113.145	107.565	73.2911	69.1260	65.6466	61.7541	59.1963
100	140.169	135.807	129.561	124.342	118.498	82.3581	77.9295	74.2219	70.0648	67.3276

참고문헌

(1) 최용석(2021). 『R과 함께하는 다변량 자료분석』, 서울, 경문사.

(2) 최용석 (2001). 『SAS 대응분석의 이해와 응용 』, 서울, 자유아카데미.

(3) 허명회 (1992). 『 비교연구를 위한 통계적방법론 』, 서울, 자유아카데미.

(4) Agresti (1990). *Categorical Data Analysis*, New York , Wiley.

(5) Agresti (2007). *An Introduction to Categorical Data Analysis*, New York, Wiley

(6) Allison, P. D.(2001). *Logistic Regression Using the SAS System, Theory and Application.* SAS Institute Inc.

(7) Bishop, Y. V. V. , Fienberg, S. E. and Holland, P. W. (1975). *Discrete Multivariate Analysis*, Cambridge, MA : MIT Press

(8) Breslow, N. and N. E. Day (1980). *Statistical Methods in Cancer Research*, vol. 1 : The Analysis of Case-Control Studies, Lyon : IARC.

(9) Greenacre, M. J. (1984). *Theory and Applications of Correspondence Analysis*, Academic Press, New York.

(10) Fienberg, S. E. (1980) The Analysis of Cross-Classified Categorical Data, The MIT Press.

(11) Fisher, R. A. (1970). *Statistical Methods for Research Workers*, 14th Edition (originally published 1925), Edinburgh, Oliver and Boyd.

(12) Hastie, T. and Tibshirani, R (1990). *Generalized Additive Models*, London, Chapmann and Hall.

(13) Hosmer, D. W. and Lemeshow, S.(1989). *Applied Logistic Regression*, New York, Wiley.

(14) Jobson, J. D. (1992). *Applied Multivariate Data Analysis*, Springer-Verlag, New York.

(15) Mantel, N. and Haenszel, W. (1959). Statistical Aspects of the Analysis of Data from Retrospective Studies of Disease, *J. Natl.* Cancer Inst. 22, 719-748.

(16) McCullagh, P. and Nelder, J.A.(1989). *Generalized Linear Models*, 2nd Edition, London, Chapmann and Hall.

(17) SAS Institute (1990). *SAS/STAT User's Guide Volume 1, ACECLUS-FREQ*, Version 6 Fourth Edition, NC : SAS Institute Inc.

(18) SAS Institute (1993). *SAS Technical Report p-243,* SAS/STAT software, The GENMOD Procedure, Release 6.09, Cary, NC, SAS Institute Inc.0.

찾아보기

|A~Z|

|ㄱ|

|ㄴ|

| ㄷ |

| ㄹ |

| ㅁ |

| ㅂ |

| ㅅ |

| ㅇ |

| ㅈ |

| ㅊ |

|ㅋ|

|ㅌ|

|ㅍ|

|ㅎ|

저자 소개

양호진
부산대학교 통계학과 학, 석사
미국 노스캐롤라이나 대학교 박사
미국 네바다 대학교 수학통계학과 조교수
현) 부산대학교 통계학과 교수
E-mail: hjyang@pusan.ac.kr

최용석
부산대학교 계산통계학과 졸업
고려대학교 대학원 통계학과 석, 박사
영국 아버딘대학 수리과학과(통계전공) Post-Doc.
현) 부산대학교 통계학과 교수
E-mail: yschoi@pusan.ac.kr

정광모
공주사범대학 수학교육과 졸업
서울대학교 대학원 수학교육과
서울대학교 대학원 계산통계학과 박사
현) 부산대학교 통계학과 명예교수
E-mail: kmjung@pusan.ac.kr

범주형 자료분석 개론 -제3판-

SAS와 R의 응용 및 해석

저 자 양호진 · 정광모 · 최용석
발 행 인 김지영
발 행 처 자유아카데미
주 소 경기도 파주시 회동길 37-42
파주출판도시
전 화 031-955-1321
팩 스 031-955-1322
홈페이지 www.freeaca.com
전자우편 main@freeaca.com (대표)
editor@freeaca.com (편집)
crm@freeaca.com (영업)
등 록 제406-2003-017호, 1980. 7. 12
제3판1쇄 2022년 8월 30일 발행

저자와의 협의하에 인지생략

ISBN 979-11-5808-369-4 93310